PHP
程序设计

慕课版

明日科技·出品

◎ 程文彬 李树强 主编　　◎ 封宏观 副主编

U0299352

人民邮电出版社

北京

图书在版编目（CIP）数据

PHP程序设计：慕课版 / 程文彬，李树强主编. --
北京：人民邮电出版社，2016.4(2020.8重印)
ISBN 978-7-115-41765-7

Ⅰ. ①P… Ⅱ. ①程… ②李… Ⅲ. ①PHP语言—程序
设计 Ⅳ. ①TP312

中国版本图书馆CIP数据核字(2016)第028097号

内 容 提 要

本书系统全面地介绍了有关 PHP 程序开发的各类知识。全书共分 15 章，内容包括 PHP 入门与
环境搭建、PHP 开发基础、运算符和表达式、流程控制语句、PHP 数组、PHP 与 Web 页面交互、函
数、字符串操作、MySQL 数据库、PHP 操作 MySQL 数据库、PHP 会话控制、面向对象基础、Ajax
技术、综合案例——电子商务平台网、课程设计——留言本。全书每章内容都与实例紧密结合，有
助于读者理解知识、应用知识，达到学以致用的目的。

本书为慕课版教材，各章节主要内容配备了以二维码为载体的微课，并在人邮学院
（www.rymooc.com）平台上提供了慕课。此外，本书还提供了课程资源包。资源包中提供了本书所
有实例、上机指导、综合案例和课程设计的源代码，制作精良的电子课件 PPT，自测试卷等内容。
资源包也可在人邮学院上下载。其中，源代码全部经过精心测试，能够在 Windows 7、Windows 8、
Windows 10 系统下编译和运行。

♦ 主　　编　程文彬　李树强
　　副主编　封宏观
　　责任编辑　刘　博
　　责任印制　沈　蓉　彭志环

♦ 人民邮电出版社出版发行　　北京市丰台区成寿寺路 11 号
　邮编　100164　　电子邮件　315@ptpress.com.cn
　网址　http://www.ptpress.com.cn
　三河市君旺印务有限公司印刷

♦ 开本：787×1092　1/16
　印张：21.25　　　　　　2016 年 4 月第 1 版
　字数：628 千字　　　　2020 年 8 月河北第 16 次印刷

定价：49.80 元

读者服务热线：(010)81055256　印装质量热线：(010)81055316
反盗版热线：(010)81055315

前 言
Foreword

为了让读者能够快速且牢固地掌握PHP开发技术，人民邮电出版社充分发挥在线教育方面的技术优势、内容优势、人才优势，潜心研究，为读者提供一种"纸质图书+在线课程"相配套，全方位学习PHP开发的解决方案。读者可根据个人需求，利用图书和"人邮学院"平台上的在线课程进行系统化、移动化的学习，以便快速全面地掌握PHP开发技术。

一、如何学习慕课版课程

本课程依托人民邮电出版社自主开发的在线教育慕课平台——人邮学院（www.rymooc.com），该平台为学习者提供优质、海量的课程，课程结构严谨，用户可以根据自身的学习程度，自主安排学习进度，并且平台具有完备的在线"学习、笔记、讨论、测验"功能。人邮学院为每一位学习者，提供完善的一站式学习服务（见图1）。

图1　人邮学院首页

为了使读者更好地完成慕课的学习，现将本课程的使用方法介绍如下。

1. 用户购买本书后，找到粘贴在书封底上的刮刮卡，刮开，获得激活码（见图2）。
2. 登录人邮学院网站（www.rymooc.com），或扫描封面上的二维码，使用手机号码完成网站注册。

图2　激活码　　　　　　　　　　　　　图3　注册人邮学院网站

3. 注册完成后，返回网站首页，单击页面右上角的"学习卡"选项（见图4），进入"学习卡"页面（见图5），输入激活码，即可获得该慕课课程的学习权限。

图4　单击"学习卡"选项　　　　　　　图5　在"学习卡"页面输入激活码

4. 输入激活码后，即可获得该课程的学习权限。可随时随地使用计算机、平板电脑、手机学习本课程的任意章节，根据自身情况自主安排学习进度（见图6）。

5. 在学习慕课课程的同时，阅读本书中相关章节的内容，巩固所学知识。本书既可与慕课课程配合使用，也可单独使用，书中主要章节均放置了二维码，用户扫描二维码即可在手机上观看相应章节的视频讲解。

6. 学完一章内容后，可通过精心设计的在线测试题，查看知识掌握程度（见图7）。

图6　课时列表　　　　　　　　　　图7　在线测试题

7. 如果对所学内容有疑问，还可到讨论区提问，除了有大牛导师答疑解惑以外，同学之间也可互相交流学习心得（见图8）。

8. 书中配套的PPT、源代码等教学资源，用户也可在该课程的首页找到相应的下载链接（见图9）。

图8　讨论区　　　　　　　　　　图9　配套资源

关于人邮学院平台使用的任何疑问，可登录人邮学院咨询在线客服，或致电：010-81055236。

二、实验在线编程功能

为方便读者对本书进行实践，书中的所有实验均实现了在线编程功能。读者可访问"实验楼"网站（www.shiyanlou.com），搜索"PHP程序设计 慕课版"，或输入网址"https://www.shiyanlou.com/courses/988"，还可扫码二维码访问。邀请码为：GXQ2DAMZ。

实验在线编程
网址

三、本书特点

PHP是全球最普及、应用最广泛的Web应用程序开发语言之一，因为其易学易用，因此越来越受到广大程序员的青睐和认同。目前，大多数高校的计算机专业和IT培训学校都将PHP作为教学内容之一，这对于培养学生的计算机应用能力具有非常重要的意义。

在当前的教育体系下，实例教学是计算机语言教学的最有效的方法之一。本书将PHP知识和实用的实例有机结合起来，一方面，跟踪PHP语言的发展，适应市场需求，精心选择内容，突出重点、强调实用，使知识讲解全面、系统；另一方面，全书通过"案例贯穿"的形式，始终围绕最后的综合案例——电子商务平台网设计实例，将实例融入知识讲解中，使知识与案例相辅相成，既有利于读者学习知识，又有利于指导读者实践。另外，本书在主要章节的后面还提供了上机指导和习题，方便读者及时验证自己的学习效果（包括动手实践能力和理论知识）。

本书作为教材使用时，课堂教学建议35～40学时，上机指导教学建议10～13学时。各章主要内容和学时建议分配如下，老师可以根据实际教学情况进行调整。

章	主 要 内 容	课堂学时	上机指导
第1章	PHP入门与环境搭建，包括PHP概述、PHP程序的工作流程、PHP开发环境构建、常用代码编辑工具、第一个PHP程序	1	1
第2章	PHP开发基础，包括PHP基本语法、PHP的数据类型、PHP数据的输出、PHP编码规范	2	1
第3章	运算符和表达式，包括常量、变量、PHP运算符、表达式、数据类型的转换	2	1
第4章	流程控制语句，包括条件判断语句、循环控制语句、跳转语句和终止语句	2	1
第5章	PHP数组，包括数组概述、创建一维数组、创建二维数组、遍历与输出数组、数组函数及其应用	3	1
第6章	PHP与Web页面交互，包括表单数据的提交方式、应用PHP全局变量获取表单数据、使用表单、实现文件的上传、服务器端获取数据的其他方法	3	1
第7章	函数，包括函数简介、自定义函数、PHP文件的引用	2	1
第8章	字符串操作，包括字符串的定义方法、字符串处理函数	3	1
第9章	MySQL数据库，包括MySQL简介、启动和关闭MySQL服务器、操作MySQL数据库、MySQL数据类型、操作数据表、数据表记录的更新操作、数据表记录的查询操作、MySQL中的特殊字符、MySQL数据库的备份与还原	2	1
第10章	PHP操作MySQL数据库，包括PHP操作MySQL数据库的方法、管理MySQL数据库中的数据	2	1
第11章	PHP会话控制，包括Session的操作、Cookie的操作、Session与Cookie的比较	3	1

章	主 要 内 容	课堂学时	上机指导
第12章	面向对象基础，包括面向对象的基本概念、类的声明、类的实例化、面向对象的封装、面向对象的继承、static关键字、抽象类和接口、面向对象实现多态、面向对象的其他关键字、面向对象的常用魔术方法	3	1
第13章	Ajax技术，包括Ajax概述、Ajax技术的组成、Ajax与PHP的交互、Ajax开发注意事项	2	1
第14章	综合案例——电子商务平台网，包括开发背景、系统分析、系统设计、数据库设计、公共模块设计、前台首页设计、商品展示模块设计、购物车模块设计、后台首页设计、客户订单信息管理模块设计、小结	4	
第15章	课程设计——留言本，包括留言本模块概述、数据库设计、发表留言、查看留言、修改留言、删除留言、查询留言、技术提炼、总结	3	

本书由明日科技出品，程文彬、李树强任主编，封宏观任副主编。其中程文彬编写了第1~5章，李树强编写了第6~11章，封宏观编写了第12~15章和附录。

编　者

2016年1月

目录
Contents

PART01

第1章
PHP入门与环境搭建

本章要点

PHP概述 ■
PHP程序的工作流程 ■
PHP开发环境构建 ■
常用代码编辑工具 ■

■ PHP是一种服务器端、跨平台、面向对象、HTML嵌入式的脚本语言。本章将简单介绍PHP语言、PHP的工作流程、PHP开发环境的搭建等，主要目的是让读者对PHP语言有一个整体的了解，然后循序渐进地学习，最后达到完全掌握并精通PHP语言的目的。

1.1 PHP概述

PHP 概述

1.1.1 PHP是什么

PHP（Hypertext Preprocessor，超文本预处理器）是一种服务器端、跨平台、HTML嵌入式的脚本语言。其独特的语法混合了C语言、Java语言和Perl语言的特点，是一种被广泛应用的开源的多用途脚本语言，尤其适合Web开发。

1.1.2 PHP语言的优势

PHP起源于1995年，由加拿大人Rasmus Lerdorf开发。它是目前动态网页开发中使用最为广泛的语言之一。目前在国内外有数以千计的个人和组织的网站在以各种形式和各种语言学习、发展和完善它，并不断地公布最新的应用和研究成果。PHP能在Windows、Linux等绝大多数操作系统环境中运行，常与免费Web服务器软件Apache和免费数据库MySQL配合使用于Linux平台上，具有很高的性价比。使用PHP进行Web应用程序的开发具有以下语言优势。

- 速度快

PHP是一种强大的CGI脚本语言，执行网页速度比CGI、Perl和ASP更快，而且占用系统资源少。这是它的第一个突出的特点。

- 支持面向对象

面向对象编程（OOP）是当前软件开发的趋势，PHP对OOP提供了良好的支持。可以使用OOP的思想进行PHP的高级编程，对于提高PHP编程能力和规划好Web开发构架都非常有意义。

- 实用性

由于PHP是一种面向对象的、完全跨平台的新型Web开发语言，所以无论从开发者角度考虑还是从经济角度考虑，都是非常实用的。PHP语法结构简单，易于入门，很多功能只需一个函数就可以实现，并且很多机构都相继推出了用于开发PHP的IDE工具。

- 支持广泛的数据库

PHP可操纵多种主流与非主流的数据库，如MySQL、Access、SQL Server、Oracle、DB2等。其中，PHP与MySQL是现在最佳的组合，它们的组合可以跨平台运行。

- 可选择性

PHP可以采用面向过程和面向对象两种开发模式，并向下兼容。开发人员可以从所开发网站的规模和日后维护等多角度考虑，选择所开发网站应采取的模式。

PHP进行Web开发过程中使用最多的是MySQL数据库。PHP 5.0以上版本中不仅提供了早期MySQL数据库操纵函数，而且提供了MySQLi扩展技术对MySQL数据库的操纵，这样开发人员可以从稳定性和执行效率等方面考虑操纵MySQL数据库的方式。

- 成本低

PHP属于自由软件，其源代码完全公开，任何程序员为PHP扩展附加功能非常容易。在很多网站上都可以下载到最新版本的PHP。目前，PHP主要是基于Web服务器运行的，它不受平台束缚，可以在UNIX、Linux等众多版本的操作系统中架设基于PHP的Web服务器。在流行的企业应用LAMP平台中，Linux、Apache、MySQL和PHP都是免费软件，这种开源免费的框架结构可以为网站经营者节省很大一笔开支。

- 版本更新速度快

与数年才更新一次的ASP相比，PHP的更新速度要快得多，因为PHP几乎每年更新一次。

- 模板化

PHP技术使程序逻辑与用户界面相分离。

- 应用范围广

PHP技术在Web开发的各个方面应用得非常广泛。目前，很多知名网站的创作开发都是通过PHP语言完成的，如搜狐、网易和百度等。

1.1.3　PHP的版本

PHP最初只是一个简单的用Perl语言编写的程序，用来统计网站的访问者。后来又用C语言重新编写，包括可以访问数据库。在1995年以Personal Home Page Tools（PHP Tools）开始对外发表第一个版本，Lerdorf写了一些介绍此程序的文档，并且发布了PHP 1.0。这个早期的版本，提供了访客留言本、访客计数器等简单的功能。以后越来越多的网站使用PHP，并且强烈要求增加一些特性，比如循环语句和数组变量等。在新的成员加入开发行列之后，1995年，PHP 2.0发布。第二版定名为PHP/FI（Form Interpreter）。PHP/FI加入了对mSQL的支持，从此建立了PHP在动态网页开发上的地位。到了1996年年底，有15 000个网站使用 PHP/FI；到了1997年，使用PHP/FI的网站超过5万个。1997年开始了第三版的开发计划，开发小组加入了 Zeev Suraski 及 Andi Gutmans，第三版就定名为PHP 3。

- 【PHP 4】

2000年，PHP 4.0问世，其中增加了许多新的特性。PHP 4.0整个脚本程序的核心大幅更动，让程序的执行速度满足更快的要求。最佳化之后的效率较传统CGI或者ASP等程序有更好的表现，而且有更强的新功能、更丰富的函数库。无论用户是否接受，PHP 都将在 Web CGI 的领域掀起巅覆性的革命。对于一位专业的Web Master 而言，它也是必修课程之一。

- 【PHP 5】

PHP 5的功能更加完善，很多缺陷和BUG都被修复。在PHP 5中，理想的选择是 PHP 5.2.X系列。其兼容性好，每次版本的升级带来的都是安全性和稳定性的改善。而如果产品是自己开发使用，PHP 5.3.X在某些方面更具优势，在稳定性上更胜一筹，增加了很多PHP 5.2所不具有的功能，比如内置php-fpm、更完善的垃圾回收算法、命名空间的引入、sqlite3的支持等。它是部署项目值得考虑的版本（本书中使用PHP 5版本）。

- 【PHP 6】

时至今日，PHP的版本已经更新到PHP 6。PHP 6是一个理想化的产品，目前仍没有走上生产线。但是，其更新的特性和功能还是很有吸引力的。PHP 6除了增加新的特性，一些会给系统带来不稳定因素和安全隐患的特性也将被取消。

1.1.4　HTML嵌入式的脚本语言

PHP程序代码是嵌入HTML文件中的。例如，这里有一个hello.php文件，关键代码如下。

```
<html>
<head>
<meta http-equiv="Content-Type" content="text/html; charset=gb2312" />
<title>HTML嵌入式的脚本语言</title>
</head>
<body>
输出一行文字：
```

```
<br />
<?php
echo "你好PHP";
?>
</body>
</html>
```

上述代码分析如下：

"输出一行文字"是普通的文本信息。PHP文件中的文本信息不会被PHP预处理器处理，而直接被Web服务器输出到Web浏览器。
是HTML中的换行标记，同样不会被PHP预处理器处理，在被Web浏览器解析之后会产生一个换行。

"echo "你好PHP";"是PHP代码。在页面中的所有PHP代码都要经过PHP预处理器解释执行。PHP预处理器会将这条代码解释为文本信息"你好PHP"，然后将文本信息输出到Web浏览器，从而在Web浏览器中显示这些文本信息。

 （1）"<?php"和"?>"分别是PHP的开始标记和结束标记。
（2）PHP程序文件的扩展名通常使用".php"。

1.2 PHP程序的工作流程

PHP程序的
工作流程

1.2.1 PHP的工作流程

一个完整的PHP系统由以下几部分构成。

操作系统：网站运行服务器所使用的操作系统。PHP不要求操作系统的特定性，其跨平台的特性允许PHP运行在任何操作系统上，如Windows、Linux等。

服务器：搭建PHP运行环境时所选择的服务器。PHP支持多种服务器软件，包括Apache、IIS等。

PHP包：实现对PHP文件的解析和编译。

数据库系统：实现系统中数据的存储。PHP支持多种数据库系统，包括MySQL、SQL Server、Oracle及DB2等。

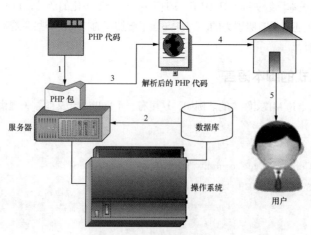

图1-1 PHP的工作原理

浏览器：浏览网页。由于PHP在发送到浏览器的时候已经被解析器编译成其他的代码，所以PHP对浏览器没有任何限制。

图1-1完整地展示了用户通过浏览器访问PHP网站系统的全过程，从图中可以更加清晰地理清它们之间的关系。

图1-1解析：（1）PHP的代码传递给PHP包，请求PHP包进行解析并编译。（2）服务器根据PHP代码的请求读取数据库。（3）服务器与PHP包共同根据数据库中的数据或其他运行变量，将PHP代码解析成普通的HTML代码。（4）解析后的代码发送给浏览器，浏览器对代码进行分析，获取可视化内容。（5）用户通过访问浏览器浏览网站内容。

1.2.2　PHP服务器

1. PHP预处理器

PHP预处理器的功能是解释PHP代码，它主要是将PHP程序代码解释为文本信息，而且这些文本信息中也可以包含HTML代码。

2. Web服务器

Web服务器也称为WWW（World Wide Web）服务器，它的功能是解析HTTP。当Web浏览器向Web服务器发送一个HTTP请求时，PHP预处理器会对该请求对应的程序进行解释并执行，然后Web服务器会向浏览器返回一个HTTP响应。该响应通常是一个HTML页面，以便让用户可以浏览。

目前可用的Web服务器有很多，常见的有开源的Apache服务器、微软的IIS服务器、Tomcat服务器等。本书使用的是Apache服务器。由于Apache具有高效、稳定、安全、免费等特点，它已经成为目前最为流行的Web服务器。

3. 数据库服务器

数据库服务器是用于提供数据查询和数据管理服务的软件，这些服务主要有数据查询、数据管理（数据的添加、修改、删除）、查询优化、事务管理、数据安全等。

数据库服务器有好多种，常见的有MySQL、Oracle、SQL Server、DB2、Sybase、Access等。本书使用的是MySQL数据库。由于MySQL具有功能性强、使用简捷、管理方便、运行速度快、版本升级快、安全性高等优点，而且MySQL数据库完全免费，因此许多中小型网站都选择MySQL作为数据库服务器。

1.3　PHP开发环境构建

对于初学者来说，Apache、PHP以及MySQL的安装和配置较为复杂，这时可以选择WAMP（Windows+Apache+MySQL+PHP）集成安装环境快速安装配置PHP服务器。集成安装环境就是将Apache、PHP和MySQL等服务器软件整合在一起，免去了单独安装配置服务器带来的麻烦，实现了PHP开发环境的快速搭建。

目前比较常用的集成安装环境是WampServer和AppServ，它们都集成了Apache服务器、PHP预处理器以及MySQL服务器。本书以WampServer为例介绍PHP服务器的安装与配置。

1.3.1　PHP开发环境的安装

1. 安装前的准备工作

安装WampServer之前应从其官方网站上下载安装程序，下载地址为http://www.wampserver.com/en/download.php。目前比较新的WampServer版本是WampServer 2.5，它有32位和64位两个版本，具体选择哪个版本需要根据操作系统的位数来决定。本书中使用的是32位版本。

PHP开发环境
的安装

2. WampServer的安装

使用WampServer集成化安装包搭建PHP开发环境的具体操作步骤如下。

（1）双击WampServer2.5.exe，打开WampServer的启动页面，如图1-2所示。

（2）单击图1-2中的"Next"按钮，打开WampServer安装协议页面，如图1-3所示。

图1-2　WampServer启动页面

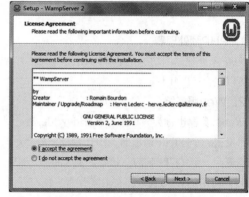

图1-3　WampServer安装协议

（3）单击图1-3中的"I accept the agreement"单选按钮，然后单击"Next"按钮，打开如图1-4所示的页面。在该页面中可以设置WampServer的安装路径（默认安装路径为C:\wamp），这里将安装路径设置为"E:\wamp"。

（4）单击图1-4中的"Next"按钮，打开如图1-5所示的页面。在该页面中可以选择在快速启动栏和桌面上创建快捷方式。

图1-4　WampServer安装路径选择

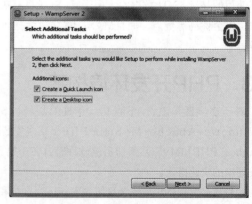

图1-5　创建快捷方式选项界面

（5）在图1-5中单击"Next"按钮，出现信息确认页面，如图1-6所示。

（6）单击图1-6中的"Install"按钮开始安装，安装即将结束时会提示选择默认的浏览器。如果不确定使用什么浏览器，单击"打开"按钮，此时选择的是系统默认的IE浏览器，如图1-7所示。

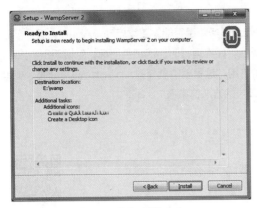

图1-6　信息确认页面

图1-7　选择默认的浏览器

（7）后续操作会提示输入PHP的邮件参数信息，保留默认内容即可，如图1-8所示。

（8）单击图1-8中的"Next"按钮会进入完成WampServer安装界面，如图1-9所示。

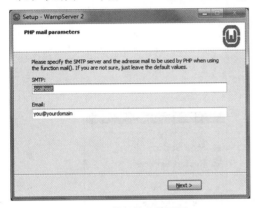

图1-8　PHP的邮件参数界面

图1-9　WampServer安装完成页面

（9）选中"Launch WampServer 2 now"复选框，单击"Finish"按钮后即可完成所有安装，然后会自动启动WampServer所有服务，并且在任务栏的系统托盘中增加了WampServer图标。

（10）打开IE浏览器，在地址栏中输入"http://localhost/"或者"http://127.0.0.1/"，然后按<Enter>键，如果运行结果出现如图1-10所示的页面，则说明WampServer安装成功。

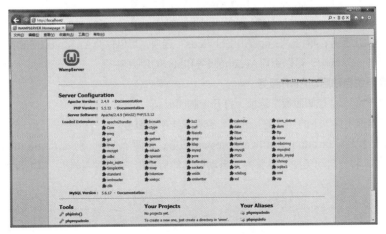

图1-10　WampServer启动成功界面

Apache服务器端口号的设置，直接关系到Apache服务器是否能够正常启动。Apache服务器默认使用的是80端口。WampServer在安装完成后，如果运行时显示黄色图标，就说明80端口可能被占用。如果本机中的80端口被IIS或者迅雷占用，这里就需要修改Apache的端口号，或者修改IIS、迅雷的端口号。修改Apache服务端口号的方法请参考1.3.3节。

1.3.2　PHP服务器的启动与停止

PHP服务器主要包括Apache服务器和MySQL服务器。下面介绍启动与停止这两种服务器的方法。

PHP服务器
的启动与停止

1. 手动启动和停止PHP服务器

单击任务栏系统托盘中的WampServer图标 ，弹出如图1-11所示的WampServer管理界面。

图1-11　WampServer管理界面

图1-12　管理Apache服务

此时可以单独对Apache服务和MySQL服务进行启动、停止操作。以管理Apache服务器为例，当鼠标指针指向图1-11中的"Apache"/"Service"选项时，会弹出如图1-12所示的界面，在该界面中可以选择Start（启动）、Stop（停止）或Restart（重新启动）Apache服务。

另外，还可以对Apache服务和MySQL服务同时进行操作。单击"Start All Services"选项，可以启动Apache服务和MySQL服务；单击"Stop All Services"选项，可以停止Apache服务和MySQL服务；单击"Restart All Services"选项，可以重启Apache服务和MySQL服务。

2. 通过操作系统自动启动PHP服务

（1）单击"开始"/"控制面板"选项，打开控制面板。

（2）双击"管理工具"下的"服务"选项，查看系统所有服务。

（3）在服务中找到wampapache和wampmysql服务，这两个服务分别表示Apache服务和MySQL服务。双击某种服务，将"启动类型"设置为"自动"，然后单击"确定"按钮，即可设置该服务为自动启动，如图1-13所示。

图1-13 设置wampapache服务为自动启动

1.3.3 PHP开发环境的关键配置

1. 修改Apache服务端口号

WampServer安装完成后，Apache服务的端口号默认为80。如果要修改Apache服务的端口号，可以通过以下步骤进行。

（1）单击WampServer图标，选择"Apache"/"http.conf"选项，打开httpd.conf配置文件，查找关键字"Listen 0.0.0.0:80"。

（2）将80修改为其他的端口号（如8080），保存httpd.conf配置文件。

（3）重新启动Apache服务器，使新的配置生效。此后在访问Apache服务时，需要在浏览器地址栏中加上Apache服务的端口号（如http://localhost:8080/）。

2. 设置网站起始页面

Apache服务器允许用户自定义网站的起始页及其优先级，方法如下。

打开httpd.conf配置文件，查找关键字"DirectoryIndex"，在DirectoryIndex的后面就是网站的起始页及优先级，如图1-14所示。

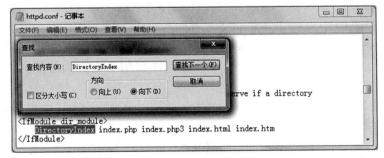

图1-14 设置网站起始页

由图1-14可见，在WampServer安装完成后，默认的网站起始页及优先级为index.php、index.php3、index.html、index.htm。Apache的默认显示页为index.php，因此在浏览器地址栏中输入http://localhost/时，Apache会首先查找访问服务器主目录下的index.php文件。如果文件不存在，则依次查找访问index.

php3、index.html、index.htm文件。

3. 设置Apache服务器主目录

WampServer安装完成后，默认情况下，浏览器访问的是"E：/wamp/www/"目录下的文件，www目录被称为Apache服务器的主目录。例如，当在浏览器地址栏中输入http://localhost/php/test.php时，访问的就是www目录下的目录php中的test.php文件。此时，用户也可以自定义Apache服务器的主目录，方法如下。

（1）打开httpd.conf配置文件，查找关键字"DocumentRoot"，如图1-15所示。

（2）修改httpd.conf配置文件。例如，设置目录"E：/wamp/www/php/"为Apache服务器的主目录，如图1-16所示。

图1-15　设置Apache服务器主目录

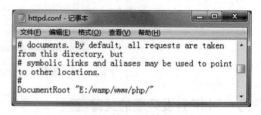
图1-16　设置Apache服务器主目录

（3）重新启动Apache服务器，使新的配置生效。此时在浏览器地址栏中输入http://localhost/test.php时，访问的就是Apache服务器主目录"E：/wamp/www/php/"下的test.php文件。

4. PHP的其他常用配置

php.ini文件是PHP在启动时自动读取的配置文件，该文件所在目录是"E：\wamp\bin\php\php5.5.12"。下面介绍php.ini文件中几个常用的配置。

register_globals：通常情况下将此变量设置为Off，这样可以对通过表单进行的脚本攻击提供更为安全的防范措施。

short_open_tag：当该值设置为On时，表示可以使用短标记"<?"和"?>"作为PHP的开始标记和结束标记。

display_errors：当该值设置为On时，表示打开错误提示，在调试程序时经常使用。

5. 为MySQL服务器root账户设置密码

在MySQL数据库服务器中，用户名为root的账户具有管理数据库的最高权限。在安装WampServer之后，root账户的密码默认为空，这样就会留下安全隐患。在WampServer中集成了MySQL数据库的管理工具phpMyAdmin。phpMyAdmin是众多MySQL图形化管理工具中应用最广泛的一种，是一款使用PHP开发的B/S模式的MySQL客户端软件。该工具是基于Web跨平台的管理程序，并且支持简体中文。下面介绍如何应用phpMyAdmin重新设置root账户的密码。

（1）单击任务栏系统托盘中的WampServer图标，单击"phpMyAdmin"选项，打开phpMyAdmin主界面。

（2）单击phpMyAdmin主界面中的"用户"超链接，在"用户概况"中可以看到root账户，如图1-17所示。单击root账户一行中的"编辑权限"超链接，会弹出新的编辑页面，在编辑页面中找到"修改密码"栏目，如图1-18所示。

图1-17　服务器用户一览表

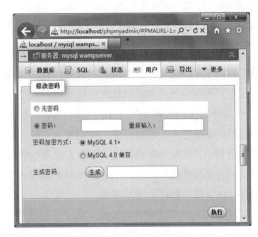

图1-18　修改root账户密码界面

（3）在图1-18所示的界面中，可以修改root账户的密码。这里将root账户的密码设置为111（本书中root账户的密码），在输入新密码和确认密码之后，单击"执行"按钮，完成对用户密码的修改操作，返回主页面，将提示密码修改成功。

> MySQL服务器root账户密码修改完成后，应用phpMyAdmin登录MySQL服务器仍然使用的是用户名为root、密码为空的账户信息，这样会导致数据库登录失败。这时需要重新修改phpMyAdmin配置文件中的数据库连接字符串。重新设置密码后，应用phpMyAdmin才能成功登录MySQL服务器。

（4）在"E:\wamp\apps\phpmyadmin4.1.14"目录中查找config.inc.php文件，用记事本打开该文件，找到如图1-19所示的代码部分，将root账户的密码修改为111，保存文件后，就可以继续使用phpMyAdmin登录MySQL服务器了。

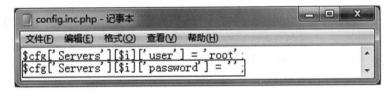

图1-19　设置phpMyAdmin中root账户的密码

6. 设置MySQL数据库字符集

MySQL数据库服务器支持很多字符集，默认使用的是latin1字符集。为了防止出现中文乱码问题，需要将latin1字符集修改为gbk或gb2312等中文字符集。以将MySQL字符集设置为gbk为例，方法如下。

（1）单击任务栏系统托盘中的WampServer图标，选择"MySQL"/"my.ini"选项，打开MySQL配置文件my.ini。

（2）在配置文件中的"[mysql]"选项组后添加参数设置"default-character-set = gbk"，在"[mysqld]"选项组后添加参数设置"character_set_server = gbk"。

（3）保存my.ini配置文件，重新启动MySQL服务器，这样就把MySQL服务器的默认字符集设置为gbk简体中文字符集。

1.4 常用代码编辑工具

常用代码编辑
工具

　　PHP的开发工具很多，每种开发工具都有其各自的优势。在编写程序时，一款好的编辑工具会使程序员的编写过程更加轻松、有效和快捷，达到事半功倍的效果。读者可根据自己的需求有选择性地使用开发工具。

　　一款好的代码编辑工具除了具备最基本的代码编辑功能外，一个必备的功能就是语法的高亮显示。应用语法的高亮显示，可以对代码中的不同元素采用不同的颜色进行显示，如关键字用蓝色、对象方法用红色标识等。另外，一款好的代码编辑工具应具备格式排版功能，使程序代码的组织结构清晰易懂，并且易于程序员进行程序调试，排除程序的错误异常。

　　下面介绍几款常用的代码编辑工具。

　　● Dreamweaver

　　Dreamweaver是一款专业的网站开发编辑器。它将可视布局工具、应用程序开发功能和代码编辑支持组合在一起，其功能强大，使得各个层次的开发人员和设计人员都能够快速创建出吸引人的、标准的网站和应用程序。它采用了多种先进的技术，能够快速高效地创建极具表现力和动感效果的网页，使网页创作过程简单无比。同时，Dreamweaver提供了代码自动完成功能，不但可以提高编写速度，而且减少了错误代码出现的几率。Dreamweaver既适用于初学者制作简单的网页，又适用于网站设计师、网站程序员开发各类大型应用程序，极大地方便了程序员对网站的开发与维护。

　　Dreamweaver从MX版本开始支持PHP+MySQL的可视化开发，对于初学者来说确实是比较好的选择，因为如果是一般性开发，几乎可以不用一行代码就能写出一个程序，而且都是所见即所得的。其特征包括语法加亮、函数补全、形参提示、全局查找替换、处理Flash和图像编辑等。同时，它可以为PHP、ASP等脚本语言提供辅助支持。

　　下载地址：http://www.adobe.com/downloads/。

 说明 　本书所介绍的网页和实例都是使用Dreamweaver CS 6编辑的。

　　● Eclipse

　　Eclipse是一款支持各种应用程序开发工具的编辑器，为程序设计师提供了许多强悍的功能。它支持多语言的关键字和语法加亮显示，支持查询结果匹配部分在编辑器中的加亮显示，支持代码格式化功能，还具备强大的调试功能，可以设置断点，使用单步执行方法执行源代码。

　　官方网站：http://www.eclipse.org。

　　● ZendStudio

　　ZendStudio是目前公认的最强大的PHP开发工具，具备功能强大的专业编辑工具和调试工具，包括编辑、调试、配置PHP程序所需要的客户及服务器组件，支持PHP语法加亮显示，尤其是功能齐全的调试功能，让PHP错误不再可怕。ZendStudio是一款收费软件，不过可以免费下载试用版。

　　下载地址：http://www.zend.com/store/products/zend-studio.php。

　　● PHPEdit

　　PHPEdit是一款Windows操作系统下优秀的PHP脚本IDE（集成开发环境）。该软件为快速、便捷地开发PHP脚本提供了多种工具。其功能包括语法关键词高亮、代码提示和浏览、集成PHP调试工具、帮助生成器、自定义快捷方式、150多个脚本命令、键盘模板、报告生成器、快速标记、插件等。

　　官方网站：http://phpedit.svoi.net。

第一个PHP
程序

1.5　第一个PHP程序

> 【例1-1】　编写第一个PHP程序的目的是熟悉PHP的书写规则和
> Dreamweaver CS6工具的基本使用方法。

在本实例中应用Dreamweaver CS6开发一个最简单的PHP程序,输出一段欢迎信息。操作步骤如下。

(1)启动Dreamweaver CS6,选择"文件"/"新建"菜单命令,打开"新建文档"对话框,选择"页面类型"/"PHP"选项,如图1-20所示。

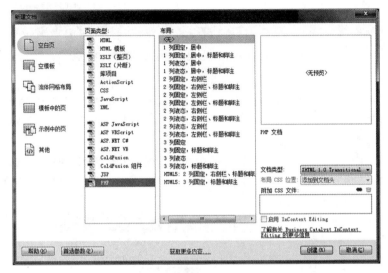

图1-20　新建一个PHP项目

(2)单击"创建"按钮,即可创建一个PHP文件,如图1-21所示。

图1-21　新的PHP项目文件

(3)在新创建的PHP文件中,首先定义文件的标题,在<title>标记中将标题设置为"第一个PHP程序";然后,在<body>标记中编写PHP代码,如图1-22所示。

图1-22　在Dreamweaver CS 6中编写PHP代码

PHP代码分析：

● "<?php"和 "?>"是PHP的标记对。在这对标记中的所有代码都被当作PHP代码来处理。

● echo是PHP中的输出语句，与ASP中的response.write、JSP中的out.print含义相同，输出字符串或者变量值。每行代码都以分号 ";"结尾。

（4）在编写PHP代码之后，将PHP动态页保存到服务器指定的目录以便解析，选择 "文件" / "保存"命令，弹出 "另存为"对话框，将文件保存在 "E:\wamp\www\MR\ym\01\1-1"文件夹下，文件名定义为 "index.php"，如图1-23所示。

图1-23　保存编写的PHP文件

（5）单击 "保存"按钮，保存文件。

（6）打开IE浏览器，在地址栏中输入 "http://localhost/MR/ym/01/1-1/index.php"，按<Enter>键后即可查看index.php页的运行结果，如图1-24所示。

图1-24 输出欢迎信息

小 结

本章重点讲述了什么是PHP、PHP的工作流程，并详细介绍了通过WampServer构建PHP程序的运行环境。通过这些内容使读者对PHP有一个全面的认识。

上机指导

通过PHP脚本输出一张漂亮的图片，开发步骤如下。

（1）在Apache服务器的根目录下创建指定的"MR/sjzd/01"文件夹，在该文件夹下新建一个images文件夹用来存储图片，再创建一个脚本文件index.php。

（2）将要输出的图片存储到新建的images文件夹下。

（3）打开index.php文件编写PHP脚本，编写echo输出语句，输出一个完整的img图像标签，进而完成图片的输出。其代码如下。

```php
<?php
    echo '<img src="images/01.gif" width="100" height="100" />';
?>
```

（4）打开浏览器，在地址栏中输入URL地址"http://localhost/MR/sjzd/01/index.php"，并按<Enter>键运行，运行结果如图1-25所示。

图1-25 输出图片

习 题

1-1 简单说明PHP程序运行过程中，PHP预处理器、Web服务器和数据库各自的功能。

1-2 常见的Web服务器和数据库服务器都有哪些？

1-3 列举安装PHP开发环境后的一些关键配置。

1-4 默认情况下，Apache服务器的配置文件名以及PHP预处理器的配置文件名分别是什么？

第2章

PHP开发基础

■ 学习一门语言，首先要学习这门语言的语法，PHP也不例外。本章开始学习PHP的基础知识，它是PHP的核心内容。不论是从事网站制作，还是对应用程序进行开发，没有扎实的基本功是不行的。开发一个功能模块，如果一边查函数手册一边写程序代码，大概需要15天；但基础好的人只需要3~5天，甚至更少的时间。为了将来应用PHP程序开发Web程序节省时间，现在就要认真地从基础学起，牢牢掌握PHP的基础知识。只有做到这一点，才能在以后的开发过程中事半功倍。

2.1 PHP基本语法

PHP 标记符

2.1.1 PHP标记符

PHP标记符能够让Web服务器识别PHP代码的开始和结束，两个标记之间的所有文本都会被解释为PHP代码，而标记之外的任何文本都会被认为是普通的HTML，这就是PHP标记的作用。PHP一共支持4种标记风格，分别如下。

1. XML风格

```
<?php
echo "这是标准风格的标记";
?>
```

这是本书中使用的标记风格，也是推荐读者使用的标记风格。

2. 脚本风格

```
<script language="php">
echo '这是脚本风格的标记';
</script>
```

在XHTML或者XML中推荐使用这种标记风格，它符合XML语言规范的写法。

3. 简短风格

```
<?
echo "这是简短风格的标记";
?>
```

这种标记风格最为简单，输入字符最少，但要想使用它，必须更改PHP配置文件php.ini。不推荐使用这种标记风格。

4. ASP风格

```
<%
echo "这是ASP风格的标记";
%>
```

这种标记风格和ASP相同，不推荐使用。

注意

如果使用简短风格"<? ?>"和ASP风格"<% %>"，需要分别在配置文件php.ini中做如下设置。将代码段中的"OFF"改为"ON"，更改后的代码如下。

```
short_open_tag = On
asp_tags = On
```

保存修改后的php.ini文件，然后重新启动Apache服务器，即可支持这两种标记风格。

2.1.2 PHP注释

PHP 注释

注释可以理解为代码的解释说明，一般添加到代码的上方或代码的尾部（添加到代码的尾部时，代码和注释之间用<Tab>键分开一定的距离，以方便程序阅读）。使用注释不仅能够提高程序的可读性，而且有利于程序的后期维护工作。在执行代码时，注释部分会被解释器忽略，因此注释不会影响到程序的执行。

PHP支持以下3种风格的程序注释。

1. 单行注释（//）

```php
<?php
echo 'PHP编程词典';                              //输出字符串（但单行标记后的注释内容不被输出）
?>
```

2. 多行注释（/*…*/）

```php
<?php
/*多行
注释内容
不被输出
*/
echo '只会看到这句话。';
?>
```

多行注释是不允许进行嵌套操作的。

3. Shell风格的注释（#）

```php
<?php
echo '这是Shell脚本风格的注释';                    #这里的内容是看不到的
?>
```

在单行注释里的内容不要出现"?>"的标志，因为解释器会认为它是PHP脚本结束的标志，而去执行注释中"?>"后面的代码。例如

```php
<?php
echo '这样会出错的！！！！！'                    #不会看到?>会看到
?>
```

结果为：这样会出错的！！！！！会看到?>

2.1.3 PHP语句和语句块

PHP程序由一条或多条PHP语句构成，每条语句都以英文分号"；"结束。在书写PHP代码的时候，一条PHP语句一般占用一行。虽然一行写多条语句或者一条语句占多行也是可以的，但是这样会使代码的可读性变差，不建议这样做。

如果多条PHP语句之间存在着某种联系，可以使用"{"和"}"将这些PHP语句包含起来形成一个语句块。示例代码如下。

```php
<?php
{
    echo "你好PHP";
    echo "<br />";
```

```
        echo date("Y-m-d H:i:s");
    }
?>
```

语句块一般不会单独使用。只有和条件判断语句、循环语句、函数等一起使用时，语句块才会有意义。

2.2 PHP的数据类型

在计算机的世界里，数据是计算机操作的对象。每一个数据都有其类型，具备相同类型的数据才可以进行运算操作。虽然PHP是弱类型语言，但是在某些特定的场合，仍然需要正确的类型。

PHP的数据类型可以分成3种，即标量数据类型、复合数据类型和特殊数据类型。

2.2.1 标量数据类型

标量数据类型是数据结构中最基本的单元，只能存储一个数据。PHP中标量数据类型包括4种，如表2-1所示。

表2-1 PHP中标量数据类型

类　型	说　明
boolean（布尔型）	这是最简单的类型。只有2个值：真值（true）和假值（false）
string（字符串型）	字符串就是连续的字符序列，可以是计算机能表示的一切字符的集合
integer（整型）	整型数据类型只能包含整数，可以是正整数或负整数
float（浮点型）	浮点数据类型用来存储数字。和整型不同的是，它有小数位

下面对各个数据类型进行详细介绍。

1. 布尔型（boolean）

布尔型是PHP中较为常用的数据类型之一。它保存一个真值true或者假值false。设定一个布尔型的变量，只需将true或者false赋值给变量即可。

布尔型
（boolean）

【例2-1】 布尔型变量通常都是应用在条件或循环语句的表达式中。下面在if条件语句中判断变量$b的值是否为true，如果为true，则输出"我们要努力学好PHP"，否则输出"出错!"。

本程序关键代码如下。

```php
<?php
    $b = true;                              //定义布尔型变量
    if($b == true)                          //使用if条件语句判断变量值是否为真
        echo "<font color='blue'>我们要努力学好PHP</font>";
    else
        echo "出错!";
?>
```

运行结果如图2-1所示。

图2-1 判断变量值是否为真

（1）在PHP中，不是只有false值才为假的。在一些特殊情况下，如0、0.0、"0"、空白字符串(" ")、只声明没有赋值的数组等，它们的布尔值也被认为是false。

（2）$b是定义的变量名称。PHP中的变量名称用$和标识符表示。关于变量的详细介绍，请参考3.2节。

2. 字符串型（string）

字符串是连续的字符序列，由数字、字母和符号组成。字符串中的每个字符只占用一字节。在PHP中，定义字符串有以下3种方式。

- 单引号（'）；
- 双引号（"）；
- 定界符（<<<）。

字符串型
（string）

单引号和双引号是经常被使用的定义方式，定义格式如下。

```
$a ='string1';
```

或

```
$a ="string2";
```

如果在单引号和双引号定义的字符串中包含变量名，那么它们的输出结果是完全不同的。双引号中所包含的变量名会自动被替换成变量的值，而单引号中包含的变量名则按普通字符串输出。

【例2-2】 分别应用单引号和双引号输出同一个变量，其输出的结果完全不同，双引号输出的是变量的值，而单引号输出的是字符串"$a"。

本实例关键代码如下。

```php
<?php
  $a = "你好，欢迎来到PHP的世界！";
  echo "<h3>$a</h3>";                    //用双引号输出
  echo '<h4>$a</h4>';                    //用单引号输出
?>
```

运行结果如图2-2所示。

图2-2 单引号和双引号的区别

在定义简单的字符串时，使用单引号是更加合适的处理方式。如果使用双引号，PHP将花费一些时间来处理字符串的转义和变量的解析。因此，在定义字符串时，如果没有特别的要求，建议尽量使用单引号。

定界符（<<<）是从PHP 4.0开始支持的。定界符用于定义格式化的大文本。格式化是指文本中的格式将被保留，所以文本中不需要使用转义字符。在使用时后接一个标识符，然后是格式化文本（字符串），最后是同样的标识符结束字符串。

定界符格式如下。

```
<<<str
    格式化文本
str
```

其中，符号"<<<"是关键字，必须使用；str为用户自定义的标识符，用于定义文本的起始标识符和结束标识符，前后的标识符名称必须完全相同。

结束标识符必须从行的第一列开始。也必须遵循 PHP 中其他任何标签的命名规则：只能包含字母、数字、下划线，而且必须以下划线或非数字字符开始。

【例2-3】 应用定界符定义字符串并输出。可以看到，它和双引号没什么区别，字符串中包含的变量也被替换成实际变量的值。

代码如下。

```
<?php
    $i = "PHP";
    echo <<<std                              //使用定界符
    Hello ,welcome to here!<p>
    Do you like $i?
    std;                                     //定界符结束标志
?>
```

运行结果如图2-3所示。

图2-3　使用定界符定义字符串

 结束标识符必须单独另起一行，并且不允许有空格。如果在标识符前后有其他符号或字符，则会发生错误。

3. 整型（integer）

整型数据类型只能包含整数。在32位的操作系统中，有效的范围是-2 147 483 648～+2 147 483 647。整型数可以用十进制、八进制和十六进制来表示。如果用八进制，数字前面必须加0；如果用十六进制，则需要加0x。

整型
（integer）

【例2-4】 在下面的实例中，分别输出定义的十进制、八进制和十六进制变量的结果。

本实例完整代码如下。

```
<?php
/*
    八进制、十进制和十六进制是相对于整型数据来说的，在
    实际应用中并不十分广泛
*/
```

```
$str1 = 123;                                    //十进制变量

$str2 = 0123;                                   ///八进制变量

$str3 = 0x123;                                  //十六进制变量

echo "数字123不同进制的输出结果：<p>";

echo "十进制的结果是：$str1<br>";

echo "八进制的结果是：$str2<br>";

echo "十六进制的结果是：$str3";

?>
```

运行结果如图2-4所示。

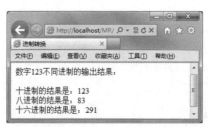

图2-4　输出八进制、十进制和十六进制数据

 如果给定的数值超出了int类型所能表示的最大范围，将会被当作float型处理，这种情况叫作整数溢出。同样，如果表达式的最后运算结果超出了int的范围，也会返回float型。

4. 浮点型（float）

浮点数据类型可以用来存储整数，也可以保存小数。它提供的精度比整数大得多。在32位的操作系统中，有效的范围是1.7E-308～1.7E+308。在PHP 4.0以前的版本中，浮点型的标识为double，也叫双精度浮点数，两者没什么区别。

浮点型（float）

浮点型数据默认有2种书写格式，一种是标准格式，例如

```
3.14159

0.365

-91.8
```

还有一种是科学记数法格式，例如

```
3.62E1

859.63E-3
```

【例2-5】 下面的实例是输出圆周率的近似值，用了3种书写方法：圆周率函数、传统书写格式和科学记数法。比较3种方法的输出结果。

本实例完整代码如下。

```
<font face='楷体_gb2312' color='blue'>

<?php

echo "圆周率的三种书写方法：<p>";

echo "第一种：pi() = ".pi()."<p>";                        //圆周率函数

echo "第二种：3.14159265359 = ". 3.14159265359 ."<p>";        //传统书写格式

echo "第三种：314159265359E-11 = ". 314159265359E- 11 ."<p>";  //科学记数法

?>
```

```
</font>
```

运行结果如图2-5所示。

图2-5　输出浮点型的数值

　浮点型的数值只是一个近似值，所以要尽量避免在浮点型之间比较大小，因为最后的结果往往是不准确的。

2.2.2　复合数据类型

复合数据类型将多个简单数据类型组合在一起，存储在一个变量名中，包括2种（数组和对象），如表2-2所示。

复合数据类型

表2-2　复合数据类型

类　型	说　明
array（数组）	就是一组数据的集合
object（对象）	对象是类的实例，使用关键字new来创建

1. 数组（array）

数组是一组数据的集合，它把一系列数据组织起来，形成一个可操作的整体。数组中可以包括很多数据，如标量数据、数组、对象、资源，以及PHP中支持的其他语法结构等。

数组中的每个数据称为一个元素，元素包括索引（又叫键名）和值两部分。元素的索引可以由数字或字符串组成，元素的值可以是多种数据类型。定义数组的语法格式如下。

```
$array = ("value1","value2"……)
或
$array[key] = "value";
或
array(key1 => value1, key2 => value2……)
```

其中，参数key是数组元素的下标（索引），value是数组下标所对应的元素的值。

【例2-6】 PHP数组的下标既可以是数字，也可以是字符串的形式。在下面的实例中使用数字和字符串作为数组的下标，创建一个数组$arr，并且输出数组中的值。

（1）定义变量名为$arr的数组并给数组赋值。

（2）输出数组内容，实例代码如下。

```
<?php
    $arr = array(0 => 1,1 => 2,'hi' => "hello");                //定义数组
    //输出数组中的第一个元素。由于数组下标是从0开始计数的，所以第一个元素的下标是0
    echo $arr[0];
```

```
        echo "<br>";
        echo $arr['hi'];
    ?>
```

运行结果如下。

```
1
hello
```

2. 对象（object）

现在，编程语言用到的方法有2种：面向过程和面向对象。在PHP中，用户可以自由使用这2种方法。有关面向对象的技术将在后面的章节中进行详细介绍。

2.2.3 特殊数据类型

特殊数据类型包括2种：资源和空值，如表2-3所示。

特殊数据类型

表2-3 特殊数据类型

类 型	说 明
resource（资源）	又叫作"句柄"，由编程人员来分配，处理外部事务的函数
null（空值）	特殊的值，表示变量没有值，唯一的值就是null

1. 资源（resource）

资源是由专门的函数来建立和使用的。它是一种特殊的数据类型，并由程序员分配。在使用资源时，要及时地释放不需要的资源。如果忘记了释放资源，系统会自动启用垃圾回收机制，避免内存消耗殆尽。

2. 空值（null）

空值表示没有为该变量设置任何值。另外，空值（null）不区分大小写，null和NULL效果是一样的。被赋予空值的情况有以下3种。

- 没有赋任何值；
- 被赋值null；
- 被unset()函数处理过的变量。

下面分别对这3种情况举例说明，具体代码如下：

```
<?php
$a;                          //没有赋值的变量
$b=null;                     //被赋空值的变量
$c=10;
unset($c);                   //使用unset()函数释放变量$c的值，$c的值为空
?>
```

2.2.4 检测数据类型

PHP还内置了检测数据类型的系列函数，可以对不同类型的数据进行检测，判断其是否属于某个类型。检测数据类型的函数如表2-4所示。

检测数据类型

表2-4 检测数据类型的函数

函 数	检 测 类 型
is_bool	检测变量是否为布尔类型

（续表）

函　数	检测类型
is_string	检测变量是否为字符串类型
is_float/is_double	检测变量是否为浮点类型
is_integer/is_int	检测变量是否为整数
is_null	检测变量是否为null
is_array	检测变量是否为数组类型
is_object	检测变量是否为一个对象类型
is_numeric	检测变量是否为数字或由数字组成的字符串

【例2-7】 下面通过几个检测数据类型的函数来检测相应的字符串类型，具体代码如下。

```php
<?php
$a=true;
$b="你好PHP";
$c=123456;
echo "1. 变量是否为布尔型: ".is_bool($a)."<br>";        //检测变量是否为布尔型
echo "2. 变量是否为字符串型: ".is_string($b)."<br>";      //检测变量是否为字符串型
echo "3. 变量是否为整型: ".is_int($c)."<br>";            //检测变量是否为整型
echo "4. 变量是否为浮点型: ".is_float($c)."<br>";         //检测变量是否为浮点型
?>
```

运行结果如图2-6所示。

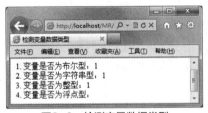

图2-6　检测变量数据类型

 说明 由于变量$c不是浮点型，所以第4个判断的返回值为false，即空值。

2.3　PHP数据的输出

PHP数据
的输出

PHP中最常用的输出语句是echo语句。除了echo语句之外，还可以使用print语句向浏览器中输出数据。在实际的编程过程中，经常使用输出语句对PHP程序进行调试。

2.3.1　print和echo

print语句和echo语句的作用非常相似，都用于向页面中输出数据。例如，应用print语句和echo语句输出数据的代码如下。

```php
print "输出当前的日期和时间: ";
echo date("Y-m-d H:i:s");
```

print语句和echo语句的区别如下。

- 使用print语句一次只能输出一个字符串，而使用echo语句可以同时输出多个字符串，多个字符串之间用逗号隔开。

- 在echo语句前不能使用错误屏蔽运算符"@"。
- print语句可以看作一个有返回值的函数，因此print语句能作为表达式的一部分，而echo语句不能。

2.3.2 输出运算符"<?= ?>"

如果需要在HTML代码中只嵌入一条PHP输出语句，可以使用PHP提供的另一种便捷的方法：使用输出运算符"<?= ?>"来输出数据。例如，将页面的背景颜色设置为蓝色，代码如下。

```
<body bgcolor="<?='blue'?>">
</body>
```

2.4 PHP编码规范

很多初学者对编码规范很不以为然，认为对程序开发没有什么帮助，甚至因为要遵循规范而影响了学习和开发的进度；或者因为经过一段时间的使用，已经形成了自己的一套风格，所以不愿意去改变。这种想法是很危险的。

举例说明，如今的Web开发不再是一个人就可以全部完成的，尤其是一些大型的项目，需要十几人甚至几十人来共同完成。在开发过程中，难免会有新的开发人员参与进来，那么这个新的开发人员在阅读前任留下的代码时，就会有问题了——这个变量起到什么作用？那个函数实现什么功能？TmpClass类在哪里用到了……诸如此类。这时，编码规范的重要性就体现出来了。

PHP编码规范

2.4.1 什么是编码规范

以PHP开发为例，编码规范就是融合开发人员长时间积累下来的经验，形成了一种良好统一的编程风格，这种良好统一的编程风格会在团队开发或二次开发时起到事半功倍的效果。编码规范是一种总结性的说明和介绍，并不是强制性的规则。从项目长远的发展以及团队效率来考虑，遵守编码规范是十分必要的。

遵守编码规范的好处如下。

- 编码规范是团队开发成员的基本要求。
- 开发人员可以了解任何代码，理清程序的状况。
- 提高程序的可读性，有利于相关设计人员交流，提高软件质量。
- 防止新接触PHP的人出于节省时间的需要，自创一套风格并养成终生的习惯。
- 有助于程序的维护，降低软件成本。
- 有利于团队管理，实现团队后备资源的可重用。

2.4.2 PHP书写规则

1. 缩进

使用制表符（<Tab>键）缩进，缩进单位为4个空格左右。如果开发工具的种类多样，则需要在开发工具中统一设置。

2. 大括号{}

有两种大括号放置规则是可以使用的。

- 将大括号放到关键字的下方、同列。

```
if ($expr)
{
```

```
    …
}
```

● 首括号与关键词同行，尾括号与关键字同列。

```
if ($expr){
    …
}
```

两种方式并无太大差别，但多数人都习惯选择第一种方式。

3. 关键字、小括号、函数、运算符

● 不要把小括号和关键字紧贴在一起，要用空格隔开它们。例如

```
if ($expr){                              //if和"("之间有一个空格
…
}
```

● 小括号和函数要紧贴在一起，以便区分关键字和函数。例如

```
round($num)                              //round和"("之间没有空格
```

● 运算符与两边的变量或表达式要有一个空格（字符连接运算符"."除外）。例如

```
while ($boo == true){                    //$boo和"=="、true和"=="之间都有一个空格
    …
}
```

● 当代码段较大时，上、下应当加入空白行，两个代码块之间只使用一个空行，禁止使用多行。
● 尽量不要在return返回语句中使用小括号。例如

```
return 1;                                //除非是必要，否则不需要使用小括号
```

2.4.3　PHP命名规则

就一般约定而言，类、函数和变量的名字应该能够让代码阅读者容易地知道这些代码的作用，避免使用模棱两可的命名。

1. 类命名

● 使用大写字母作为词的分隔，其他的字母均使用小写。
● 名字的首字母使用大写。
● 不要使用下划线('_')。

如Name、SuperMan、BigClassObject。

2. 常量命名

常量的命名应该全部使用大写字母，单词之间用'_'分隔。例如

```
define('DEFAULT_NUM_AVE',90);
define('DEFAULT_NUM_SUM',500);
```

3. 变量命名

● 所有字母都使用小写。
● 使用'_'作为每个词的分界。

如$msg_error、$chk_pwd等。

4. 数组命名

数组是一组数据的集合，它是一个可以存储多个数据的容器。因此在对数组进行命名时，尽量使用单词的复数形式。如$names、$books等。

5. 函数命名

函数的命名规则和变量的命名规则相同。所有的名称都使用小写字母，多个单词使用"_"分隔。例如：

```
function this_good_idear(){

    …

}
```

6. 类文件命名

PHP类文件在命名时都是以.class.php为后缀，文件名和类名相同。例如，类名为DbMysql，则类文件名为DbMysql.class.php。

小 结

本章主要介绍了PHP语言的基本语法、数据类型以及编码规范。熟练掌握PHP的基本语法是学习PHP语言的第一步。通过本章的学习，读者可以从整体上对PHP的组成部分有一个清楚的认识。

上机指导

首先定义3个变量：$a、$b和$c，然后应用检测数据类型是否为整型的函数is_int()来检测3个变量的值是否为整型。程序运行结果如图2-7所示。

图2-7　检测数据类型

代码如下。

```
<?php
$a=true;                                        //定义变量$a的值
$b="欢迎来到PHP的世界";                          //定义变量$b的值
$c=123456;                                      //定义变量$c的值
echo "第一个变量是否为整型："is_int($a)."<br>";    //检测变量$a是否为整型并输出字符串
echo "第二个变量是否为整型："is_int($b)."<br>";    //检测变量$b是否为整型并输出字符串
echo "第三个变量是否为整型："is_int($c)."<br>";    //检测变量$c是否为整型并输出字符串
?>
```

习 题

2-1　PHP的标记符支持哪几种标记风格？

2-2　PHP注释种类有哪些？PHP注释的主要作用是什么？

2-3　PHP的数据类型主要有哪几种？

2-4　print语句和echo语句的区别是什么？

PART03

第3章
运算符和表达式

■ 运算符和表达式是一个程序的基础，也是PHP程序最重要的组成部分。本章将对PHP中的常量、变量以及运算符和表达式进行详细讲解。

3.1 常量

常量用于存储不经常改变的数据信息。常量的值被定义后，在程序的整个执行期间，这个值都有效，并且不可再次对该常量进行赋值。

3.1.1 自定义常量

1. 使用define()函数声明常量

在PHP中使用define()函数来定义常量，函数的语法如下。

```
define(string constant_name,mixed value,case_sensitive=true)
```

define函数的参数说明如表3-1所示。

使用define()
函数声明常量

表3-1 define函数的参数说明

参 数	说 明
constant_name	必选参数，常量名称，即标志符
value	必选参数，常量的值
case_sensitive	可选参数，指定是否大小写敏感，设定为true，表示不敏感

说
明　mixed是指混合类型，它不单纯指一种类型，而是PHP对各种类型的一种通用表示形式。

2. 使用constant()函数获取常量的值

获取指定常量的值和直接使用常量名输出的效果是一样的。但函数可以动态地输出不同的常量，在使用上要灵活、方便得多。constant()函数的语法如下。

```
mixed constant(string const_name)
```

参数const_name为要获取常量的名称。如果成功，则返回常量的值；如果失败，则提示错误信息常量没有被定义。

使用constant()函数
获取常量的值

3. 使用defined()函数判断常量是否已经被定义

defined()函数的语法如下。

```
bool defined(string constant_name);
```

参数constant_name为要获取常量的名称，若成功，则返回true，否则返回false。

【例3-1】下面举一个例子，使用define()函数来定义名为MESSAGE的常量，使用constant()函数来获取该常量的值，最后使用defined()函数来判断常量是否已经被定义，代码如下。

使用defined()函数
判断常量是否
已经被定义

```php
<?php
/*使用define函数来定义名为MESSAGE的常量，并为其赋值"能看到一次"，然后分别输出常量MESSAGE和Message。因为没有设置Case_sensitive参数为true，所以表示大小写敏感，因此执行程序时，解释器会认为没有定义该常量而输出提示，并将Message作为普通字符串输出 */
define("MESSAGE","能看到一次");
echo MESSAGE;
echo Message;
```

/*使用define函数来定义名为COUNT的常量,并为其赋值"能看到多次"。设置Case_sensitive参数为true,表示大小写不敏感,分别输出常量COUNT和Count。因为设置了大小写不敏感,因此程序会认为它和COUNT是同一个常量,同样会输出值*/

```php
define("COUNT","能看到多次",true);
echo "<br>";
echo COUNT;
echo "<br>";
echo Count;
echo "<br>";
echo constant("Count");          //使用constant函数来获取名为Count常量的值,并输出
echo "<br>";                     //输出空行符
echo (defined("MESSAGE"));       //判断MESSAGE常量是否已被赋值,如果已被赋值,输出"1",如
                                 //果未被赋值,则返回false
?>
```

运行结果如图3-1所示。

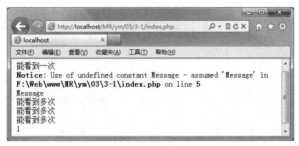

图3-1 常量的输出结果

 在运行本实例时,由于PHP环境配置的不同(php.ini中错误级别设置的不同),可能会出现不同的运行结果。图3-1中展示的是将php.ini文件中"error_reporting"的值设置为"E_ALL"后的结果。如果将"error_reporting"的值设置为"E_ALL & ~E_NOTICE",那么将输出如图3-2所示的结果。

图3-2 常量的输出结果

3.1.2 预定义常量

PHP中提供了很多预定义常量，可以获取PHP中的信息，但不能任意更改这些常量的值。预定义常量的名称及其作用如表3-2所示。

预定义常量

表3-2 PHP中预定义常量

常 量 名	功 能
__FILE__	默认常量，PHP程序的完整路径和文件名
__LINE__	默认常量，PHP程序行数
PHP_VERSION	内建常量，PHP程序的版本，如"3.0.8_dev"
PHP_OS	内建常量，执行PHP解析器的操作系统名称，如"WINNT"
TRUE	这个常量是一个真值（true）
FALSE	这个常量是一个假值（false）
NULL	一个null值
E_ERROR	这个常量指到最近的错误处
E_WARNING	这个常量指到最近的警告处
E_PARSE	这个常量指到解析语法有潜在问题处
E_NOTICE	这个常量为发生不寻常，但不一定是错误处

__FILE__和__LINE__中的"__"是2条下划线，而不是一条"_"。表中以E_开头的预定义常量是PHP的错误调试部分。如需详细了解，请参考error_reporting()函数。

【例3-2】下面使用预定义常量来输出PHP中的一些信息，代码如下。

```php
<?php
echo "当前文件路径为：".__FILE__;              //使用__FILE__常量获取当前文件绝对路径
echo "<br>";
echo "当前行数为：".__LINE__;                 //使用__LINE__常量获取当前所在行数
echo "<br>";
echo "当前PHP版本信息为：".PHP_VERSION;       //使用PHP_VERSION常量获取当前PHP版本
echo "<br>";
echo "当前操作系统为：".PHP_OS;               //使用PHP_OS常量获取当前操作系统
?>
```

运行结果如图3-3所示。

图3-3 使用预定义常量获取PHP信息

3.2 变量

变量的概念

3.2.1 变量的概念

其值可以改变的量称为变量。变量为开发人员提供了一个有名字的内存存储区，程序中可以通过变量名对内存存储区进行读、写操作。为了确定每个变量内存存储区的大小，存储区中可以存放数据范围以及变量可以使用的运算符。系统为程序中的每一个变量分配一个存储单元，变量名实质上就是计算机内存单元的命名。因此，借助变量名就可以访问内存中的数据。

3.2.2 定义和使用变量

和很多语言不同，在PHP中使用变量之前不需要声明变量（PHP 4.0之前需要声明变量），只需为变量赋值即可。PHP中的变量名称用$和标识符表示，变量名是区分大小写的。

PHP中的变量名称遵循以下约定。

- 在PHP中的变量名是区分大小写的。
- 变量名必须以美元符号（$）开始。
- 变量名开头可以以下划线开始。
- 变量名不能以数字字符开头。
- 变量名可以包含一些扩展字符（如重音拉丁字母），但不能包含非法扩展字符（如汉字字符和汉字字母）。

声明的变量不可以与已有的变量重名，否则将引起冲突。变量的名称应采用能反映变量含义的名称，以利于提高程序的可读性。只要能明确反映变量的含义，可以使用英文单词、单词缩写、拼音（尽量使用英文单词），如$book_name、$user_age、$shop_price等。必要时，也可以将变量的类型包含在变量名中，如$book_id_int，这样可以直接根据变量名称了解变量的类型。

在程序中使用变量前，需要为变量赋值。PHP中变量的定义非常简单灵活。在定义变量时，不需要指定变量的类型，PHP自动根据对变量的赋值决定其类型。变量的赋值是通过使用赋值运算符"="实现的。在定义变量时也可以直接为变量赋值，此时称为变量的初始化。

> **【例3-3】** 下面的代码定义了一个整型变量n_sum，将其赋值为100；定义一个布尔型变量；定义一个空字符串。

```php
<?php
    $n_sum = 100;                    //定义一个整型变量，并进行初始化
    $str1=false;                     //定义一个布尔型变量，并进行初始化
    $str2=" ";                       //定义一个空字符串
?>
```

在定义变量时，要养成良好的编程习惯，在定义变量前要对其定义初始值。如果在定义变量时没有指定变量的初始值，那么在使用变量时，PHP会根据变量在语句中所处的位置确定其类型，并采用该类型的默认值。字符串的初始值为空值；整型的初始值为0；布尔型的初始值为false。

对变量赋值时，要遵循变量命名规则，如下面的变量命名是合法的。

```php
<?php
$helpsoft="PHP编程词典";
$_book="计算机图书";
?>
```

下面的变量命名则是非法的。

```php
<?php
$5_str="编程词典";                          //变量名不能以数字字符开头
$@zts ="zts";                              //变量名不能以其他字符开头
?>
```

PHP中的变量名称区分大小写，而函数名称不区分大小写。

3.2.3 变量的赋值方式

对变量进行赋值使用赋值运算符"="实现。PHP中提供了3种赋值方式：直接赋值、传值赋值和引用赋值。

变量的
赋值方式

1. 直接赋值

直接赋值就是使用"="直接将值赋给某变量，例如

```php
<?php
$name="mingri";
$number=30;
echo $name;
echo $number;
?>
```

运行结果如下。

```
mingri
30
```

上例中分别定义了$name变量和$number变量，并分别为其赋值，然后使用echo输出语句输出变量的值。

2. 传值赋值

传值赋值就是使用"="将一个变量的值赋给另一个变量。

【例3-4】变量间的赋值是指赋值后，2个变量使用各自的内存，互不干扰。实例代码如下。

```php
<?php
$str1 = "PHP编程词典";                      //声明变量$str1
$str2 = $str1;                             //使用$str1来初始化$str2
$str1 = "我喜欢学PHP";                       //改变变量$str1的值
echo $str2;                                //输出变量$str2的值
?>
```

运行结果如下。

PHP编程词典

3. 引用赋值

从PHP 4.0开始，PHP引入了"引用赋值"的概念。引用赋值是指用不同的名字访问同一个变量内容，当改变其中一个变量的值时，另一个也跟着发生变化。使用&符号来表示引用。

> **【例3-5】** 本例中，变量$str2是变量$str的引用。当给变量$str赋值后，$str2的值也会跟着发生变化。实例代码如下。

```php
<?php
$str = "学习PHP很轻松";                        //声明变量$str
$str2 = & $str;                               //使用引用赋值，这时$str2已经赋值为"学习PHP
                                              很轻松"

$str = "我要大声的告诉你：$str";               //重新给$str赋值
echo $str2;                                    //输出变量$str2
echo "<p>";                                    //输出换行标记
echo $str;                                     //输出变量$str
?>
```

运行结果如图3-4所示。

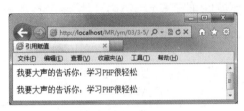

图3-4　引用赋值

引用变量并不是复制一个变量给另一个变量，而是将两个变量指向同一个内容，可以理解为将同一个变量的地址传递给另一个变量。引用后，两个变量完全相同。当对其中的任意一个变量的内容进行更改时，另一个变量的内容也会随之更改。

引用和复制的区别在于，复制是将原变量内容复制下来，开辟一个新的内存空间来保存，而引用则是给变量的内容再命一个名字。也可以这样理解：一些论坛的版主、博客的博主，登录网站时发表帖子或文章时一般不会留真名，而是用笔名，这个笔名就可以看作一个引用，是其身份的代表。

3.2.4　可变变量

可变变量是一种独特的变量，变量的名称并不是预先定义好的，而是动态地设置和使用。可变变量一般是指使用一个变量的值作为另一个变量的名称，所以可变变量又称为变量的变量。可变变量通过在一个变量名称前使用两个"$"符号实现。

可变变量

> **【例3-6】** 下面应用可变变量实现动态改变变量的名称。首先定义两个变量：$change_name和$php，并且输出变量$change_name的值，然后应用可变变量来改变变量$change_name的名称，最后输出改变名称后的变量值，程序代码如下。

```php
<?php
$change_name = "php";                          //声明变量$change_name
$php = "编程的关键因素在于学好语言基础!";      //声明变量$php
```

```
    echo $change_name ;                              //输出变量$change_name
    echo $$change_name ;                             //通过可变变量输出$php的值
    ?>
```

运行结果如下。

php编程的关键因素在于学好语言基础!

3.2.5　PHP预定义变量

PHP预定义变量

PHP还提供了很多非常实用的预定义变量，通过这些预定义变量可以获取用户会话、用户操作系统的环境和本地操作系统的环境等信息。常用的预定义变量如表3-3所示。

表3-3　预定义变量

变量的名称	说　明
$_SERVER['SERVER_ADDR']	当前运行脚本所在的服务器的IP地址
$_SERVER['SERVER_NAME']	当前运行脚本所在服务器主机的名称。如果该脚本运行在一个虚拟主机上，则该名称由虚拟主机所设置的值决定
$_SERVER['REQUEST_METHOD']	访问页面时的请求方法，如GET、HEAD、POST、PUT等。如果请求的方式是HEAD，PHP脚本将在送出头信息后中止（这意味着在产生任何输出后，不再有输出缓冲）
$_SERVER['REMOTE_ADDR']	正在浏览当前页面用户的IP地址
$_SERVER['REMOTE_HOST']	正在浏览当前页面用户的主机名。反向域名解析基于该用户的REMOTE_ADDR
$_SERVER['REMOTE_PORT']	用户连接到服务器时所使用的端口
$_SERVER['SCRIPT_FILENAME']	当前执行脚本的绝对路径名。注意：如果脚本在CLI中被执行，作为相对路径，如file.php或者.../file.php，$_SERVER['SCRIPT_FILENAME']将包含用户指定的相对路径
$_SERVER['SERVER_PORT']	服务器所使用的端口，默认为80。如果使用SSL安全连接，则这个值为用户设置的HTTP端口
$_SERVER['SERVER_SIGNATURE']	包含服务器版本和虚拟主机名的字符串
$_SERVER['DOCUMENT_ROOT']	当前运行脚本所在的文档根目录，在服务器配置文件中定义
$_COOKIE	通过HTTPCookie传递到脚本的信息。这些cookie多数是由执行PHP脚本时通过setcookie()函数设置的
$_SESSION	包含与所有会话变量有关的信息。$_SESSION变量主要应用于会话控制和页面之间值的传递
$_POST	包含通过POST方法传递的参数的相关信息，主要用于获取通过POST方法提交的数据
$_GET	包含通过GET方法传递的参数的相关信息，主要用于获取通过GET方法提交的数据
$GLOBALS	由所有已定义全局变量组成的数组。变量名就是该数组的索引。它可以称得上是所有超级变量的超级集合

3.3 PHP运算符

运算符是用来对变量、常量或数据进行计算的符号。它对一个值或一组值执行一个指定的操作。PHP运算符包括字符串运算符、算术运算符、赋值运算符、递增或递减运算符、位运算符、逻辑运算符、比较运算符和条件运算符。

3.3.1 算术运算符

算术运算（Arithmetic Operators）符号是处理四则运算的符号，在对数字的处理中应用得最多。常用的算术运算符如表3-4所示。

算术运算符

表3-4 常用的算术运算符

名　称	操 作 符	实　例
加法运算	+	$a + $b
减法运算	−	$a−$b
乘法运算	*	$a * $b
除法运算	/	$a / $b
取余数运算	%	$a % $b

 说明 在算术运算符中使用"%"求余，如果被除数（$a）是负数的话，那么取得的结果也是一个负值。

【例3-7】下面分别应用上述5种运算符进行运算并分别输出结果。

本实例代码如下。

```
<font color='blue'face='楷体_gb2312'>
<?php
    $a = -100;                          //定义整型变量
    $b = 50;
    $c = 30;
    echo "\$a = ".$a.",";               //由于$在PHP中属于特殊符号，需要使用\转义
    echo "\$b = ".$b.",";
    echo "\$c = ".$c."<p>";
    echo "\$a + \$b = ".($a + $b)."<p>";      //加法运算
    echo "\$a − \$b = ".($a − $b)."<p>";;     //减法运算
    echo "\$a * \$b = ".($a * $b)."<p>";      //乘法运算
    echo "\$a / \$b = ".($a / $b)."<p>";      //除法运算
    echo "\$a % \$c = ".($a % $c)."<p>";      //取余运算
?>
</font>
```

运行结果如图3-5所示。

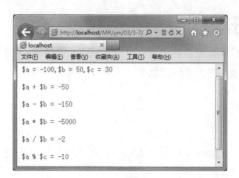

图3-5 算术运算符的简单应用

3.3.2 字符串运算符

字符串运算符只有一个，即英文的句号"."。它将两个或多个字符串连接起来，结合到一起形成一个新的字符串。PHP中的"+"号只做赋值运算符使用，而不能做字符串运算符。

字符串运算符

【例3-8】 下面通过实例来体会"."和"+"之间的区别。当使用"."时，变量$m和$n两个字符串组成一个新的字符串；当使用"+"时，PHP会认为这是一次算术运算。如果"+"号的两边有字符类型，则自动转换为整型；如果是字母，则输出为0；如果是以数字开头的字符串，则会截取字符串头部的数字部分，再进行运算。

本实例代码如下。

```php
<?php
$m = "520abc";
$n = 1;
$mn = $m.$n;
echo $mn."<br>";
$nm = $m + $n;
echo $nm . "<br>";
?>
```

运行结果如下。

```
520abc1
521
```

3.3.3 赋值运算符

赋值运算符主要用于处理表达式的赋值操作。PHP中常用的赋值运算符如表3-5所示。

赋值运算符

表3-5 PHP中常用的赋值运算符

操 作	符 号	实 例	展开形式	意 义
赋值	=	$a=$b	$a=$b	将右边的值赋给左边
加	+=	$a+=$b	$a=$a+$b	将右边的值加到左边
减	−=	$a−=$b	$a=$a−$b	将右边的值减到左边
乘	*=	$a*=$b	$a=$a*$b	将左边的值乘以右边

操 作	符 号	实 例	展开形式	意 义
除	/=	$a/=$b	$a=$a/$b	将左边的值除以右边
连接字符	.=	$a.=$b	$a=$a.$b	将右边的字符加到左边
取余数	%=	$a%=$b	$a=$a%$b	将左边的值对右边取余数

【例3-9】 应用赋值运算符给指定的变量赋值，并计算各表达式的值，代码如下。

```php
<?php
    $a = 10;                                    //声明变量$a
    $b = 8;                                     //声明变量$b
    echo "\$a =  ".$a."<br>";                   //输出变量$a
    echo "\$b =  ".$b."<br>";                   //输出变量$b
    echo "\$a += \$b = ".($a += $b)."<br>";     //计算变量$a加$b的值
    echo "\$a -= \$b = ".($a -= $b)."<br>";     //计算变量$a减$b的值
    echo "\$a *= \$b = ".($a *= $b)."<br>";     //计算$a乘以$b的值
    echo "\$a /= \$b = ".($a /= $b)."<br>";     //计算$a除以$b的值
    echo "\$a %= \$b = ".($a %= $b);            //计算$a和$b的余数
?>
```

运行结果如图3-6所示。

图3-6　赋值运算符的应用

3.3.4　位运算符

位运算符是指对二进制位从低位到高位对齐后进行运算。PHP中的位运算符如表3-6所示。

位运算符

表3-6　PHP中的位运算符

符 号	作 用	实 例
&	按位与	$m & $n
|	按位或	$m | $n
^	按位异或	$m ^ $n
~	按位取反	$m ~ $n
<<	向左移位	$m << $n
>>	向右移位	$m >> $n

【例3-10】 下面应用位运算符对变量中的值进行位运算。

本实例代码如下。

```
<?php
$m = 6 ;                          //运算时将6转换为二进制码110
$n = 12 ;                         //运算时将12转换为二进制码1100
$mn = $m & $n ;                   //做与操作后转换为十进制
echo $mn ."<br>";
$mn = $m | $n ;                   //做或操作后转换为十进制
echo $mn ."<br>";
$mn = $m ^ $n ;                   //做异或操作后转换为十进制
echo $mn ."<br>";
$mn = ~$m ;                       //做非操作后转换为十进制
echo $mn ."<br>";
?>
```

运行结果如图3-7所示。

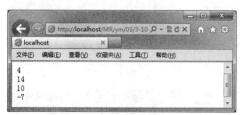

图3-7　位运算符的应用

3.3.5　递增或递减运算符

算术运算符适合在有两个或者两个以上不同操作数的场合使用。只有一个操作数时，使用算术运算符是没有必要的。这时，就可以使用递增运算符"++"或者递减运算符"――"。

递增或
递减运算符

递增或递减运算符有两种使用方法。一种是将运算符放在变量前面，即先将变量做加1或减1的运算，再将值赋给原变量，叫作前置递增或递减运算符；另一种是将运算符放在变量后面，即先返回变量的当前值，然后变量的当前值做加1或减1的运算，叫作后置递增或递减运算符。

【例3-11】定义两个变量，将这两个变量分别利用递增和递减运算符进行操作，并输出结果。

实例代码如下。

```
<?PHP
$a = 6;
$b = 9;
echo "\$a = $a , \$b = $b<p>";
echo "\$a++ = ". $a++ ." <br>";      //先返回$a的当前值，然后$a的当前值加1
echo "运算后\$a的值: ".$a."<p>";
echo "++\$b = ". ++$b ."<br>";       //$b的当前值先加1，然后返回新值
echo "运算后\$b的值: ".$b ;
echo "<hr><p>";
echo "\$a-- = ". $a-- ."<br>";        //先返回$n的当前值,然后$n的当前值减1
```

```
echo "运算后\$a的值: ".$a."<p>";
echo "\$b = " . --$b."<br>";                    //$n的当前值先减1，然后返回新值
echo "运算后\$b的值: ".$b;
?>
```

运行结果如图3-8所示。

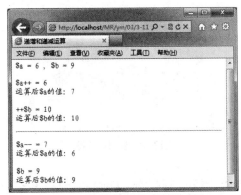

图3-8 递增或递减运算符的应用

3.3.6 逻辑运算符

逻辑运算符用来处理逻辑运算操作，是程序设计中一组非常重要的运算符。
PHP中的逻辑运算符如表3-7所示。

逻辑运算符

表3-7 PHP中的逻辑运算符

运 算 符	实 例	结果为真
&&或and（逻辑与）	$m and $n	当$m和$n都为真时
‖或or（逻辑或）	$m ‖ $n	当$m为真或者$n为真时
xor（逻辑异或）	$m xor $n	当$m、$n一真一假时
!（逻辑非）	!$m	当$m为假时

在逻辑运算符中，逻辑与和逻辑或这两个运算符有4种运算符号（&&、and和‖、or），其中属于同一个逻辑结构的两个运算符号（如&&和and）之间却有着不同的优先级。

【例3-12】 下面分别应用逻辑或中的运算符号"‖"和"or"与逻辑与运算符"and"进行逻辑运算，但是因为同一逻辑结构的两个运算符（"‖"和"or"）的优先级不同，输出的结果也不同。

实例代码如下。

```php
<?php
    $a = true;
    $b = true;
    $c = false;
    if($a or $b and $c)                          //使用or运算符做逻辑判断
        echo "true";
    else
        echo "false";
```

```
echo "<br>";
if($a || $b and $c)                          //使用||运算符做逻辑判断
    echo "true";
else
    echo "false";
?>
```

运行结果如图3-9所示。

图3-9 逻辑运算符

 说明 可以看到，两个if语句除了or和||不同之外，其他完全一样，但最后的结果却正好相反。

3.3.7 比较运算符

比较运算符就是对变量或表达式的值进行大小、真假等比较，如果比较结果为真，则返回true，如果比较结果为假，则返回false。PHP中的比较运算符如表3-8所示。

比较运算符

表3-8 PHP中的比较运算符

运　算　符	实　例	结果为真
<	小于	$m<$n
>	大于	$m>$n
<=	小于等于	$m<=$n
>=	大于等于	$m>=$n
==	相等	$m==$n
!=	不等	$m!=$n
===	恒等	$m === $n
!==	非恒等	$m!==$n

这里面不太常见的是===和!==。$a === $b，说明$a和$b两个变量不但数值上相等，而且类型也一样。$a !== $b，说明$a和$b或者数值不等，或者类型不同。

【例3-13】 设置字符串型变量$value = "100"，通过不同的比较运算符将变量$value与数字100进行比较，再应用var_dump函数输出比较结果。其中使用的var_dump函数是系统函数，作用是输出变量的相关信息。

本实例代码如下。

```
<?PHP
$value="100";                               //定义变量
echo "\$value = \"$value\" ";
echo "<p>\$value==100: ";
```

```
var_dump($value==100);              //结果为bool(true)
echo "<p>\$value==true:";
var_dump($value==true);             //结果为bool(true)
echo "<p>\$value!=null:";
var_dump($value!=null);             //结果为bool(true)
echo "<p>\$value==false:";
var_dump($value==false);            //结果为bool(false)
echo "<p>\$value === 100:";
var_dump($value===100);             //结果为bool(false)
echo "<p>\$value===true:";
var_dump($value===true);            //结果为bool(true)
echo "<p>(10/2.0 !== 5):";
var_dump(10/2.0 !==5);              //结果为bool(true)
?>
```

运行结果如图3-10所示。

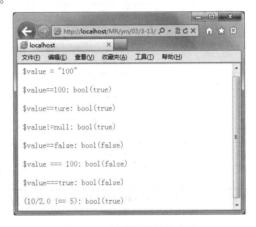

图3-10   比较运算符的应用

3.3.8   条件运算符

条件运算符可以提供简单的逻辑判断，其语法格式如下。

表达式1?表达式2:表达式3

如果表达式1的值为true，则执行表达式2，否则执行表达式3。

【例3-14】 下面应用条件运算符实现一个简单的判断功能。如果正确，则输出"表达式正确"，否则输出"表达式不正确"。

条件运算符

本实例代码如下。

```
<?php
$value=100;
echo ($value==true)?"表达式正确":"表达式不正确";
?>
```

运行结果如下。

表达式正确

3.3.9 运算符优先级

运算符优先级

运算符的优先级，是指在程序中哪一个运算符先计算，哪一个后计算，与数学的四则运算遵循的"先乘除，后加减"是一个道理。

PHP的运算符在运算中遵循的规则是优先级高的先进行运算，优先级低的后进行运算，同一优先级的操作按照从左到右的顺序进行。也可以像四则运算那样使用小括号，括号内的运算最先进行。PHP运算符优先级如表3-9所示。

表3-9　PHP运算符的优先级

优先级别（从低到高）	运　算　符
1	or, and, xor
2	赋值运算符
3	?:
4	||, &&
5	|, ^
6	&
7	==, !=, ===, !==
8	<, <=, >, >=
9	<<, >>
10	+, −, .
11	*, /, %
12	!, ~
13	++, −−

这么多的级别，要想都记住是不太现实的，也没有这个必要。如果写的表达式真的很复杂，而且包含较多的运算符，不妨多加点（）。例如

```
$a and (($b != $c) or (5 * (50 − $d)))
```

这样就会减少出现逻辑错误的可能。

3.4　表达式

表达式

将运算符和操作数连接起来的式子称为表达式。表达式是构成PHP程序语言的基本元素，也是PHP最重要的组成元素。根据运算符的不同，表达式可以分为算术表达式、字符串表达式、关系表达式、赋值表达式以及逻辑表达式等。

在PHP语言中，几乎所写的任何语句都是表达式。最基本的表达式形式是常量和变量，如"$a = 8"，即表示将值8赋给变量$a。

表达式是通过具体的代码来实现的，是多个符号集合起来组成的代码，而这些符号只是一些对PHP解释程序有具体含义的最小单元。它们可以是变量名、函数名、运算符、字符串、数值和括号等，如下面的代码。

```
<?php
$a = 8;
```

```php
$b = "php" ;
?>
```

这是由两个表达式组成的脚本，即"$a = 8"和"$b = "php""。此外，还可以进行连续赋值，例如

```php
<?php
$b = $a = 8;
?>
```

因为PHP赋值操作的顺序是由右到左，所以变量$b和$a都被赋值8。

在PHP的代码中，使用分号";"来区分表达式，表达式也可以包含在括号内。可以这样理解：一个表达式再加上一个分号，就是一条PHP语句。

表达式的应用范围非常广泛，可以调用一个数组、创建一个类、给变量赋值等。

在编写程序时，应该注意表达式后面的这个分号";"，不要漏写。这是一个出现频率很高的错误点。

3.5 数据类型的转换

3.5.1 自动转换

数据类型的自动转换是指在定义常量或变量时，不需要指定常量或变量的数据类型。在代码执行过程中，PHP会根据需要将常量或变量转换为合适的数据类型，但是在转换时也要遵循一定的规则。下面介绍几种数据类型之间的转换规则。

自动转换

• 布尔型数据和数值型数据在进行算术运算时，True被转换为整数1，False被转换为整数0。

• 字符串型数据和数值型数据在进行算术运算时，如果字符串以数字开头，将被转换为相应的数字；如果字符串不是以数字开头，将被转换为整数0。

• 在进行字符串连接运算时，整数、浮点数将被转换为字符串型数据，布尔值True将被转换为字符串"1"，布尔值False和Null将被转换为空字符串" "。

• 在进行逻辑运算时，整数0、浮点数0.0、空字符串" "、字符串"0"、Null以及空数组将被转换为布尔值False，其他数据将被转换为布尔值True。

【例3-15】下面是一个PHP自动类型转换的例子，对不同类型的数据进行不同的运算。

本实例代码如下。

```php
<?php
$a = true;                          //声明变量
$b = false;                         //声明变量
$c = "100abc";                      //声明变量
$d = "abc100";                      //声明变量
$e = 100;                           //声明变量
$f = 0;                             //声明变量
var_dump($a + $e);                  //输出表达式的结果
echo("<br>");                       //输出换行标记
var_dump($b + $e);                  //输出表达式的结果
```

```
    echo("<br>");                                    //输出换行标记
    var_dump($c + $e);                               //输出表达式的结果
    echo("<br>");                                    //输出换行标记
    var_dump($d + $e);                               //输出表达式的结果
    echo("<br>");                                    //输出换行标记
    var_dump($a.$e);                                 //输出表达式的结果
    echo("<br>");                                    //输出换行标记
    var_dump($a && $e);                              //输出表达式的结果
    ?>
```

运行结果如图3-11所示。

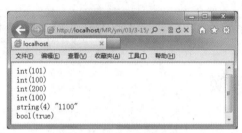

图3-11　PHP自动类型转换

 通过var_dump()函数可以输出数据的值、类型以及字符串的长度。

3.5.2　强制转换

1. 应用括号括起来的类型名称进行转换

应用括号括起来的
类型名称进行转换

虽然PHP是弱类型语言，但有时仍然需要用到类型转换。PHP中的数据类型转换非常简单，在变量前加上用括号括起来的类型名称即可。PHP中允许转换的类型如表3-10所示。

表3-10　PHP中允许转换的类型

转换操作符	转换类型	举例
(boolean),(bool)	转换成布尔型	(boolean)$num、(bool)$str
(string)	转换成字符型	(string)$flo
(integer),(int)	转换成整型	(integer)$boo、(int)$str
(float),(double),(real)	转换成浮点型	(float)$str、(double)$str
(array)	转换成数组	(array)$str
(object)	转换成对象	(object)$str

【例3-16】下面将一个字符串型变量分别转换成其他数据类型。

本实例关键代码如下。

```
<?PHP
    $str = "Hello,I like PHP!";
    echo "这是原始的string形式：".$str;
```

```
    echo "<p>";
    echo "这是boolean形式：".(boolean)$str;
    echo "<p>";
    echo  "这是integer形式：".(integer)$str;
    echo "<p>";
    echo "这是float形式：".(float)$str;
    echo "<p>";
    echo "这是array形式：".(array)$str;
?>
```

运行结果如图3-12所示。

图3-12　将指定字符串型转换成其他类型

 在进行类型转换的过程中应该注意，转换成boolean型时，null、0和未赋值的变量或数组会被转换为false，其他的为真；转换成整型时，布尔型的false转换为0，true转换为1，浮点型的小数部分被舍去，字符型如果以数字开头，就截取到非数字位，否则输出0。

2. 使用以val结尾的函数

常用的函数有intval()、floatval()、strval()。其语法格式和返回值如表3-11所示。

使用以val结尾
的函数

表3-11　以val结尾的函数的语法格式和返回值

函数名	语法格式	返回值
intval	int intval(mixed var)	返回var的整数值
floatval	float floatval(mixed var)	返回var的浮点数值
strval	string strval(mixed var)	返回var的字符串值

【例3-17】下面将一个字符串型变量使用以val结尾的函数进行转换。

本实例关键代码如下。

```
<?PHP
    $str = "123.456abc";                        //声明变量
    $int = intval($str);                        //声明变量
    $flo = floatval($str);                      //声明变量
```

```
        $str = strval($str);                                //声明变量
        var_dump($int);                                     //输出整数值
        echo("<br>");                                       //输出换行标记
        var_dump($flo);                                     //输出浮点数值
        echo("<br>");                                       //输出换行标记
        var_dump($str);                                     //输出字符串值
    ?>
```

运行结果如图3-13所示。

图3-13　使用以val结尾的函数进行转换

3. 使用settype()函数

类型转换还可以通过settype()函数来完成，该函数可以将指定的变量转换成指定的数据类型。

使用settype()
函数

```
bool settype ( mixed var, string type )
```

● 参数var为指定的变量。

● 参数type为指定的类型，有7个可选值：boolean、float、integer、array、null、object和string。如果转换成功，则返回true，否则返回false。

使用settype()函数设置变量数据类型时，变量本身的数据类型将会发生变化。

【例3-18】使用settype()函数对变量进行不同类型的转换，实例代码如下。

```
<?PHP
        $str = "123.456abc";                               //声明变量
        $int = 100;                                         //声明变量
        $boo = true;                                        //声明变量
        settype($str,"integer");                           //对变量类型进行转换
        var_dump($str);                                     //输出转换结果
        echo "<br>";                                        //输出换行标记
        settype($int,"boolean");                           //对变量类型进行转换
        var_dump($int);                                     //输出转换结果
        echo "<br>";                                        //输出换行标记
        settype($boo,"string");                            //对变量类型进行转换
        var_dump($boo);                                     //输出转换结果
    ?>
```

运行结果如图3-14所示。

图3-14　使用settype()函数进行转换

小　结

本章主要介绍了PHP语言的基础知识，包括常量、变量、运算符和表达式，并详细介绍了各种类型之间的转换、系统预定义的常量和变量。基础知识是一门语言的核心，希望初学者能静下心来，牢牢掌握本章的知识，这样对以后的学习能起到事半功倍的效果。

上机指导

已知长方形的长和宽，根据长方形面积公式，应用算术运算符计算出长方形的面积。运行结果如图3-15所示。

图3-15　计算长方形的面积

（1）声明两个变量，分别表示长方形的长与宽。

（2）根据长方形的面积公式，应用算术运算符将长方形的长与宽做乘法运算。

（3）利用echo语句输出计算结果。

实现的具体代码如下。

```php
<?php
$L=4.3;

$H=5.5;

$M=$L*$H;

echo "长方形的面积为".$M."平方米";
?>
```

习　题

3-1　如何定义常量及获取常量的值？

3-2　"==="是什么运算符？举例说明该运算符与"=="运算符在使用上有什么区别。

3-3　任意指定3个数，写程序求出3个数的最大值。

第4章

流程控制语句

本章要点

if、switch条件判断语句 ■
while、do...while循环控制语句 ■
for、foreach循环控制语句 ■
break、continue跳转语句 ■
exit终止语句 ■

■ PHP程序中如果没有流程控制语句，PHP程序将从第一条PHP语句开始执行，一直运行到最后一条PHP语句。流程控制语句用于改变程序的执行次序，从而控制程序的执行流程。PHP流程控制共有3种类型：条件判断结构、循环结构以及程序跳转和终止语句。这3种类型的流程控制构成了面向过程编程的核心。

4.1 条件判断语句

条件判断语句就是以一定的条件作为依据，根据判断的结果确定只执行某一部分的代码，而与其并列的其他部分代码则不执行。

在PHP中，条件判断语句可分为以下2种类型。

● if条件语句。

● switch...case分支控制语句。

if语句

4.1.1 if语句

if语句是最简单的条件判定语句，它对某段程序的执行附加一个条件，如果条件成立，就执行这段程序，否则就跳过这段程序去执行下面的程序。

if语句的格式如下。

```
if (expr)
    statement ;
```

如果表达式expr的值为true，那么就顺序执行statement语句；否则，就跳过该条语句再往下执行。如果需要执行的语句不止一条，那么可以使用"{ }"（在"{ }"中的语句，被称为语句组），格式如下。

```
if(expr){
    statement1;
    statement2;
    …
}
```

if条件语句的流程图如图4-1所示。

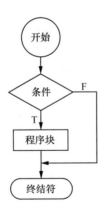

图4-1 if语句流程图

【例4-1】 在本例中，实现输出"五一放长假，我们去旅游"。首先为变量赋一个逻辑值，然后判断这个值是否为真，如果为真，则输出结果，代码如下。

```php
<?php
    $day_51=true;                          //为变量赋予一个逻辑值
    if ($day_51==true){                    //判断变量的逻辑值是否为真
```

```
        echo "五一放长假，我们去旅游";            //输出字符串
    }
?>
```

运行结果如图4-2所示。

图4-2　if语句的应用

4.1.2　if...else语句

if...else语句

大多数时候，总是需要在满足某个条件时执行一条语句，而在不满足该条件时执行其他语句。为了在if语句中描述这种情况，if语句中提供了else子句。else子句表示的自然语句是"否则"的意思，其语法格式为如下。

```
if(expr){
    statement1;
}else{
    statement2;
}
```

当表达式expr的值为true时，执行statement1语句；如果表达式expr的值为false，则执行statement2语句。if...else语句的流程图如图4-3所示。

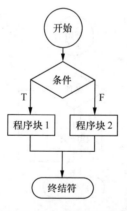

图4-3　if...else语句流程图

【例4-2】在许多问题的逻辑关系中，经常会出现依据一个条件是否成立会导致两种不同的结果。例如，如果五一放长假，我们去旅游，否则我们就去逛商场。首先为变量赋一个逻辑值，然后判断这个值是否为true，如果为true，则输出"五一长假我们去旅游"，否则输出"五一短假我们去逛商场"，根据不同的结果显示不同的字符串。实例代码如下。

```
<?php
    $day_51 = false;                            //为变量赋予一个逻辑值
```

```
        if ($day_51 == true){                          //判断变量的逻辑值是否为真
                echo "五一长假我们去旅游";              //输出字符串
        }
        else{
                echo "五一短假我们去逛商场";            //输出字符串
        }
?>
```

运行结果如图4-4所示。

图4-4　if...else语句的应用

使用if语句和else子句能够描述一些复杂的逻辑问题，但是有时并不能完整地表达人们的语义。考虑到这种情况，if...else语句只能选择两种结果：要么执行真，要么执行假。但如果现在有两种以上的选择该怎么办呢？例如，小明的考试成绩如果是90分以上，则为"优秀"；如果在60~90分之间，则为"良好"；如果低于60分，则为"不及格"。这时，可以使用elseif（也可以写作else if）语句来执行，该语法格式如下。

```
if(expr1){
    statement 1;
}else if(expr2){
    statement 2;
}...
else{
    statement n;
}
```

elseif语句的流程图如图4-5所示。

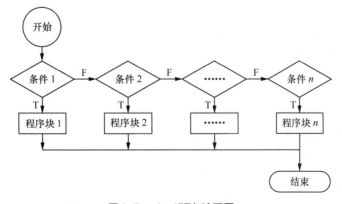

图4-5　elseif语句流程图

【例4-3】本例通过elseif语句，判断小明的考试情况。如果成绩大于等于90，为优秀；如果成绩大于等于80，则为良好；如果成绩大于等于60，则为及格，否则为不及格。实例代码如下。

```php
<?php
    $score=95;                            //设置小明期末考试的默认值
    if ($score >=90){                     //判断小明的期末考试成绩是否在90分以上
            echo "小明期末考试成绩优秀";    //如果是，说明小明期末考试成绩优秀
    }elseif($score<90 && $score>=80){     //否则判断小明期末考试成绩是否在80～90之间
            echo "小明期末考试成绩良好";    //如果是，说明小明期末考试成绩良好
    }elseif($score<80 && $score>=60){     //否则判断小明期末考试成绩是否在60～80之间
            echo "小明期末考试成绩及格";    //如果是，说明小明期末考试成绩及格
    }else{                                //如果两个判断都是false，则输出默认值
            echo "小明期末考试成绩不及格";  //说明小明期末考试成绩不及格
    }
?>
```

运行结果如图4-6所示。

图4-6　else if语句的应用

 if语句和elseif语句的执行条件是表达式的值为真，而else执行条件是表达式的值为假。这里的表达式的值不等于变量的值。

4.1.3 switch语句

在程序设计中，所有依据条件做出判定的问题都可以用前面所介绍的不同类型的if语句来解决。不过，在用if...else语句处理多个条件的判定问题时，组成条件的表达式在每一个elseif语句中都要计算一次，显得烦琐臃肿。为了避免if语句的冗长，提高程序的可读性，可以使用switch分支控制语句。PHP提供switch...case多分支控制语句，对于某些多项选择场合，会使程序代码更加简洁、易读。

switch语句

switch语句的语法格式如下。

```php
switch(variable){
    case value1:
            statement1;
            break;
    case value2:
    ...
    default:
            default statement n;
}
```

switch语句根据variable的值，依次与case中的value值相比较，如果不相等，继续查找下一个case；如果相等，就执行对应的语句，直到switch语句结束或遇到break为止。一般switch语句的结尾都有一个默认值default，如果在前面的case中没有找到相符合的条件，则输出默认语句，这和else语句类似。

switch语句的流程图如图4-7所示。

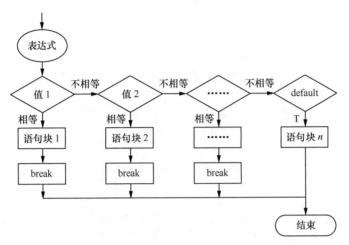

图4-7　switch语句流程图

【例4-4】 本例将使用switch语句输出当天为星期几，并根据不同的日期输出不同的贴心提醒警句。实例代码如下。

```php
<?php
setlocale(LC_TIME,"chs");                          //设置本地环境
$weekday = strftime("%A");                          //声明变量$weekday的值
switch ($weekday){                                  //switch语句，判断$weekday的值
    case "星期一":                                   //如果变量的值为"星期一"
            echo "今天是$weekday，新的一周开始了！";
            break;
    case "星期二":                                   //如果变量的值为"星期二"
            echo "今天是$weekday，时刻保持良好的工作状态!";
            break;
    case "星期三":                                   //如果变量的值为"星期三"
            echo "今天是$weekday，劳动者是最美的人，努力工作哟！";
            break;
    case "星期四":                                   //如果变量的值为"星期四"
            echo "今天是$weekday，勤奋才能创造绩效，加油！";
            break;
    case "星期五":                                   //如果变量的值为"星期五"
            echo "今天是$weekday，一定要出色地完成本周工作哟！";
            break;
    case "星期六":                                   //如果变量的值为"星期六"
            echo "今天是$weekday，可以睡到自然醒！";
```

```
                    break;
        default:                                                    //默认值
                    echo "今天是$weekday，呵呵，轻松地玩上一天！";
                    break;
    }
    ?>
```

运行结果如图4-8所示。

图4-8 switch...case分支控制语句

说明 strftime()函数根据区域设置来格式化输出日期和时间，参数"%A"用来获取星期的全称。

switch语句在执行时，即使遇到符合要求的case语句段，也会继续往下执行，直到switch结束。为了避免这种浪费时间和资源的情况发生，一定要在每个case语句段后添加break跳转语句跳出当前循环。break跳转语句将在本章4.3.2节中进行详细介绍。

4.2 循环控制语句

在实际应用中，经常会遇到一些操作并不复杂但需要反复多次处理的问题。对于这类问题，如果用顺序结构的程序来处理，将是十分烦琐的，有时候是难以实现的。为此，PHP提供了循环语句来实现循环结构的程序设计。

循环控制语句是指能够按照一定的条件重复执行某段功能代码的代码结构。循环控制语句分为以下4种。

* while循环语句。
* do...while循环语句。
* for循环语句。
* foreach循环语句。

4.2.1 while循环语句

while循环语句是PHP中最简单的循环控制语句。while循环语句根据某一条件进行判断，决定是否执行循环，其语法格式如下。

while循环语句

```
while (expr){
statement
}
```

当表达式expr的值为true时，将执行statement语句，执行结束后，再返回expr表达式继续进行判断。直到表达式的值为false，才跳出循环，执行大括号后面的语句。

while循环语句的流程图如图4-9所示。

图4-9　while循环语句流程图

【例4-5】　本例将实现10以内偶数的输出。从1~10依次判断是否为偶数，如果是，则输出；如果不是，则继续下一次循环。实例代码如下。

```php
<?php
    $num = 1;                         //声明一个整型变量$num
    $str = "10以内的偶数为：";        //声明一个字符变量$str
    while($num <= 10){                //判断变量$num是否小于10
            if($num % 2 == 0){        //如果小于10，则判断$num是否为偶数
                    $str .= $num." "; //如果当前变量为偶数，则添加到字符变量$str的后面
            }
            $num++;                   //变量$num加1
    }
    echo $str;                        //循环结束后，输出字符串$strt
?>
```

运行结果如图4-10所示。

图4-10　while循环语句的应用

4.2.2　do...while循环语句

while语句还有另一种表示形式：do...while。do...while循环语句和while循环语句非常相似，只是do...while循环语句在循环底部检测循环表达式，而不是在循环的顶部进行检测。

do...while循环语句的语法格式如下。

```
do{
    statement
}while(expr);
```

do...while语句先执行statement语句，然后对表达式进行判断。如果表达式的值为false，则跳出循环。因此应用do...while循环语句时，该语句的循环体至少被执行一次。

do...while语句的流程控制图如图4-11所示。

do...while
循环语句

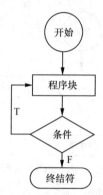

图4-11　do...while语句的控制流程图

【例4-6】通过两个语句进行对比，比较while循环语句和do...while循环语句在应用上的不同点。实例代码如下。

```php
<?php
    $num = 1;                                      //声明一个整型变量$num
    while($num != 1){                              //使用while循环输出
            echo "你看不到我噢！";                   //该字符串不会被输出，因为不满足while表达式
的条件
    }
    do{                                            //使用do...while循环输出
            echo "看到我了吧！";                     //输出该字符串
    }while($num != 1);                             //由于while表达式的条件是后判断的，因此该字
符串至少输出一次
?>
```

结果如下。

看到我了吧！

从上面的代码中可以看出两者的区别：do...while要比while语句多循环一次。当while表达式的值为假时，while循环直接跳出当前循环；而do...while语句则是先执行一遍程序块，然后对表达式进行判断。

do...while语句结尾处的while语句括号后面有一个分号"；"。为了养成良好的编程习惯，建议读者在书写的过程中不要将其遗漏。

4.2.3　for循环语句

for循环是PHP中最复杂的循环结构。for循环语句能够按照已知的循环次数进行循环操作，主要应用于多条件情况下的循环操作。如果在单一条件下使用for循环语句，就有些不合适。这一点从该语句的语法中就可以看出，其条件的表达式有3个。它的语法格式如下。

for循环语句

```php
for (expr1; expr2; expr3){
    statement;
}
```

其中，expr1为变量初始赋值。expr2为循环条件，即在每次循环开始前求值。如果值为真，则执行statement；否则，跳出循环，继续往下执行。expr3为变量递增或递减，即每次循环后被执行。for循环语句的流程图如图4-12所示。

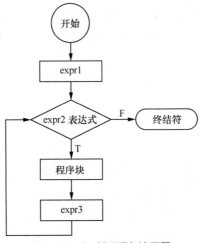

图4-12　for循环语句流程图

【例4-7】 下面使用for循环来计算2~100之间所有偶数之和。核心代码如下。

```php
<?php
    $b=" ";
    for($a=0;$a<=100;$a+=2){                    //执行for循环
            $b=$a+$b;                           //计算所有偶数之和
    }
    echo "2~100之间所有偶数之和为：<b>".$b."</b>";
?>
```

运行结果如图4-13所示。

图4-13　计算2~100之间所有偶数之和

在for语句中无论是采用循环变量递增还是递减的方式，有一个前提，就是一定要保证循环能够结束。无期限的循环（死循环）将导致程序的崩溃。在上例中，循环的条件是$a≤100，由于在每次循环后$a的值会加1，当$a的值大于100时，循环就结束了。

上面的代码采用了循环变量递增的方式。当然，也可以采用倒序的方式，以循环变量递减的方式编写程序。例如

```php
<?php
    $sum = 1;                                   //声明整型变量$sum
    for ($i = 100;$i >0;$i--){
            $sum *= $i;                         //当$i>0时，执行该表达式
    }
```

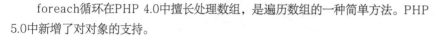

```
    echo "100! = ".$sum;                                        //输出该表达式
    ?>
```

结果如下。

```
100! = 9.33262154439E+157
```

在循环变量自减的例子中，循环条件是$i>0；在每次循环后，$i的值会减1；当$i>0时，循环就结束了。

foreach循环

4.2.4　foreach循环

foreach循环在PHP 4.0中擅长处理数组，是遍历数组的一种简单方法。PHP 5.0中新增了对对象的支持。

该语句的语法格式如下。

```
foreach (array_expression as $value)
    statement
```

或

```
foreach (array_expression as $key => $value)
    statement
```

foreach语句将遍历数组array_expression，每次循环时，将当前数组中的值赋给$value（或是$key和$value），同时，数组指针向后移动，直到遍历结束。当使用foreach语句时，数组指针将自动被重置，所以不需要手动设置指针位置。

foreach语句不支持用"@"来禁止错误信息。

【例4-8】foreach语句的应用很广泛，其主要功能就是处理数组。下面就应用foreach语句来处理一个数组，实现输出购物车中商品的功能。这里假设将购物车中的商品存储于指定的数组中，然后通过foreach语句输出购物车中的商品信息。程序代码如下。

```
<?php
$name = array("1"=>"品牌笔记本电脑","2"=>"高档男士衬衫","3"=>"品牌3G手机","4"=>"高档女士挎包");
$price = array("1"=>"4998元","2"=>"588元","3"=>"4666元","4"=>"698元");
$counts = array("1"=>1,"2"=>1,"3"=>2,"4"=>1);
echo '<table width="580" border="1" cellpadding="1" cellspacing="1" bordercolor="#FFFFFF"
bgcolor="#FF0000">
    <tr>
        <td width="145" align="center" bgcolor="#FFFFFF" class="STYLE1">商品名称</td>
        <td width="145" align="center" bgcolor="#FFFFFF" class="STYLE1">价格</td>
        <td width="145" align="center" bgcolor="#FFFFFF" class="STYLE1">数量</td>
        <td width="145" align="center" bgcolor="#FFFFFF" class="STYLE1">金额</td>
    </tr>';
foreach($name as $key=>$value){                        //以book数组做循环，输出键和值
    echo '<tr>
        <td height="25" align="center" bgcolor="#FFFFFF" class="STYLE2">'.$value.'</td>
```

```
        <td align="center" bgcolor="#FFFFFF" class="STYLE2">'.$price[$key].'</td>

        <td align="center" bgcolor="#FFFFFF" class="STYLE2">'.$counts[$key].'</td>

        <td align="center" bgcolor="#FFFFFF" class="STYLE2">'.$counts[$key]*$price[$key].'</td>

    </tr>';

    }

echo '</table>';

?>
```

运行结果如图4-14所示。

图4-14　应用foreach语句输出购物车中的商品

 说明 当试图使foreach语句用于其他数据类型或者未初始化的变量时，会产生错误。为了避免这个问题，最好使用is_array()函数先来判断变量是否为数组类型，如果是，再进行其他操作。

4.2.5　循环结构的应用

循环结构的应用

【例4-9】 利用for循环语句开发一个乘法口诀表，并将算式以及计算结果打印在特定的表格中。

编写两个嵌套的for循环，外层for循环将循环变量$i初始值定义为1，最大值定义为9。每循环一次做后置自增运算，循环输出表格的<table>标签和<table>标签内部的<tr>行标签。在内层循环中将循环变量$j的最大值定义为小于等于$i，这样做的目的是为了达到输出的表格呈现楼梯式的台阶效果。其他参数与外层循环变量相同，循环输出<td>标签和算式以及计算结果。代码如下。

```php
<?php
/*
输出表格的对应标签，这里不要弄错HTML的表格标签的位置，否则显示效果会存在差异
*/
for ($i=1;$i<=9;$i++){                                    //外层for循环语句
  echo "<table border=1 cellspacing=0 cellpadding=0 bordercolor=#cccccc>";
  echo "<tr>";
  for ($j=1;$j<=$i;$j++){                                 //输出台阶式表格的关键
    echo  "<td width=60 align=center>";
```

```
        echo "$j*$i=".$i*$j ;                        //输出乘法算式以及计算结果
        echo "</td>";
      }
    echo "</tr>";
    echo "</table>";
  }
?>
```

运行本实例，将输出一个阶梯式的乘法口诀表，如图4-15所示。

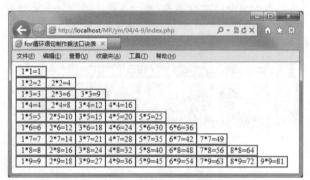

图4-15　用for语句制作一个乘法口诀表

4.3　跳转语句和终止语句

跳转语句有3个：break语句、continue语句和return语句。其中前2个跳转语句使用起来非常简单且非常容易掌握，主要原因是它们都被应用在指定的环境中，如for循环语句中。return语句在应用环境上较前2者相对单一，一般被用在自定义函数和面向对象的类中。

4.3.1　continue语句

程序执行break后，将跳出循环，而开始继续执行循环体的后续语句。continue跳转语句的作用没有break那么强大，只能终止本次循环，而进入下一次循环中。在执行continue语句后，程序将结束本次循环的执行，并开始下一轮循环的执行操作。continue也可以指定跳出几重循环。continue跳转语句的流程图如图4-16所示。

continue语句

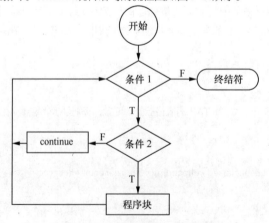

图4-16　continue跳转语句流程图

【例4-10】 使用for循环来计算1~100之间所有奇数的和。在for循环中，当循环到偶数时，使用continue实现跳转，然后继续执行奇数的运算。代码如下。

```php
<?php
$sum=0;
for($i=1;$i<=100;$i++){
    if($i%2==0){
            continue;
    }
    $sum=$sum + $i;
}
echo $sum;
?>
```

运行结果如下。

```
2500
```

4.3.2 break语句

break关键字可以终止当前的循环，包括while、do...while、for、foreach和switch在内的所有控制语句。

break语句不仅可以跳出当前的循环，还可以指定跳出几重循环。格式如下。

```
break n;
```

参数n指定要跳出的循环数量。break关键字的流程图如图4-17所示。

break语句

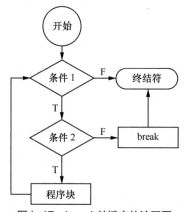

图4-17 break关键字的流程图

【例4-11】 在本例中，应用for循环控制语句声明变量$i，循环输出4个表情头像。只有当变量$i等于4时，才使用break跳转控制语句跳转for循环。代码如下。

```php
<?php
    for($i=1;$i<=4;$i++){              //应用for循环控制语句输出表情头像
        if($i==4){                     //判断变量是否等于4
                break;                 //如果等于4，使用break语句跳转循环
        }
    ?>
```

```
<input type="radio" name="head" value="<?php echo("images/".$i.".jpg");?>" />
<img src="<?php echo("images/".$i.".jpg");?>" width="90" height="90" id="head"/>
<?php
    }
?>
```

运行结果如图4-18所示。

图4-18　应用break跳转控制语句跳出循环

 说明　break和continue语句都是实现跳转的功能，但还是有区别的：continue语句只是结束本次循环，并不是终止整个循环的执行；而break语句则是结束整个循环过程。

4.3.3　exit语句

exit语句的作用是终止整个PHP程序的执行，在exit语句后的所有PHP代码都不会执行。格式如下。

void exit([string message]);

参数message是可选参数，用来输出字符串信息，然后终止PHP程序的执行。示例代码如下。

exit语句

```
<?php
echo 1/0;
exit("除数不能是0");
echo "这条语句不会执行";
?>
```

运行结果如图4-19所示。

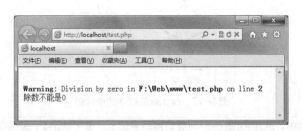

图4-19　应用exit语句终止PHP程序

小　结

本章主要讲述的是流程控制语句的知识。重点掌握3种流程控制语句——条件判断语句、循环控制语句和跳转控制语句。读者通过对本章的学习，能够从宏观的角度去认识PHP语言，从整体上形成一个开发的思路，逐渐形成一种属于自己的编程思想和编程方法。

上机指导

使用if语句判断指定的年份是否为闰年。运行结果如图4-20所示。

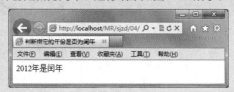

图4-20　判断指定的年份是否为闰年

（1）声明一个变量，即要判断的年份。

（2）使用if语句进行闰年的判断，判断的条件是所选年份既能被4整除，又不能被100整除，或者可以被400整除。

（3）使用echo语句输出判断的结果。本例实现的代码如下。

```php
<?php
    $year = 2012;                                       //定义一个变量$year,并为其赋值2012
    if(($year%4==0 && $year%100!=0) || $year%400==0){   //判断指定年份是否为闰年
            echo "$year".'年'."是闰年";                  //输出是闰年
    }else{
            echo "$year".'年'."是平年";                  //否则输出是平年
    }
?>
```

习　题

4-1 列举出常用的流程控制语句（4种）。

4-2 举例说明while循环语句和do...while循环语句在应用上的不同点。

第5章

PHP数组

本章要点

数组概述 ■
创建一维数组 ■
创建二维数组 ■
遍历与输出数组 ■
数组函数及其应用 ■

■ 数组提供了一种快速、方便地管理一组相关数据的方法，是PHP程序设计中的重要内容。通过数组可以对大量性质相同的数据进行存储、排序、插入及删除等操作，从而可以有效地提高程序开发效率及改善程序的编写方式。本章将对PHP中的数组操作技术进行系统、详细的讲解。

5.1 数组概述

数组是一组数据的集合，将数据按照一定规则组织起来，形成一个可操作的整体。数组是对大量数据进行有效组织和管理的手段之一。

数组的本质是储存、管理和操作一组变量。数组与变量的比较效果如图5-1所示。

数组概述

图5-1　变量与数组

5.1.1 数组是什么

变量中保存单个数据，而数组中保存的则是多个变量的集合。使用数组的目的就是将多个相互关联的数据组织在一起形成一个整体，作为一个单元使用。

数组中的每个实体都包含两项：键和值。其中，键可以是数字、字符串或者数字和字符串的组合，用于标识数组中相应的值；而值被称为数组中的元素，可以定义为任意数据类型，甚至是混合类型。最终通过键来获取相应的值。例如，一个足球队通常会有几十人，认识他们的时候首先会把他们看作某队的成员，然后通过他们的号码来区分每一名队员。这时候，球队就是一个数组，而号码就是数组的下标（键）。当指明是几号队员的时候，就找到了这名队员（值）。

5.1.2 数组的类型

PHP中将数组分为一维数组、二维数组和多维数组。无论是一维还是多维，都可以统一将数组分为两种：数字索引数组（indexed array）和关联数组（associative array）。数字索引数组使用数字作为键名（图5-1中展示的就是一个数字索引数组），关联数组使用字符串作为键名（见图5-2）。

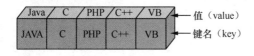

图5-2　关联数组

1. 数字索引数组

数字索引数组，下标（键名）由数字组成，默认从0开始；每个数字对应数组元素在数组中的位置，不需要特别指定。PHP会自动为数字索引数组的键名赋一个整数值，然后从这个值开始自动增量。当然，也可以指定从某个具体位置开始保存数据。

可以通过键名来获取相应数组元素（值），如果键名是数值，就是数字索引数组；如果键名是数值与字符串的混合，就是关联数组。

下面创建一个数字索引数组。

```
$arr_int = array ("PHP入门与实战","C#入门与实战","VB入门与实战");    //声明数字索引数组
```

2. 关联数组

关联数组的键名可以是数值和字符串混合的形式，而不像数字索引数组的键名只能为数字，在一个数组中，只要键名中有一个不是数字，那么这个数组就叫作关联数组。

关联数组使用字符串键名来访问存储在数组中的值，如图5-2所示。

下面创建一个关联数组。

```
$arr_string = array ("PHP"=>"PHP入门与实战","Java"=>"Java入门与实战","C#"=>"C#入门与实战");
                                                    //声明关联数组
```

说明

关联数组的键名可以是任何一个整数或字符串。如果键名是一个字符串，则要给这个键名或索引加上个定界修饰符——单引号（'）或双引号（"）。对于数字索引数组，为了避免不必要的麻烦，最好也加上定界符。

5.2 创建一维数组

在PHP中，创建一维数组的方式主要有两种：一种是通过数组标识符"[]"创建数组；另一种是应用array()函数创建数组。

通过数组标识符"[]"创建数组

5.2.1 通过数组标识符"[]"创建数组

PHP中的一种比较灵活的数组声明方式是通过数组标识符"[]"直接为数组元素赋值。其基本格式如下。

```
$arr[key] = value;

$arr[] = value;
```

其中key可以是int型或者字符串型数据，value可以是任何值。

如果在创建数组时不知所创建数组的大小，或在实际编写程序时，数组的大小可能发生改变，采用这种数组创建的方法较好。

【例5-1】 为了加深对这种数组声明方式的理解，下面通过具体实例对这种数组声明方式进行讲解。代码如下。

```php
<?php
$array[0]="PHP";

$array[1]="编";

$array[2]="程";

$array[3]="词";

$array[4]="典";

print_r($array);                               //输出所创建数组的结构
?>
```

结果如下。

```
Array ( [0] => PHP [1] => 编 [2] => 程 [3] => 词 [4] => 典 )
```

注意

通过直接为数组元素赋值的方式声明数组时，要求同一数组元素中的数组名相同。

5.2.2 使用array()函数创建数组

应用array()函数创建数组的语法如下。

```
array array ( [mixed ...])
```

使用array()
函数创建数组

参数mixed的格式为"key => value"，多个参数mixed用逗号分开，分别定义键名（key）和值（value）。

应用array()函数声明数组时，数组下标（键名）既可以是数值索引，也可以是关联索引。下标与数组元素值之间用"=>"进行连接，不同数组元素之间用逗号进行分隔。

应用array()函数定义数组时，可以在函数体中只给出数组元素值，而不必给出键名。

（1）数组中的索引（key）可以是字符串或数字。如果省略了索引，会自动产生从0开始的整数索引。如果索引是整数，则下一个产生的索引将是目前最大的整数索引+1。如果定义了两个完全相同的索引，则后面一个会覆盖前一个。（2）数组中的各数据元素的数据类型可以不同，也可以是数组类型。当mixed是数组类型时，就是二维数组。

【例5-2】应用array()函数声明数组，并输出数组中的元素，代码如下 。

```php
<?php
$arr_string=array('one'=>'php','two'=>'java');        //以字符串作为数组索引，指定关键字
print_r($arr_string);                                 //通过print_r()函数输出数组
echo "<br />";
echo $arr_string['one']."<br />";                     //输出数组中的索引为one的元素
$arr_int=array('php','java');                          //以数字作为数组索引，从0开始，没
有指定关键字
print_r($arr_int);                                    //输出整个数组
echo "<br />";
echo $arr_int['0']."<br />";                           //输出数组中的第1个元素
$arr_key=array(0 =>'PHP入门与实战', 1 =>'Java入门与实战', 1 =>'VB入门与实战'); //指定相同的索引
print_r($arr_key);                                    //输出整个数组，发现只有两个元素
?>
```

运行结果如图5-3所示。

图5-3　查看数组的结构

5.3　创建二维数组

数组元素本身仍是数组的数组被称为二维数组。二维数组的定义和使用与一维数组相同，唯一的区别是二维数组的元素仍然是数组。

创建二维数组

5.3.1　通过数组标识符"[]"创建二维数组

通过数组标识符"[]"创建二维数组的方法就是将数组元素的值设置为另一个

数组。

【例5-3】 通过数组标识符"[]"创建一个二维数组，并输出数组的结构。代码如下。

```php
<?php
    $arr[1] = array（"PHP从入门到精通","PHP典型模块","PHP标准教程"）;        //定义二维数组元素
    $arr["Java类图书"] = array ("a"=>"Java范例手册","b"=>"Java Web范例宝典"）;//定义二维数组元素
    print_r($arr)；                                                      //输出数组
?>
```

运行结果如图5-4所示。

图5-4 查看二维数组的结构

5.3.2 使用array()函数创建二维数组

二维数组也可以使用array()函数进行定义。

【例5-4】 使用array()函数声明一个二维数组，代码如下。

```php
<?php
    $str = array (
            "PHP类图书"=>array ("PHP从入门到精通","PHP典型模块","PHP标准教程"),
            "JAVA类图书"=>array ("a"=>"JAVA范例手册","b"=>"JAVA WEB范例宝典"),
            "ASP类图书"=>array ("ASP从入门到精通",2=>"ASP范例宝典","ASP典型模块")
    );                                         //声明数组
    print_r ($str)；                            //输出数组元素
?>
```

运行结果如图5-5所示。

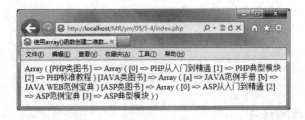

图5-5 查看二维数组的结构

上面的代码实现了一个二维数组的声明。按照同样的思路，可以创建更高维数的数组，如三维数组或四维数组等。

5.4 遍历与输出数组

遍历数组就好比我们去商场购物，它是一个挑选的过程，而输出数组中的元素则是购买的结果。

5.4.1 遍历数组

遍历数组的方法很多，下面将对常用的数组遍历方法进行讲解。

1. 使用foreach结构遍历数组

在PHP中，遍历数组最常用的就是foreach语句。可以说，它是为数组量身定做的。有关foreach循环的详细讲解，请参考第4章4.2.4节，这里不再赘述。

下面直接编写一个实例，应用foreach()语句遍历二维数组中的数据。

【例5-5】 通过foreach语句遍历二维数组中的数据，具体步骤如下。

首先声明一个二维数组，然后应用foreach()语句遍历二维数组中的数据，代码如下。

```php
<?php
$str = array (
    "网络编程图书"=>array ("PHP自学视频教程","C#自学视频教程","ASP自学视频教程"),
    "历史图书"=>array ("1"=>"春秋","2"=>"战国","3"=>"三国志"),
    "文学图书"=>array ("四世同堂",3=>"围城","笑傲江湖")
);                                                    //声明二维数组
/*   应用foreach语句遍历二维数组中的数据     */
foreach($str as $key=>$value){                       //循环读取二维数组，返回值仍是数组
 foreach($value as $keys=>$values){                  //循环读取一维数组中的数据
   echo "\n";                                         //输出空格
   echo $str[$key][$keys];                            //输出数据
   echo "\n";                                         //输出空格
 }
}
?>
```

运行结果如图5-6所示。

图5-6　遍历二维数组中的数据

2. 通过数组函数list()和each()遍历数组

list()函数将数组中的值赋给一些变量。与array()函数类似，它不是真正的函数，而是语言结构。list()函数仅能用于数字索引的数组，且数字索引从0开始，语法如下。

```
void list ( mixed ...)
```

参数mixed为被赋值的变量名称。

each()函数返回数组中当前指针位置的键名和对应的值，并将数组指针移动到下一个元素。返回值是一个包含4个元素的关联数组，其中键名0、key对应的是数组元素的键名；键名1、value对应的是数组元素的值；如果内部指针越过了数组的末端，则返回false。其语法如下。

```
array each ( array array)
```

参数array为输入的数组。

下面编写一个实例，通过数组函数list()和each()遍历数组。

【例5-6】通过数组函数list()和each()遍历数组，并且通过while语句循环输出数据。具体步骤如下。

首先应用each()函数获取数组中当前元素的键名和值，然后将返回的数组中的元素通过list()赋给指定的变量，最后通过while语句循环输出变量值。代码如下。

```php
<?php
$array=array(0 =>' PHP自学视频教程', 1 =>'JAVA自学视频教程', 2 =>'VB自学视频教程',3 =>"VC自学视频教程");
while(list($name,$value)=each($array)){          //遍历数组中的数据
    echo "$name=$value"."\n";                      //输出遍历结果
}
?>
```

运行结果如图5-7所示。

图5-7　通过数组函数list()和each()遍历数组

5.4.2　输出数组

PHP中对数组元素进行输出可以通过输出语句来实现，如echo语句、print语句等，但应用这种输出方式只能对某数组中某一元素进行输出。通过print_r()和var_dump()函数可以将数组结构进行输出。

输出数组

1. print_r()函数

print_r()函数的语法如下。

```
bool print_r ( mixed expression )
```

如果该函数的参数expression为普通的整型、字符型或实型变量，则输出该变量本身；如果该参数为数组，则按一定键值和元素的顺序显示出该数组中的所有元素。

【例5-7】通过print_r()函数输出数组的结构，代码如下。

```php
<?php
    $array=array(1=>"PHP",2=>"网络编程",3=>"标准教程");
    print_r($array);
?>
```

结果如下。

```
Array ( [1] => PHP [2] => 网络编程 [3] => 标准教程 )
```

2. var_dump()函数

var_dump()函数可以输出数组（或对象）、元素数量以及每个字符串的长度，还能以缩进方式输出数组或对象的结构。

语法如下。

```
void var_dump( mixed expression [,mixed expression [,…]])
```

【例5-8】通过var_dump()函数输出数组的结构，代码如下。

```php
<?php
$array=array( "PHP典型模块","PHP从入门到精通","PHP网络编程标准教程");
var_dump($array);
$arrays=array('first'=>"PHP典型模块",'second'=>"PHP从入门到精通",'third'=>"PHP网络编程标准教程");
var_dump($arrays);
?>
```

运行结果如图5-8所示。

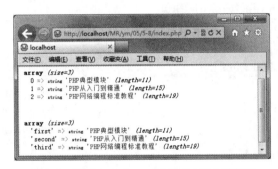

图5-8　通过var_dump()函数输出数组的结构

5.5　数组函数及其应用

PHP数组的功能非常强大。PHP提供了大量的数组处理函数，包括数组统计、数组检索、数组排序等函数。本节主要介绍一些常用的数组处理函数。

5.5.1　创建数组的函数

1. range()函数

该函数创建并返回一个包含指定范围的元素的数组。

语法格式如下。

range()函数

```
array range( int low, int high [, int step])
```

- low：必要参数，数组单元的最小值。
- high：必要参数，数组单元的最大值。
- step：可选参数。如果给出了此参数，它将被作为单元之间的步进值。此参数应该为正值，默认为1。

【例5-9】应用range()函数建立一个范围为2到8的数组和一个范围为b到g的数组，代码如下。

```php
<?php
$array = range(2,8);
print_r($array);
echo "<br />";
```

```
$arr = range("b","g");
print_r($arr);
?>
```

运行结果如下。

Array ([0] => 2 [1] => 3 [2] => 4 [3] => 5 [4] => 6 [5] => 7 [6] => 8)

Array ([0] => b [1] => c [2] => d [3] => e [4] => f [5] => g)

2. array_combine()函数

该函数可以通过合并两个数组来创建一个新数组，用来自索引数组的值作为键名，用来自值数组的值作为相应的值。如果两个数组的单元数不同或者数组为空，则返回false。

语法格式如下。

array array_combine(array keys, array values)

array_
combine()函数

- keys：必要参数，用作新数组键名的数组值。
- values：必要参数，用作新数组值的数组值。

【例5-10】应用array_combine()函数合并两个数组，代码如下。

```
<?php
$a = array('asp图书','php图书','jsp图书');         //声明数组$a
$b = array('50','62','65');                        //声明数组$b
$c = array_combine($a, $b);                        ///应用array_combine()函数合并数组$a和数组$b
print_r($c);                                       //输出合并后的数组$c
?>
```

运行结果如下。

Array ([asp图书] => 50 [php图书] => 62 [jsp图书] => 65)

3. array_fill()函数

该函数可以用给定的值填充或建立一个数组。

语法格式如下。

array array_fill(int start_index, int num, mixed value)

array_fill()函数

- start_index：必要参数，起始数组的键名。
- num：必要参数，填充的数量，其值必须大于0。
- value：必要参数，用来填充的值。

【例5-11】应用array_fill()函数建立一个数组，代码如下。

```
<?php
$array = array_fill(3, 5, 'php函数');        //应用array_fill()函数建立起始数组，键名为3，填充5个'php函数'
print_r($array);                              //输出新的数组
?>
```

运行结果如下。

Array ([3] => php函数 [4] => php函数 [5] => php函数 [6] => php函数 [7] => php函数)

4. array_pad()函数

该函数用指定的值将数组填补到指定的长度，如果长度为正，则数组被填补到右侧，如果为负，则从左侧开始填补。如果长度的绝对值小于或等于数组的长度，则没有任何填补。

array_pad()函数

语法格式如下。

```
array array_pad( array input, int pad_size, mixed pad_value)
```

- input：必要参数，输入的数组。

- pad_size：必要参数，指定的长度，如为正数，则填补到右侧，如为负数，则填补到左侧。

- pad_value：可选参数，用来填补的值。

【例5-12】应用array_pad()函数填补数组，分别举了3种情况，代码如下。

```php
<?php
$input = array("php","jsp","html");
$result1 = array_pad($input, 5, 8);
$result2 = array_pad($input, -5, "asp");
$result3 = array_pad($input, 1, "asp");
print_r($result1);
echo "<br />";
print_r($result2);
echo "<br />";
print_r($result3);
?>
```

运行结果如下。

```
Array ( [0] => php [1] => jsp [2] => html [3] => 8 [4] => 8 )
Array ( [0] => asp [1] => asp [2] => php [3] => jsp [4] => html )
Array ( [0] => php [1] => jsp [2] => html )
```

5. explode()函数

该函数按照指定的规则对一个字符串进行分割，返回值为数组，语法如下。

```
array explode(string separator,string str,[int limit])
```

explode()函数

- separator为必要参数，指定的分割符。如果separator为空字符串（""），explode()将返回false。如果separator所包含的值在str中找不到，那么explode()函数将返回包含str单个元素的数组。

- str为必要参数，指定将要被分割的字符串。

- limit为可选参数。如果设置了limit参数，则返回的数组包含最多limit个元素，而最后的元素将包含string的剩余部分；如果limit参数是负数，则返回除了最后的-limit个元素外的所有元素。

【例5-13】应用explode()函数对指定的字符串以@为分隔符进行拆分，并输出返回的数组，代码如下。

```php
<?php
$str="PHP自学教程@ASP.NET自学教程@ASP自学教程@JSP自学教程";        //定义字符串变量
$str_arr=explode("@",$str);                          //应用标识@分割字符串
print_r($str_arr);                                   //输出字符串分割后的结果
?>
```

运行结果如下。

```
Array ( [0] => PHP自学教程 [1] => ASP.NET自学教程 [2] => ASP自学教程 [3] => JSP自学教程 )
```

5.5.2 数组统计函数

1. count()函数

该函数用于对数组中的元素个数进行统计，其语法如下。

count()函数

```
int count( mixed array [, int mode])
```

● 参数array指定操作的数组对象。

● 参数mode为可选参数。如果mode的值设置为COUNT_RECURSIVE（或1），count()函数将递归地对数组计数，这对计算多维数组的所有单元尤其有用。参数mode的默认值是0。

【例5-14】应用count()函数统计数组中元素个数，并输出统计结果，代码如下。

```php
<?php
$array=array(0 =>'PHP自学视频教程',1 =>'JAVA自学视频教程',2 =>'VB自学视频教程');
echo count($array);                                //统计数组中元素个数并输出
?>
```

运行结果如下。

```
3
```

2. max()函数

该函数用于统计并计算数组中元素的最大值，其语法如下。

max()函数

```
mixed max( array arr [,array…])
```

参数arr指定输入的数组。

【例5-15】应用max()函数获取数组中元素的最大值，代码如下。

```php
<?php
$a=array(3,6,9,5);                    //声明数组$a
$b=array("a","b","c","d");            //声明数组$b
echo max($a);                        //输出数组元素最大值
echo "<br />";                       //输出换行标记
echo max($b);                        //输出数组元素最大值
?>
```

运行结果如下。

```
9
d
```

3. min()函数

该函数用于统计并计算数组中元素的最小值，其语法如下。

min()函数

```
mixed min( array arr [,array…])
```

参数arr指定输入的数组。

【例5-16】应用min()函数获取数组中元素的最小值，代码如下。

```php
<?php
$a=array(3,6,9,5);                    //声明数组$a
$b=array("a","b","c","d");            //声明数组$b
echo min($a);                        //输出数组元素最小值
echo "<br />";                       //输出换行标记
echo min($b);                        //输出数组元素最小值
```

```
?>
```

运行结果如下。

```
3
a
```

4. array_sum()函数

该函数用于将数组中的所有值的和以整数或浮点数的结果返回，其语法
如下。

```
mixed array_sum( array array)
```

参数array指定输入的数组。

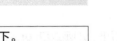

array_sum()函数

【例5-17】 应用array_sum()函数计算数组的和，代码如下。

```php
<?php
$a = array(1, 2, 8, 9);
$suma = array_sum($a);
echo "sum(a) = $suma<br />";
$b = array("a"=>1.1,"b"=>2.2,"c"=>3.3);
$sumb = array_sum($b);
echo "sum(b) = $sumb";
?>
```

运行结果如下。

```
sum(a) = 20
sum(b) = 6.6
```

5. array_count_values()函数

该函数用于统计并计算input数组中所有元素的值出现的次数，结果返回一个
新数组。新数组用 input 组中的值作为键名，用input数组中值出现的次数作为新
数组的值。其语法如下。

```
array array_count_values ( array input)
```

参数input指定输入的数组。

array_count_
values()函数

【例5-18】 应用array_count_values()函数统计数组的值，代码如下。

```php
<?php
$array = array("php手册", "php图书", "php手册", "php图书", "php图书");//声明数组
print_r(array_count_values ($array));                          //输出统计的结果
?>
```

运行结果如下。

```
Array( [php手册] => 2 [php图书] => 3)
```

5.5.3 数组指针函数

1. key()函数

该函数用于返回数组中当前单元的键名，与current()函数的功能基本相同，
只是返回的不同，current()函数返回的是数组的值，而key()函数返回的是数组的
键名。其语法如下。

key()函数

mixed key (array array)

参数array指定输入的数组。

2. current()函数

current()函数

该函数用于返回数组中当前单元的值。每个数组中都有一个内部的指针，初始指向插入数组中的第一个单元。该函数返回当前被内部指针指向的数组单元的值，并不移动指针。如果内部指针指向超出了数组的最大单元，将返回false。其语法如下。

mixed current (array array)

参数array指定输入的数组。

【例5-19】应用key()函数和current()函数获取当前数组元素的键名和值，代码如下。

```php
<?php
$array = array (                          //声明数组
  "php基础实例" => "php",
  "asp基础实例" => "asp",
  "jsp基础实例" => "jsp",
  "php函数大全"  => "php",
);
echo key($array);                        //输出当前元素的键名
echo "<br />";                           //输出换行标记
echo current($array);                    //输出当前元素的值
?>
```

运行结果如下。

php基础实例

php

3. next()函数

next()函数

该函数将数组的指针向前移动一位，返回数组内部指针指向的下一个单元的值，如果没有更多单元，则返回false。其语法如下。

mixed next (array array)

参数array指定输入的数组。

【例5-20】应用next()函数向前移动数组指针并输出单元值，代码如下。

```php
<?php
$array = array ("asp", "php", "javascript", "html");
$result1 = next($array);
echo $result1;
echo "<br />";
$result2 = next($array);
echo $result2;
?>
```

运行结果如下。

php

javascript

4. end()函数

该函数将数组的内部指针移动到最后一个单元，并返回该单元的值。其语法如下。

```
mixed end ( array array)
```

参数array指定输入的数组。

【例5-21】 应用end()函数将数组指针移动到最后，代码如下。

```php
<?php
$array = array("asp","php","jsp");
$result = end($array);
echo $result;
?>
```

运行结果如下。

```
jsp
```

5. prev()函数

该函数将数组的指针逆向移动一位，返回数组内部指针指向的前一个单元的值，如果没有更多单元，则返回false。其语法如下。

```
mixed prev ( array array)
```

参数array指定输入的数组。

【例5-22】 应用prev()函数向后移动数组指针并输出单元值，代码如下。

```php
<?php
$array = array ("asp", "php", "javascript", "html");
end($array);                          //将数组指针指向末尾
$result1 = prev($array);
echo $result1;
echo "<br />";
$result2 = prev($array);
echo $result2;
?>
```

运行结果如下。

```
javascript

php
```

6. reset()函数

该函数将数组的指针返回到数组的第一个单元，并返回第一个单元的值。其语法如下。

```
mixed reset ( array array)
```

参数array指定输入的数组。

【例5-23】 应用reset()函数将数组的当前指针返回到数组的第一个单元，代码如下。

```php
<?php
$array = array ("人民邮电出版社", "机械工业出版社", "中国铁道出版社", "人民出版社");
$result1 = next($array);
$result2 = next($array);
```

```
reset($array);

$result3 = next($array);

echo "$result1 , $result2 , $result3";

?>
```

运行结果如下。

机械工业出版社 , 中国铁道出版社 , 机械工业出版社

5.5.4 数组和变量之间的转换

1. extract()函数

该函数可以使用数组定义一组变量，其中，变量名为数组元素的键名，变量值为数组元素键名对应的值。其语法如下。

数组和变量之间
的转换

```
int extract ( array array)
```

参数array指定输入的数组。

【例5-24】应用extract()函数将数组元素定义在变量中，并输出变量的值，代码如下。

```
<?php
$arr = array("name"=>"张三","sex"=>"男","age"=>20);    //声明数组
extract($arr);                                        //将数组元素定义在变量中
echo $name;                                           //输出变量值
echo "<br />";                                        //输出换行标记
echo $sex;                                            //输出变量值
echo "<br />";                                        //输出换行标记
echo $age;                                            //输出变量值
?>
```

运行结果如下。

张三
男
20

2. compact()函数

该函数可以使用变量建立一个数组，每个数组元素的键名为变量名，每个数组元素的值为变量名对应的变量值。其语法如下。

```
array compact ( mixed varname [, mixed ...])
```

参数varname是要生成数组的变量名。

【例5-25】应用compact()函数将定义的变量生成一个数组，代码如下。

```
<?php
$a = "asp";                                  //声明变量
$b = "php";                                  //声明变量
$c = "jsp";                                  //声明变量
$result = compact("a","b","c");              //生成数组
print_r($result);                            //输出数组
?>
```

运行结果如下。

Array ([a] => asp [b] => php [c] => jsp)

5.5.5 数组检索函数

1. array_keys()函数

该函数用于获取数组中所有的键名（数字或者字符串），返回值为数组。

其语法如下。

array array_keys (array input [, mixed search_value])

array_keys()
函数

- input：必要参数，输入的数组。
- search_value：可选参数，指定值的索引（键名）。如果指定了该参数，则只返回该值的索引（键名）。

【例5-26】 应用array_keys()函数检查数组中的键名，代码如下。

```php
<?php
$array = array (0 => 100, "php" => "图书");

$arr1 = array_keys($array);

print_r($arr1);

$array = array ("php", "asp", "java", "php");

$arr2 = array_keys($array, "php");

print_r($arr2);

?>
```

运行结果如下。

Array ([0] => 0 [1] => php) Array ([0] => 0 [1] => 3)

2. array_values()函数

该函数用于返回数组中所有的值并给其建立数字索引。

其语法如下。

array array_values (array array)

参数array指定输入的数组。

array_values()
函数

【例5-27】 应用array_values()函数返回指定数组的所有值，代码如下。

```php
<?php
$array = array ("手册" => "php函数手册", "php基础应用", "php"=> "php函数手册", "php基础应用", "php典型案例");

$result = array_values($array);

print_r($result);

?>
```

运行结果如下。

Array ([0] => php函数手册 [1] => php基础应用 [2] => php函数手册 [3] => php基础应用 [4] => php典型案例)

3. in_array()函数

该函数用于在数组中搜索某个值，如果找到，则返回true，否则返回false。

其语法如下。

bool in_array (mixed needle, array array [, bool strict])

in_array()函数

- needle：必要参数，要在数组中搜索的值。如果是字符串，则比较是区分大小写的。

- array：必要参数，被搜索的数组。
- strict：可选参数，如果设定此参数的值为true，则检查搜索的值与数组的值类型是否相同。

【例5-28】应用in_array()函数在数组中搜索给定的值，代码如下。

```php
<?php
$array = array("Php", "asP", "jAva", "html");
if(in_array("php", $array)){                    //函数是区分大小写的，所以失败
    echo "php in array";
}
if(in_array("jAva", $array)){
    echo "jAva in array";
}
echo "<br />";
$arr = array("100", 200, 300);
if (in_array("200", $arr, TRUE)) {              //区分字符类型
    echo "200 in arr";
}
if (in_array(300, $arr, TRUE)) {
    echo "300 in arr";
}
?>
```

运行结果如下。

```
jAva in array
300 in arr
```

4. array_search()函数

该函数用于在数组中搜索给定的值，并在找到的情况下返回键名，否则返回false。

其语法如下。

```
mixed array_search ( mixed needle, array haystack [, bool strict])
```

array_
search()函数

- needle：必要参数，需要在数组中搜索的值。
- haystack：必要参数，被搜索的数组。
- strict：可选参数，如果值为true，还将在数组中检查给定值的类型。

【例5-29】应用array_search()函数搜寻数字60是否在数组中，代码如下。

```php
<?php
$arr = array ("asp", "php", "60");
if(array_search (60, $arr)){
    echo "60在数组中 <br />";
}else{
    echo "60不在数组中 <br />";
}
if(array_search (60, $arr, true)){
```

```
    echo "60在数组中 <br />";
  }else{
    echo "60不在数组中 <br />";
  }
?>
```

运行结果如下。

60在数组中

60不在数组中

5. array_key_exists()函数

该函数用于检查给定的键名或索引是否存在于数组中。如果给定的数组索引存在于数组中，则返回true。索引可以是任何能作为数组索引的值。

其语法如下。

bool array_key_exists (mixed key, array search)

array_key_
exists()函数

- key：必要参数，需要查询的数组索引值。
- search：必要参数，用来被查询的数组。

【例5-30】应用array_key_exists()函数查找字符串索引"php"是否在数组中，代码如下。

```
<?php
$array = array("php" => 58, "ajax" => 54);
if (array_key_exists("php", $array)) {
    echo "php在数组中";
}
?>
```

运行结果如下。

php在数组中

6. array_unique()函数

该函数用于删除数组中重复的元素。该函数先将值作为字符串排序，然后对每个值只保留第一个键名，忽略所有后面的键名，从而删除数组中重复的元素值。

其语法如下。

array array_unique (array array)

array_
unique()函数

参数array指定输入的数组。

【例5-31】应用array_unique()函数删除数组中重复的元素，代码如下。

```
<?php
$arr_int = array ("PHP","JAVA","ASP","PHP","ASP");          //定义数组
$result=array_unique($arr_int);                            //删除数组中重复的元素
print_r($result);                                         //输出删除重复元素后的数组
?>
```

运行结果如下。

Array ([0] => PHP [1] => JAVA [2] => ASP)

5.5.6 数组排序函数

1. sort()函数

该函数根据数组元素值以升序进行排序，并为排序后的数组赋予新的"整数"键名。

其语法如下。

```
bool sort( array &array [, int sort_flags] )
```

sort()函数

- array：必要参数，用于指定输入的数组。
- sort_flags：可选参数，用于修改该函数的默认行为。具体说明如表5-1所示。

表5-1　sort()函数中sort_flags参数说明

sort_flags参数取值	说　明
SORT_NUMERIC	把元素值作为数值进行比较
SORT_REGULAR	按照普通方式比较元素值（不改变其类型）
SORT_STRING	把元素值当作字符串进行比较
SORT_LOCALE_STRING	基于当前区域把元素值当作字符串进行比较

【例5-32】应用sort()函数对输入的数组进行排序，代码如下。

```php
<?php
$array = array ("a"=>"asp", "p"=>"php", "j"=>"jsp");
sort($array);
print_r($array);
?>
```

运行结果如下。

```
Array ( [0] => asp [1] => jsp [2] => php )
```

2. asort()函数

该函数根据数组元素值以升序进行排序，排序后保持数组元素原有的"键值对"对应关系。

其语法如下。

```
bool asort ( array &array [, int sort_flags] )
```

asort()函数

- array：必要参数，用于指定输入的数组。
- sort_flags：可选参数，用于修改该函数的默认行为。具体说明如表5-1所示。

【例5-33】应用asort()函数对输入的数组进行排序，代码如下。

```php
<?php
$array = array ("a"=>"asp", "p"=>"php", "j"=>"jsp");
asort($array);
print_r($array);
?>
```

运行结果如下。

```
Array ( [a] => asp [j] => jsp [p] => php )
```

3. rsort()和arsort()函数

rsort()函数与sort()函数的语法格式相同，arsort()函数和asort()函数的语法格式相同；不同的是，rsort()和arsort()函数是根据数组元素值以降序进行排序的。

rsort()和arsort()函数

【例5-34】应用rsort()和arsort()函数对输入的数组进行降序排序，代码如下。

```php
<?php
$array1 = array ("a"=>"asp", "p"=>"php", "j"=>"jsp");
rsort($array1);
print_r($array1);
echo "<br />";
$array2 = array ("a"=>"asp", "p"=>"php", "j"=>"jsp");
arsort($array2);
print_r($array2);
?>
```

运行结果如下。

Array ([0] => php [1] => jsp [2] => asp)

Array ([p] => php [j] => jsp [a] => asp)

4. ksort()和krsort()函数

ksort()函数根据数组元素的"键名"以升序进行排序，排序后保持数组元素原有的"键值对"对应关系。其语法如下。

ksort()和
krsort()函数

```
bool ksort ( array &array [, int sort_flags])
```

- array：必要参数，用于指定输入的数组。
- sort_flags：可选参数，用于修改该函数的默认行为。具体说明如表5-1所示。

krsort()函数和ksort()函数的语法格式相同，不同的是，krsort()函数是根据数组元素的"键名"以降序进行排序的。

【例5-35】应用ksort()和krsort()函数对输入的数组进行排序，代码如下。

```php
<?php
$array1 = array ("a"=>"asp", "p"=>"php", "j"=>"jsp");
ksort($array1);
print_r($array1);
echo "<br />";
$array2 = array ("a"=>"asp", "p"=>"php", "j"=>"jsp");
krsort($array2);
print_r($array2);
?>
```

运行结果如下。

Array ([a] => asp [j] => jsp [p] => php)

Array ([p] => php [j] => jsp [a] => asp)

5. natsort()和natcasesort()函数

natsort()函数以"自然排序"算法对数组元素的"值"进行升序排序，排序后保持数组元素原有的"键值对"对应关系。其语法如下。

natsort()和
natcasesort()函数

```
bool natsort ( array &array [, int sort_flags])
```

- array：必要参数，用于指定输入的数组。

- sort_flags：可选参数，用于修改该函数的默认行为。具体说明如表5-1所示。

natcasesort()函数和natsort()函数的语法格式相同，该函数以"自然排序"算法对数组元素的"值"进行不区分字母大小写的升序排序，排序后保持数组元素原有的"键值对"对应关系。

【例5-36】应用natsort()和natcasesort()函数对输入的数组进行排序，代码如下。

```php
<?php
$array1 = array ("index1","Index11","index2");
natsort($array1);
print_r($array1);
echo "<br />";
$array2 = array ("index1","Index11","index2");
natcasesort($array2);
print_r($array2);
?>
```

运行结果如下。

```
Array ( [1] => Index11 [0] => index1 [2] => index2 )
Array ( [0] => index1 [2] => index2 [1] => index11 )
```

6. shuffle()函数

该函数用于对数组中的元素进行随机排序，并为随机排序后的数组元素赋予新的"整数"键名。其语法如下。

shuffle()函数

```
bool shuffle ( array &array [, int sort_flags])
```

- array：必要参数，用于指定输入的数组。

- sort_flags：可选参数，用于修改该函数的默认行为。具体说明如表5-1所示。

说明　应用shuffle()函数对数组元素进行随机排序，每次排序后的结果可能会不一样。

【例5-37】应用shuffle()函数对输入的数组进行随机排序，代码如下。

```php
<?php
$array = array ("a"=>"asp", "p"=>"php", "j"=>"jsp");
shuffle($array);
print_r($array);
?>
```

运行结果如下。

```
Array ( [0] => jsp [1] => php [2] => asp )
```

7. array_reverse()函数

该函数返回一个和数组元素顺序相反的新数组。其语法如下。

array_
reverse()函数

```
array array_reverse ( array array [, bool preserve_keys])
```

- array：必要参数，用于指定输入的数组。

- preserve_keys：可选参数。如果该参数设置为true，则保持数组元素原有的"键值对"对应关系。

【例5-38】应用array_reverse()函数将数组元素的顺序反转，代码如下。

```php
<?php
$arr = array ("asp", "php", "jsp");
$result = array_reverse($arr);
print_r($result);
echo "<br />";
$result2 = array_reverse($arr, true);
print_r($result2);
?>
```

运行结果如下。

```
Array ( [0] => jsp [1] => php [2] => asp )
Array ( [2] => jsp [1] => php [0] => asp )
```

5.5.7 数组与数据结构

1. array_push()函数

该函数向数组的末尾添加一个或多个元素，并返回新数组元素的个数。其语法如下。

```
int array_push ( array array, mixed var [, mixed ...])
```

array_push()
函数

- array：必要参数，用于指定输入的数组。
- var：必要参数，用来添加的数组元素的值。

【例5-39】应用array_push()函数向数组中添加元素，并输出添加元素后的数组，代码如下。

```php
<?php
$array=array(0 =>'PHP', 1 =>'Java');          //声明数组
array_push($array,'VB','VC');                 //向数组中添加元素
print_r($array);                              //输出添加后的数组结构
?>
```

运行结果如下。

```
Array ( [0] => PHP [1] => Java [2] => VB [3] => VC )
```

2. array_pop()函数

该函数用于弹出数组中的最后一个元素，并返回该元素值，同时将数组的长度减1。如果数组为空（或者不是数组），将返回null。其语法如下。

```
mixed array_pop ( array array)
```

array_pop()函数

参数array指定输入的数组。

【例5-40】应用array_pop()函数弹出数组最后一个元素，代码如下。

```php
<?php
$arr = array ("asp", "javascript", "jsp", "php");
$array = array_pop ($arr);
echo "被弹出的单元是：$array <br />";
print_r($arr);
?>
```

运行结果如下。

被弹出的单元是：php

Array ([0] => asp [1] => javascript [2] => jsp)

3. array_shift()函数

该函数用于删除数组的第一个元素，并返回该元素值。如果数组为空（或者不是数组），则返回null。其语法如下。

array_shift()函数

mixed array_shift (array array)

参数array指定输入的数组。

【例5-41】应用array_shift()函数弹出数组的第一个元素，代码如下。

```php
<?php
$arr = array ("php参考手册", "php典型案例", "php基础知识");
$result = array_shift($arr);
echo $result."<br />";
print_r($arr);
?>
```

运行结果如下。

php参考手册

Array ([0] => php典型案例 [1] => php基础知识)

4. array_unshift()函数

该函数用于向数组的开头插入一个或多个元素，并返回插入元素的个数。其语法如下。

array_
unshift()函数

int array_unshift (array array, mixed var [, mixed ...])

• array：必要参数，用于指定输入的数组。

• var：必要参数，用来插入的数组元素的值。

【例5-42】应用array_unshift()函数向数组中添加元素，并输出添加元素后的数组，代码如下。

```php
<?php
$array=array(0 =>'PHP', 1 =>'Java');          //声明数组
array_unshift($array,'VB','VC');              //向数组中添加元素
print_r($array);                             //输出添加后的数组结构
?>
```

运行结果如下。

Array ([0] => VB [1] => VC [2] => PHP [3] => Java)

5.5.8 数组集合函数

1. array_merge()函数

该函数可以把两个或多个数组合并为一个新数组。其语法如下。

array_merge()
函数

array array_merge (array array1[, array array2 [, array...]])

第一个参数array1是必选参数，需要传入一个数组。后面可以有一个或多个可选参数，但必须都是数组类型的数据。该函数的返回值为一个新的数组。

在合并数组时，如果输入的数组中有相同的字符串键名，则后面的值将覆盖前面的值；如果数组包含数字键名，后面的值不会覆盖原来的值，而是附加到后面。

【例5-43】 应用array_merge()函数将两个数组合并为一个数组，并输出合并后的新数组，代码如下。

```php
<?php
$str1 = array ( "图书"=>"PHP从入门到精通",10);              //声明数组
$str2 = array ( "图书"=>"PHP自学教程", "PHP"=>"95元",10);   //声明数组
$result = array_merge ( $str1,$str2 );                      //合并数组
print_r ($result);
?>
```

运行结果如下。

Array ([图书] => PHP自学教程 [0] => 10 [PHP] => 95元 [1] => 10)

2. array_diff()函数

该函数用来计算数组的差集，结果返回一个数组。该数组包括所有在被比较的数组中但是不在任何其他参数数组中的值，键名保留不变。其语法如下。

array array_diff (array array1, array array2 [, array arrayX...])

array_diff()
函数

- array1：必要参数，被比较的数组。
- array2：必要参数，用来做比较的数组。
- arrayX：可选参数，用来做比较的数组，可有多个。

【例5-44】 应用array_diff()函数计算两个数组的差集，代码如下。

```php
<?php
$array1 = array("asp" => 实例应用", "php" => "函数手册", "java" => "基础应用");//声明数组
$array2 = array("asp" => 实例应用", "函数大全", "基础应用");              //声明数组
$result = array_diff ($array1, $array2);                                //计算两个数组的差集
print_r($result);                                                       //输出计算后的差集
?>
```

运行结果如下。

Array ([php] => 函数手册)

3. array_diff_assoc()函数

该函数的作用是带索引检查计算数组的差集，结果返回一个数组。该数组包括所有在被比较的数组中但是不在任何其他参数数组中的值，键名也用于比较。其语法如下。

array array_diff_assoc (array array1, array array2 [, array arrayX...])

array_diff_
assoc()函数

- array1：必要参数，被比较的数组。
- array2：必要参数，用来做比较的数组。
- arrayX：可选参数，用来做比较的数组，可有多个。

【例5-45】 应用array_diff_assoc()函数检查两个数组的差集，代码如下。

```php
<?php
$array1 = array("asp" => "实例应用", "php" => "函数手册", "java" => "基础应用"); //声明数组
$array2 = array("asp" => "实例应用", "函数大全", "基础应用");                 //声明数组
$result = array_diff_assoc($array1, $array2);                              //计算两个数组的差集
print_r($result);                                                          //输出计算后的差集
?>
```

运行结果如下。

Array ([php] => 函数手册 [java] => 基础应用)

4. array_diff_key()函数

该函数用来计算数组的差集，结果返回一个数组。该数组包括所有在被比较的数组中但是不在任何其他参数数组中的元素的"键名"。其语法如下。

array array_diff_key (array array1, array array2 [, array arrayX...])

- array1：必要参数，被比较的数组。
- array2：必要参数，用来做比较的数组。
- arrayX：可选参数，用来做比较的数组，可有多个。

array_diff_
key()函数

【例5-46】 应用array_diff_key()函数获取两个数组的差集，代码如下。

```php
<?php
$array1 = array("asp" => "实例应用", "php" => "函数手册", "java" => "基础应用");    //声明数组
$array2 = array("asp" => "实例大全", "函数大全", "基础应用");                      //声明数组
$result = array_diff_key($array1, $array2);                                    //计算两个数组的差集
print_r($result);                                                              //输出计算后的差集
?>
```

运行结果如下。

Array ([php] => 函数手册 [java] => 基础应用)

5. array_intersect()函数

该函数用来获取多个数组的交集，结果返回一个数组。该数组包含所有在被比较数组中，也同时出现在所有其他参数数组中的值，键名保留不变。其语法如下。

array array_intersect (array array1, array array2 [, array arrayX...])

- array1：必要参数，被比较的数组。
- array2：必要参数，用来做比较的数组。
- arrayX：可选参数，用来做比较的数组，可有多个。

array_
intersect()函数

【例5-47】 应用array_intersect()函数获取两个数组的交集，代码如下。

```php
<?php
$array1 = array("asp" => "实例应用", "php" => "函数手册","java" => "基础应用");
$array2 = array("asp" => "实例应用", "函数大全", "基础应用");
$result = array_intersect($array1, $array2);
print_r($result);
?>
```

运行结果如下。

Array ([asp] => 实例应用 [java] => 基础应用)

6. array_intersect_assoc()函数

该函数的作用是带索引检查计算数组的交集，结果返回一个数组。该数组包含所有在被比较数组中，也同时出现在所有其他参数数组中的值，键名也用于比较。其语法如下。

array array_intersect_assoc (array array1, array array2 [, array arrayX...])

- array1：必要参数，被比较的数组。
- array2：必要参数，用来做比较的数组。
- arrayX：可选参数，用来做比较的数组，可有多个。

array_intersect_
assoc()函数

【例5-48】应用array_intersect_assoc()函数获取两个数组的交集，代码如下。

```php
<?php
$array1 = array("asp" => "实例应用", "php" => "函数手册", "java" => "基础应用");//声明数组
$array2 = array("asp" => "实例应用", "函数大全", "基础应用");              //声明数组
$result = array_intersect_assoc($array1, $array2);                      //计算两个数组的交集
print_r($rc3ult),                                                       //输出计算后的交集
?>
```

运行结果如下。

Array ([asp] => 实例应用)

7. array_intersect_key()函数

该函数用来计算数组的交集，结果返回一个数组。该数组包含所有在被比较数组中，也同时出现在所有其他参数数组中的元素的"键名"。其语法如下。

array array_intersect_key (array array1, array array2 [, array arrayX...])

array_intersect_
key()函数

- array1：必要参数，被比较的数组。
- array2：必要参数，用来做比较的数组。
- arrayX：可选参数，用来做比较的数组，可有多个。

【例5-49】应用array_intersect_key()函数获取两个数组的交集，代码如下。

```php
<?php
$array1 = array("asp" => "实例应用", "php" => "函数手册", "java" => "基础应用"); //声明数组
$array2 = array("asp" => "实例大全", "函数大全", "基础应用");                    //声明数组
$result = array_intersect_key($array1, $array2);                            //计算两个数组的交集
print_r($result);                                                          //输出计算后的交集
?>
```

运行结果如下。

Array ([asp] => 实例应用)

小 结

本章的重点是数组的常用操作，这些操作会在实际应用中经常用到。另外，PHP提供了大量的数组函数，完全可以在开发任务中轻松实现所需要的功能。希望通过本章的学习，读者能够举一反三，对所学知识进行灵活运用，开发实用的PHP程序。

上机指导

使用array_push()函数向数组中添加元素，并循环输出添加元素后的数组。运行结果如图5-9所示。

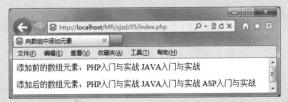

图5-9 循环输出添加元素前和添加元素后的数组

在PHP中，使用array_push()函数可以向数组中添加元素，将传入的元素添加到某个数组的末尾，并返回数组新的单元总数。本实例的实现方法如下。

首先创建index.php脚本文件，在文件中使用array_push()函数向定义的数组中添加元素，然后用foreach()语句循环输出数组元素。主要代码如下。

```php
<?php
    $arr=array(0=>'PHP入门与实战',1=>'JAVA入门与实战');          //定义数组
    echo "添加前的数组元素：";
    foreach($arr as $key=>$value){                          //遍历添加元素前的数组
      echo $value."\n";
    }
    echo "<p>";
    array_push($arr,'ASP入门与实战');                        //向数组中添加一个元素
    echo "添加后的数组元素：";
    foreach($arr as $key=>$value){                          //遍历添加元素后的数组
      echo $value."\n";
    }
?>
```

习 题

5-1 sort()、asort()和ksort()三者之间有什么区别？

5-2 有一数组$a=array(8,2,7,5,1)，请将其重新排序，按从小到大的顺序输出。

第6章
PHP与Web页面交互

本章要点

表单数据的提交方式 ■
应用PHP全局变量获取表单数据 ■
使用表单 ■
实现文件的上传 ■
服务器端获取数据的其他方法 ■

■ PHP与Web页面交互是学习PHP语言编程的基础。PHP中提供了2种与Web页面交互的方法：一种是通过Web表单提交数据，另一种是通过URL参数传递。本章将详细讲解PHP与Web页面交互的相关知识，为读者以后学习PHP语言编程做好铺垫。

6.1 表单数据的提交方式

提交表单数据有2种方法：GET方法和POST方法。采用哪种方法提交表单数据，由<form>表单的method属性值决定。下面详细讲解这2种提交表单数据的方法。

6.1.1 GET方法提交表单数据

GET方法是<form>表单中method属性的默认方法。使用GET方法提交的表单数据被附加到URL上，并作为URL的一部分发送到服务器端。在程序的开发过程中，由于GET方法提交的数据是附加到URL上发送的，因此，在URL的地址栏中将会显示"URL+用户传递的参数"。

GET方法的传参格式如下。

http://url?name1=value1&name2=value2……

URL　　参数1　参数2，也称查询字符串

其中，url为表单响应地址（如127.0.0.1/index.php）。name1为表单元素的名称，value1为表单元素的值。url和表单元素之间用"?"隔开，而多个表单元素之间用"&"隔开，每个表单元素的格式都是"name=value"固定不变。

 若要使用GET方法发送表单，URL的长度应限制在1 MB字符以内。如果发送的数据量太大，数据将被截断，从而导致意外或失败的处理结果。

【例6-1】 创建一个名称为form1的表单，指定method的属性值为"GET"。添加一个文本框，命名为"user"；添加一个密码域，命名为"pwd"。将表单中的数据提交到index.php文件。代码如下。

```
<form name="form1" method="get" action="index.php">
<table width="352" border="0" cellpadding="0" cellspacing="0">
<tr>
    <td width="352" height="30">用户名：
                <input name="user" type="text" size="12"> 密码：
                <input name="pwd" type="password" id="pwd" size="12">
                <input type="submit" name="submit" value="提交">
    </td>
</tr>
</table>
</form>
```

运行本实例，在文本框中输入用户名和密码，单击"提交"按钮，文本框中的信息就会显示在URL地址栏中，如图6-1所示。

图6-1 使用GET方法提交表单数据

显而易见，这种方法会将参数暴露无疑。如果用户传递的参数是非保密性的参数（如id=8），那么采用GET方法传递数据是可行的；如果用户传递的是保密性的参数（如用户登录的密码，或者信用卡号等），这种方法就会不安全。解决该问题的方法是将表单的method指定的GET方法改为POST方法。

6.1.2　POST方法提交表单数据

应用POST方法提交表单数据的方法非常简单，只需要将<form>表单中的method属性值设置成"POST"即可。POST方法不依赖于URL，不会将传递的参数值显示在地址栏中。另外，POST方法可以没有限制地传递数据到服务器，所有提交的信息在后台传输，用户在浏览器端是看不到这一过程的，安全性高。因此，POST方法比较适合用于发送一个保密的（如信用卡号）或者比较大量的数据到服务器。

【例6-2】应用POST方法提交表单信息到服务器，代码如下。

```
<form name="form1" method="post" action="index.php">
<table width="300" border="0" cellpadding="0" cellspacing="0">
<tr>
        <td height="30">  订单号：
                <input type="text" name="user" size="20" >
                <input type="submit" name="submit" value="提交">
        </td>
    </tr>
</table>
</form>
```

在上面的代码中，〈form〉表单的method属性指定POST方法为传递方式，并通过action属性指定了数据处理页为index.php，因此，当单击"提交"按钮后，提交文本框的信息到服务器。运行结果如图6-2所示。

图6-2　使用POST方法提交表单数据

6.1.3　使用POST方法与GET方法的区别

在浏览器中向服务器发送表单数据的方法有2种，即POST方法和GET方法。这2种方法在Web页面的应用上有着本质的不同。

● POST方法发送变量数据时，对于用户而言是保密性质的。从HTTP协议来看，数据附加于header的头信息中，用户不能随意修改。这对于Web应用程序而言，安全性要好得多，而且使用POST方法向Web服务器发送数据的大小不受限制。

● GET方法是在访问URL时使用浏览器地址栏传递值。GET方法方便直观，但缺点是访问该网站的用户也可以修改URL串后发送给服务器。GET传递的字符串长度有一定的限制，不能超过250个字符。如果超长，浏览器会自动截取，导致数据丢失或程序运行出错。另外，GET方法不支持ASCII字符之外的任何字符。如果包含汉字或其他非ASCII字符，需要应用PHP的内置函数将参数值转换成其他编码格式进行传递。

因此，在网站开发过程中，程序员应根据实际需要灵活地选择POST方法和GET方法来提交表单数据。

6.2 应用PHP全局变量获取表单数据

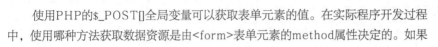

PHP提供了很多全局变量，其中，通过全局变量\$_POST[]和\$_GET[]可以获取表单提交的数据。下面分别进行详细介绍。

应用PHP全局变量获取表单数据

6.2.1 \$_POST[]全局变量

使用PHP的\$_POST[]全局变量可以获取表单元素的值。在实际程序开发过程中，使用哪种方法获取数据资源是由<form>表单元素的method属性决定的。如果表单中method属性指定的是用POST方法进行数据传递，那么在处理数据时就应该使用\$_POST[]全局变量获取表单数据。

例如，建立一个表单，设置method属性值为POST，添加一文本框，命名为user，获取表单元素值的代码如下。

```php
<?php
$user=$_POST["user"];                //应用$_POST[]全局变量获取表单元素中文本框的值
?>
```

有的PHP版本中直接写\$user即可调用表单元素的值，这和php.ini的配置有关。在php.ini文件中检索到"register_globals=ON/OFF"时，如果为ON，则可以直接写成\$user，反之则不可以。虽然直接应用表单名称十分方便，但也存在一定的安全隐患。推荐关闭register_globals。

通过\$_POST[]全局变量获取表单数据，实际上就是获取不同的表单元素的数据。<form>标签中的name是所有表单元素都具备的属性，即为这个表单元素的名称，在使用时需要使用name属性来获取相应的value属性值。所以添加的所有控件必须定义其name属性值。另外，为了避免获取的数据出现错误，表单元素在命名上尽可能不要重复，尽量使用具有一定意义的英文缩写或拼音命名。

在程序开发过程中，获取文本框、密码域、隐藏域、按钮以及文本域的值的方法是相同的，都是一个表单元素对应一个值，通过name属性来获取相应的value属性值即可。

本节以获取文本框中的数据信息为例，讲解获取表单数据的方法。希望读者能够举一反三，自行完成获取其他表单元素的值。下面通过实例讲解如何获取文本框的信息。

【例6-3】通过\$_POST[]获取用户输入的用户名和密码的信息。

具体操作步骤如下。

（1）新建一个PHP动态页，存储为index.php。

（2）创建一个表单，添加2个文本框和1个"登录"按钮，代码如下。

```html
<form name="form1" method="post" action=" ">
用户名：<input type="text" name="user" size="20" ><p>
密  码：<input name="pwd" type="password" id="pwd" size="20" >
```

```
        <input name="submit" type="submit" id="submit" value="登录" />
    </form>
```

（3）在<form>表单元素外的任意位置添加PHP标记符，应用if条件语句判断用户是否提交了表单。如果条件成立，则通过$_POST[]全局变量获取用户提交的用户名"$_POST['user']"和密码"$_POST['pwd']"。代码如下。

```
<?php
if(isset($_POST["submit"]) && $_POST["submit"]=="登录"){//判断提交的按钮名称是否等于"登录"
    echo "您输入的用户名为：".$_POST['user']."  密码为：".$_POST['pwd'];//输出用户名和密码
}
?>
```

 在应用文本框传递值时，一定要正确书写文本框的名称，在表单元素的命名上不应该有空格存在；在获取文本框提交的值时，书写的文本框名称一定要与提交文本框页中设置的名称相同，否则将不能获取文本框的值。

（4）在IE浏览器中输入URL地址，按<Enter>键，运行结果如图6-3所示。

图6-3　获取文本框的信息

6.2.2　$_GET[]全局变量

PHP使用$_GET[]全局变量获取通过GET方法传递的值。

例如，创建一个表单，设置method属性值为GET，添加一个文本框，name属性值设为user，通过$_GET[]获取表单元素值的代码如下。

```
<?php
$user=$_GET["user"];                        //应用$_GET[]全局变量获取表单元素中文本框的值
?>
```

 PHP可以应用$_POST[]或$_GET[]全局变量来获取表单元素的值。值得注意的是，获取的表单元素名称区分字母大小写。如果在编写Web程序时忽略字母大小写，那么在程序运行时将无法获取表单元素的值或弹出错误提示信息。

6.3　使用表单

Web表单的功能是让浏览者和网站有一个互动的平台。Web表单主要用来在网页中发送数据到服务器，如提交注册信息时需要使用表单。当用户填写完信息，后执行提交（submit）操作，于是将表单中的数据从客户端的浏览器传送到服务器端，经过服务器端PHP程序进行处理后，再将用户所需要的信息传递回客户端的浏览器上，从而获得用户信息，使PHP与Web表单实现交互。

6.3.1 创建表单

创建表单需要使用<form>元素标签。在<form></form>标记对之间插入表单元素，即可创建一个表单。

创建表单

表单结构如下。

```
<form name="form_name" method="method" action="url" enctype="value"
target="target_win" id="id">
    ……                              //省略插入的表单元素
</form >
```

<form>标记的属性如表6-1所示。

表6-1　<form>标记的属性

<form>标记属性	说　明
name	表单的名称
method	设置表单的提交方式：GET或者POST方法
action	指向处理该表单页面的URL（相对位置或者绝对位置）
enctype	设置表单内容的编码方式
target	设置返回信息的显示方式，target的属性值如表6-2所示
id	表单的ID号

表6-2　target属性值

属　性　值	说　明
_blank	将返回信息显示在新的窗口中
_parent	将返回信息显示在父级窗口中
_self	将返回信息显示在当前窗口中
_top	将返回信息显示在顶级窗口中

例如，创建一个表单，以POST方法提交到数据处理页check_ok.php，代码如下。

```
<form name="form1" method="post" action="check_ok.php">
    ……                              //省略插入的表单元素
</form>
```

在使用form表单时，必须指定其行为属性action，它指定表单提交数据的处理页。GET方法是将表单内容附加在URL地址后面；POST方法是将表单中的信息作为一个数据块发送到服务器上的处理程序中，在浏览器的地址栏不显示提交的信息。method属性默认为GET方法。

6.3.2 表单元素

表单（form）由表单元素组成。常用的表单元素有文字域、密码域、单选按钮、复选框、文件域、文本域和下拉菜单等。下面分别进行介绍。

表单元素

1. 文字域text

text属性值用来设定在表单的文本域中输入任何类型的文本、数字或字母。

输入的内容以单行显示。具体语法如下。

```
<input type="text" name="field_name" maxlength=max_value size=size_value value="field_value">
```

- name：表示文字域的名称。
- maxlength：表示文字域的最大输入字符数。
- size：表示文字域的宽度（以字符为单位）。
- value：表示文字域的默认值。

示例代码	`<input name="user" type="text" value= "纯净水" size="12" maxlength="1000">`
运行效果	纯净水

2. 密码域password

表单中还有一种文本域的形式为密码域，输入文本域中的文字均以星号"*"或圆点显示。具体语法如下。

```
<input type=" password"  name=" field_name"  maxlength=max_value size=size_value >
```

- name：表示密码域的名称。
- maxlength：表示密码域的最大输入字符数。
- size：表示密码域的宽度（以字符为单位）。

示例代码	`<input name="pwd" type="password" size="12" maxlength="20">`
运行效果	******

3. 单选按钮radio

在网页中，单选按钮用来让浏览者进行单一选择，在页面中以圆框表示。在单选按钮控件中必须设置参数value的值。而对于一个选择中的所有单选按钮来说，往往要设定同样的名称，这样在传递时才能更好地对某一个选择内容的取值进行判断。具体语法如下。

```
<input type="radio" name="field_name" checked value="value">
```

- name：表示单选按钮的名称。
- checked：表示此项为默认选中。
- value：表示选中项目后传送到服务器端的值。

示例代码	`<input name="sex" type="radio" value="1" checked />男` `<input name="sex" type="radio" value="0" />女`
运行效果	⦿ 男 ○ 女

4. 复选框checkbox

浏览者填写表单时，有些内容可以通过让浏览者进行选择的形式来实现。例如常见的网上调查，首先提出调查的问题，然后让浏览者在若干个选项中进行选择。又如收集个人信息时，要求在个人爱好的选项中进行选择等。复选框能够进行项目的多项选择，以一个方框表示。具体语法如下。

```
<input type="checkbox" name="field_name" checked value="value">
```

- name：表示复选框的名称。
- checked：表示此项为默认选中。
- value：表示选中项目后传送到服务器端的值。

示例代码	`<input name="interest1" type= "checkbox" value="sports" checked />体育`
	`<input name="interest2" type= "checkbox" value="music" checked />音乐`
	`<input name="interest3" type= "checkbox" value="film" />影视`

运行效果	☑体育 ☑音乐 ☐影视

5. 普通按钮button

在网页中，按钮也很常见，在提交页面、恢复选项时常常用到。普通按钮一般情况下要配合脚本来进行表单处理。具体语法如下。

```
<input type="button" name="field_name" value="button_text">
```

- name：普通按钮的名称。
- value：按钮上显示的文字。

示例代码	`<input type="button" name= "Submit" value="按钮" />`
运行效果	按钮

6. 提交按钮submit

提交按钮是一种特殊的按钮，单击该类按钮时可以实现表单内容的提交。具体语法如下。

```
<input type="submit" name="field_name" value="submit_text">
```

- name：提交按钮的名称。
- value：按钮上显示的文字。

示例代码	`<input type="submit" name= "Submit" value="提交" />`
运行效果	提交

7. 重置按钮reset

单击重置按钮后，可以清除表单的内容，恢复默认设定的表单内容。具体语法如下。

```
<input type="reset" name="field_name" value="reset_text">
```

- name：重置按钮的名称。
- value：按钮上显示的文字。

示例代码	`<input type="reset" name="Submit" value="重置" />`
运行效果	重置

8. 图像域image

图像域是指可以用在提交按钮位置上的图片，这幅图片具有按钮的功能。使用默认的按钮形式往往会让人觉得单调。这时，可以使用图像域，创建和网页整体效果相统一的图像提交按钮。具体语法如下。

```
<input type="image" name="field_name" src="image_url">
```

- name：图像域的名称。
- src：图片的路径。

示例代码	`<input name="imageField" type="image" src="images/log.gif" width="120" height="24" border="0" />`
运行效果	登录

9. 隐藏域hidden

隐藏域在页面中对于用户是不可见的。在表单中插入隐藏域的目的在于收集或发送信息，以便于被处理表单的程序所使用。浏览者单击"发送"按钮发送表单的时候，隐藏域的信息也被一起发送到服务器。具体语法如下。

```
<input type="hidden" name="field_name" value="value">
```

- name：隐藏域的名称。
- value：隐藏域的值。

说明 表单中的隐藏域主要用来传递一些参数，而这些参数不需要在页面中显示。例如隐藏用户的id值，写法如下。

`<input type="hidden" name="user_id" value="101">`

其中，user_id是隐藏域的名称，101是用户的id值。

10. 文件域file

文件域在上传文件时经常用到，它用于查找硬盘中的文件路径，然后通过表单将选中的文件上传。在设置电子邮件的附件、上传头像、发送文件时常常会看到这一控件。具体语法如下。

```
<input type="file" name="field_name" maxlength=max_value size=size_value >
```

- name：表示文件域的名称。
- maxlength：表示最大输入的字符数。
- size：表示文件域的宽度（以字符为单位）。

提示 要实现文件的上传功能，必须将表单标签`<form>`的enctype属性值设置为multipart/form-data，method属性值设置为POST。

示例代码	`<input name="file" type="file" size="16" maxlength="200" />`
运行效果	浏览...

11. 文本域标记`<textarea>`

HTML中还有一种特殊定义的文本样式，称为文本域。它与文字域的区别在于，可以添加多行文字，从而可以输入更多的文本。这类控件在一些留言板中最为常见。具体语法如下。

```
<textarea name="textname" rows=rows_value cols=cols_value>content</textarea>
```

- name：文本域的名称。
- rows：文本域的行数。
- cols：文本域的列数。
- content：文本域中显示的文字内容。

示例代码	`<textarea name="remark" cols="20" rows= "4">请输入您的建议!</textarea>`
运行效果	请输入您的建议!

12. 选择域标记`<select>`和`<option>`

通过选择域标记`<select>`和`<option>`可以建立一个列表或者菜单。菜单节省空间，正常状态下只能看到一个选项，单击按钮打开菜单后才能看到全部的选项。列表可以显示一定数量的选项，如果超出了这个数量，会自动出现滚动条，浏览者可以通过拖动滚动条来查看各选项。

语法如下。

```
<select name="name" size="value" multiple>
<option value="value" selected>选项1</option>
<option value="value">选项2</option>
<option value="value">选项3</option>
...
</select>
```

- name：表示选择域的名称。
- size：表示列表的行数。
- value：表示菜单选项值。
- multiple：表示以列表方式显示数据，省略则以菜单方式显示数据。

选择域标记\<select>和\<option>的显示方式及举例如表6-3所示。

表6-3　选择域标记\<select>和\<option>的显示方式及举例

显示方式	举　例	说　明	运 行 结 果
菜单方式	\<select name="spec" id="spec"> 　\<option value="0" selected>网络编程\</option> 　　\<option value="1">办公自动化\</option> 　\<option value="2">网页设计\</option> 　\<option value="3">网页美工\</option> \</select>	下拉菜单，通过选择域标记\<select>和\<option>建立一个下拉菜单，selected属性用来设置该菜单项时默认被选中	请选择所学专业： 网络编程　▼ 网络编程 办公自动化 网页设计 网页美工
列表方式	\<select name="spec" id="spec" multiple> 　　\<option value="0" selected>网络编程\</option> 　　\<option value="1">办公自动化\</option> 　\<option value="2">网页设计\</option> 　\<option value="3">网页美工\</option> \</select>	multiple属性用于下拉列表框\<select>标记中。表可以显示一定数量的选项，如果超出了这个数量，会自动出现滚动条，浏览者可以通过拖动滚动条来查看各选项。指定该选项时，用户可以使用〈Ctrl〉和〈Shift〉键进行多选	请选择所学专业： 网络编程 办公自动化 网页设计 网页美工

说明　上面的表格中给出了静态菜单项的添加方法。在Web程序开发过程中，也可以通过循环语句动态添加菜单项。

6.3.3　使用数组提交表单数据

在一个网页中有时并不知道某个表单元素的具体个数，如在选择复选框的选项时并不能确定用户选择了哪几项，这时就需要使用数组的命名方式来解决这个问题。

使用数组提交
表单数据

使用数组的命名方式就是在表单元素的name属性值后面加上方括号"[]"。当提交表单数据时，相同name属性的表单元素就会以数组的方式向Web服务器提交多个数据。

例如，对表单中的多个复选框和多个文件域使用数组的命名方式，代码如下。

```
<form name="myform" method="post">
<input name="interest[]" type= "checkbox" value="sports" />体育
<input name="interest[]" type= "checkbox" value="music" />音乐
<input name="interest[]" type= "checkbox" value="film" />影视<br />
<input name="pic[]" type="file" /><br />
```

```
<input name="pic[]" type="file" /><br />
<input name="pic[]" type="file" />

</form>
```

6.3.4 表单综合应用

表单综合应用

【例6-4】应用$_POST[ ]全局变量获取用户输入的个人信息。

开发步骤如下。

（1）新建一个动态页面index.php。

（2）创建一个form表单（设置表单的数据处理页为post.php），添加文本框、单选按钮、复选框、文本区域、提交按钮和重置按钮，应用表格对表单元素进行合理的布局。程序代码如下。

```
<form id="form1" name="form1" method="post" action="post.php">
<table width="503" border="0"  align="center" cellspacing="1" bgcolor="#BBBBBB">
  <tr>
    <td height="46" colspan="2" bgcolor="#DDDDDD"><font color="#333333" size="+2">请输入你的个人信息</font></td>
  </tr>
  <tr>
    <td width="82" height="20" align="right" bgcolor="#DDDDDD">姓名：</td>
    <td width="414" height="20" bgcolor="#DDDDDD"><input type="text" name="name" /></td>
  </tr>
  <tr>
    <td height="20" align="right" bgcolor="#DDDDDD">性别：</td>
    <td height="20" bgcolor="#DDDDDD"><input type="radio" name="sex" value="男" />男
      <input type="radio" name="sex" value="女" />女</td>
  </tr>
  <tr>
    <td height="20" align="right" bgcolor="#DDDDDD">生日：</td>
    <td height="20" bgcolor="#DDDDDD"><select name="year">
    <?php
      for($i=1900;$i<=2010;$i++){                    //循环输出年份
        echo "<option value="".$i.""".($i==1988?" selected":" ").">".$i."年</option>";
      }
    ?>
    </select>
    <select name="month">
    <?php
      for($i=1;$i<=12;$i++){                         //循环输出月份
        echo "<option value="".$i." '".($i==1?" selected":" ").">".$i."月</option>";
      }
    ?>
```

```
        </select></td>
    </tr>
    <tr>
      <td height="20" align="right" bgcolor="#DDDDDD">爱好：</td>
      <td height="20" bgcolor="#DDDDDD"><input type="checkbox" name="interest[]" value="看电影" />看电影
      <input type="checkbox" name="interest[]" value="听音乐" />听音乐
      <input type="checkbox" name="interest[]" value="演奏乐器" />演奏乐器
      <input type="checkbox" name="interest[]" value="打篮球" />打篮球
      <input type="checkbox" name="interest[]" value="看书" />看书
      <input type="checkbox" name="interest[]" value="上网" />上网</td>
    </tr>
    <tr>
      <td height="20" align="right" bgcolor="#DDDDDD">地址：</td>
      <td height="20" bgcolor="#DDDDDD"><input type="text" name="address" /></td>
    </tr>
    <tr>
      <td height="20" align="right" bgcolor="#DDDDDD" >电话：</td>
      <td height="20" bgcolor="#DDDDDD"><input type="text" name="tel" /></td>
    </tr>
    <tr>
      <td height="20" align="right" bgcolor="#DDDDDD">qq：</td>
      <td height="20" bgcolor="#DDDDDD"><input type="text" name="qq" /></td>
    </tr>
    <tr>
      <td align="right" valign="top" bgcolor="#DDDDDD">自我评价：</td>
      <td bgcolor="#DDDDDD"><textarea name="comment" cols="30" rows="5"></textarea></td>
    </tr>
    <tr>
      <td bgcolor="#DDDDDD"> </td>
      <td bgcolor="#DDDDDD"><input type="submit" name="Submit" value="提交" />
      <input type="reset" name="Submit2" value="重置" /></td>
    </tr>
  </table>
</form>
```

（3）对表单提交的数据进行处理，应用echo语句输出提交的各表单元素值。代码如下。

```
<table width="501" border="0" align="center" cellspacing="1" bgcolor="#BBBBBB">
  <tr>
    <td height="43" colspan="2" bgcolor="#DDDDDD"><font color="#333333" size="+2">您输入的个人资料信息
</font></td>
  </tr>
  <tr>
```

```
   <td width="104" height="20" align="right" bgcolor="#DDDDDD">姓名：</td>
   <td width="390" height="20" bgcolor="#DDDDDD"><?php echo $_POST['name'];?></td>
</tr>
<tr>
   <td height="20" align="right" bgcolor="#DDDDDD">性别：</td>
   <td height="20" bgcolor="#DDDDDD"><?php echo $_POST['sex'];?></td>
</tr>
<tr>
   <td height="20" align="right" bgcolor="#DDDDDD">生日：</td>
   <td height="20" bgcolor="#DDDDDD"><?php echo $_POST['year']."年".$_POST['month']."月";?></td>
</tr>
<tr>
   <td height="20" align="right" bgcolor="#DDDDDD">爱好：</td>
   <td height="20" bgcolor="#DDDDDD">
     <?php
        for($i=0;$i<count($_POST['interest']);$i++){
              echo $_POST['interest'][$i]."\n";
              }
      ?></td>
</tr>
<tr>
   <td height="20" align="right" bgcolor="#DDDDDD">地址：</td>
   <td height="20" bgcolor="#DDDDDD"><?php echo $_POST['address'];?></td>
</tr>
<tr>
   <td height="20" align="right" bgcolor="#DDDDDD">电话：</td>
   <td height="20" bgcolor="#DDDDDD"><?php echo $_POST['tel'];?></td>
</tr>
<tr>
   <td height="20" align="right" bgcolor="#DDDDDD">qq：</td>
   <td height="20" bgcolor="#DDDDDD"><?php echo $_POST['qq'];?></td>
</tr>
<tr>
   <td height="96" align="right" valign="top" bgcolor="#DDDDDD">自我评价：</td>
   <td height="96" bgcolor="#DDDDDD" valign="top"><?php echo $_POST['comment'];?></td>
</tr>
</table>
```

在浏览器中运行index.php页面，输入用户的个人信息，如图6-4所示。然后单击"提交"按钮，可以看到post.php页面中会显示出输入的个人信息，如图6-5所示。

图6-4 输入个人信息 　　　　　　　　图6-5 输出个人信息

6.4 实现文件的上传

文件上传可以通过HTTP协议来实现。要使用文件上传功能，首先要在配置文件php.ini中对上传做一些设置，然后通过预定义变量$_FILES对上传文件做一些限制和判断，最后使用move_uploaded_file()函数实现上传。

上传文件
相关配置

6.4.1 上传文件相关配置

PHP中通过php.ini文件对上传文件进行控制，包括是否支持上传、上传文件的临时目录、上传文件的大小、指令执行的时间、指令分配的内存空间。

在php.ini中定位到File Uploads项，完成对上传相关选项的设置。上传相关选项的含义如下。

● file_uploads：如果值是on，说明服务器支持文件上传；如果为off，则不支持。一般默认是支持的。

● upload_tmp_dir：上传文件临时目录。在文件被成功上传之前，文件首先存放到服务器端的临时目录中。多数使用系统默认目录，但是也可以自行设置。

● upload_max_filesize：服务器允许上传文件的最大值，以MB为单位。系统默认为2 MB。如果网站需要上传超过2 MB的数据，就要修改这个值。

上述是php.ini中File Uploads项与上传相关选项参数设置说明。除了File Uploads项中的内容外，php.ini中还有其他几个选项会影响到文件的上传。

● max_execution_time：PHP中一个指令所能执行的最大时间，单位是秒。该选项在上传超大文件时必须修改，否则，即使上传文件在服务器允许的范围内，但是超过了指令所能执行的最大时间，仍然无法实现上传。

● memory_limit：PHP中一个指令所分配的内存空间，单位是MB。它的大小同样会影响到超大文件的上传。

● php.ini文件配置完成后，需要重新启动Apache服务器，配置才能生效。

6.4.2 全局变量$_FILES

对上传文件进行判断应用的是全局变量$_FILES。$_FILES是一个数组，包含所有上传文件的相关信息。下面介绍$_FILES数组中每个元素的含义，如表6-4所示。

全局变量$_
FILES

表6-4　$_FILES数组中元素的含义

元　素　名	说　明
$_FILES['filename']['name']	存储上传文件的文件名，如text.txt、title.jpg等
$_FILES['filename']['size']	存储文件大小，单位为字节
$_FILES['filename']['tmp_name']	存储文件在临时目录中使用的文件名，因为文件在上传时，首先要将其以临时文件的身份保存在临时目录中
$_FILES['filename']['type']	存储上传文件的MIME类型。MIME类型规定各种文件格式的类型。每种MIME类型都是由"/"分隔的主类型和子类型组成的。例如"image/gif"，主类型为"图像"，子类型为GIF格式的文件，"text/html"代表HTML格式的文本文件
$_FILES['filename']['error']	存储了上传文件的结果。如果返回0，则说明文件上传成功

在$\_FILES数组元素中，最为常用的是$_FILES['filename']['name']、$\_FILES['filename']['size']和$_FILES['filename']['tmp_name']。通过这3个元素值即可实现基本的文件上传功能。

【例6-5】实现一个上传文件域，通过$_FILES变量输出上传文件的资料，代码如下。

```php
<!-- 上传文件的form表单，必须有enctype属性 -->
<form action=" " method="post" enctype="multipart/form-data">
<!-- 上传文件域，type类型为file -->
    <input type="file" name="upfile"/>
    <!-- 提交按钮 -->
    <input type="submit" name="submit" value="上传" />
</form>
<!-- 处理表单返回结果 -->
<?php
    if(!empty($_FILES)){                                //判断变量$_FILES是否为空
            foreach($_FILES['upfile'] as $name => $value)    //使用foreach循环输出上传文件信息的名和值
                    echo $name.' = '.$value.'<br>';
    }
?>
```

运行结果如图6-6所示。

图6-6　$_FILES预定义变量

6.4.3 实现PHP文件的上传

PHP中应用move_uploaded_file()函数实现文件上传。但是，在执行文件上传之前，为了防止潜在的攻击对原本不能通过脚本交互的文件进行非法管理，可以先应用is_uploaded_file()函数判断指定的文件是否是通过HTTP POST上传的，如果是，则返回true并可以继续执行文件的上传操作，否则将不能继续执行。

实现PHP
文件的上传

1. is_uploaded_file()函数

is_uploaded_file()函数用于判断指定的文件是否是通过HTTP POST上传的。其语法如下。

bool is_uploaded_file (string filename)

参数filename必须指定类似于$_FILES['filename']['tmp_name']的变量，不可以使用从客户端上传的文件名$_FILES['filename']['name']。

通过is_uploaded_file()函数对上传文件进行判断，可以确保恶意的用户无法欺骗脚本去访问本不能访问的文件，如/etc/passwd。

2. move_uploaded_file()函数

move_uploaded_file()函数用于将文件上传到服务器中指定的位置。如果成功，则返回true，否则返回false。其语法如下。

bool move_uploaded_file (string filename, string destination)

- filename：指定上传文件的临时文件名，即$_FILES['filename']['tmp_name']。
- destination：指定文件上传后保存的新路径和名称。

> **说明** 如果参数filename不是合法的上传文件，则不会执行任何操作，move_uploaded_file()将返回false。如果参数filename是合法的上传文件，但出于某些原因无法移动，同样也不会执行任何操作，move_uploaded_file()将返回false，此外会发出一条警告。

在了解了文件上传函数的功能之后，下面编写一个实例，应用move_uploaded_file()函数实现文件的上传。

【例6-6】 创建一个上传表单，允许上传2 MB以下的图片文件，将上传文本保存在根目录下的upfile文件夹下，代码如下。

```
<!-- 上传文件的form表单，必须有enctype属性 -->
<form action=" " method="post" enctype="multipart/form-data">
<tr>
<td width="150" height="30" align="right" valign="middle">请选择上传文件：</td>
    <td width="250"><input type="file" name="up_file"/></td>
    <td width="100"><input type="submit" name="submit" value="上传" /></td>
</tr>
</form>
<?php
/* 判断是否有上传文件 */
    if(!empty($_FILES['up_file']['name'])){
/* 将文件信息赋给变量$fileinfo */
```

```php
        $fileinfo = $_FILES['up_file'];
        if($fileinfo['size'] < 2097152 && $fileinfo['size'] > 0){        /* 判断文件大小 */
                $path=" upfile/".$_FILES["up_file"]["name"];        //定义上传文件的路径
                move_uploaded_file($fileinfo['tmp_name'],$path); //上传文件
                echo "文件上传成功";
        }else{
                echo '文件大小不符合要求';
        }
    }
?>
```

运行结果如图6-7所示。

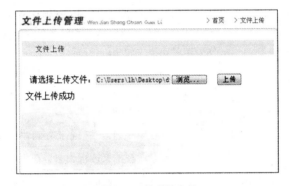

图6-7　单文件上传

6.5　服务器端获取数据的其他方法

应用PHP提供的其他一些全局变量，可以获取大量与环境有关的信息，如可以获取浏览器端与服务器端主机的IP地址等信息。

服务器端获取数据的其他方法

6.5.1　$_REQUEST[ ]全局变量

可以用$_REQUEST[ ]全局变量获取GET方法、POST方法和http Cookie传递到脚本的信息。如果在编写程序时不能确定是通过什么方法提交数据的，可以通过$_REQUEST[ ]全局变量获取提交到当前页面的数据。

例如，建立一个表单，在表单中添加一个文本框，命名为user，通过$_REQUEST[ ]获取表单元素值的代码如下。

```php
<?php
$user=$_REQUEST["user"];                //应用$_REQUEST[]全局变量获取表单元素中文本框的值
?>
```

6.5.2　$_SERVER[ ]全局变量

$_SERVER[ ]全局变量包含Web服务器创建的信息，应用该全局变量可以获取服务器和客户配置及当前请求的有关信息。下面对$_SERVER[ ]全局变量进行介绍，如表6-5所示。

表6-5 $_SERVER[ ]全局变量

数 组 元 素	说 明
$_SERVER['SERVER_ADDR']	当前运行脚本所在的服务器的IP地址
$_SERVER['SERVER_NAME']	当前运行脚本所在服务器主机的名称。如果该脚本运行在一个虚拟主机上，该名称由那个虚拟主机所设置的值决定
$_SERVER['REQUEST_METHOD']	访问页面时的请求方法，如 "GET" "HEAD" "POST" "PUT"。如果请求的方式是HEAD，PHP脚本将在送出头信息后中止（这意味着在产生任何输出后，不再有输出缓冲）
$_SERVER['REMOTE_ADDR']	正在浏览当前页面用户的IP地址
$_SERVER['REMOTE_HOST']	正在浏览当前页面用户的主机名。反向域名解析基于该用户的REMOTE_ADDR
$_SERVER['REMOTE_PORT']	用户连接到服务器时所使用的端口
$_SERVER['SCRIPT_FILENAME']	当前执行脚本的绝对路径名。注意：如果脚本在CLI中被执行，作为相对路径，如file.php或者../file.php，$_SERVER['SCRIPT_FILENAME']将包含用户指定的相对路径
$_SERVER['SERVER_PORT']	服务器所使用的端口，默认为"80"。如果使用SSL安全连接，则这个值为用户设置的HTTP端口
$_SERVER['SERVER_SIGNATURE']	包含服务器版本和虚拟主机名的字符串
$_SERVER['DOCUMENT_ROOT']	当前运行脚本所在的文档根目录，在服务器配置文件中定义

【例6-7】下面应用$_SERVER[ ]全局变量获取脚本所在地的IP地址及服务器和客户端的相关信息。

通过$_SERVER[ ]全局变量获取服务器和客户端的IP地址、客户端连接主机的端口号，以及服务器的根目录，代码如下。

```php
<?php
    echo "当前服务器IP地址是：<b>".$_SERVER['SERVER_ADDR']."</b><br>";
    echo "当前服务器的主机名称是：<b>".$_SERVER['SERVER_NAME']."</b><br>";
    echo "客户端IP地址是：<b>".$_SERVER['REMOTE_ADDR']."</b><br>";
    echo "客户端连接到主机所使用的端口：<b>".$_SERVER['REMOTE_PORT']."</b><br>";
    echo "当前运行的脚本所在文档的根目录：<b>".$_SERVER['DOCUMENT_ROOT']."</b><br>";
?>
```

运行结果如图6-8所示。

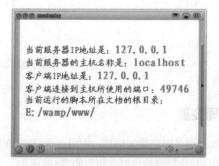

图6-8 获取IP地址及相关信息

小 结

本章主要介绍了创建表单及表单元素、通过POST方法和GET方法提交表单数据以及文件上传的实现。通过本章的学习，读者可以掌握PHP与Web页面的交互，为深入学习PHP打下扎实的基础。

上机指导

应用表单元素实现一个发布公告信息的功能，通过将表单信息提交到数据处理页获取表单元素的值，实现查看公告信息的功能。在IE浏览器中输入地址，按<Enter>键，运行结果，如图6-9所示。添加相应的公告信息后，单击"发布"按钮，查看公告信息页面的运行结果，如图6-10所示。

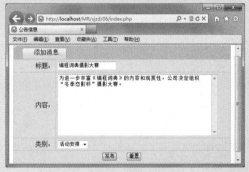

图6-9 发布公告信息

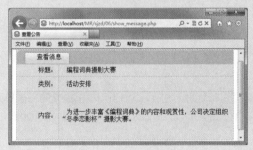

图6-10 查看公告信息

实现步骤如下。

（1）新建一个PHP动态页，存储为index.php。

（2）创建form表单（设置表单的数据处理页为show_message.php），添加文本框、编辑框、下拉列表框、提交按钮和重置按钮，并应用表格对表单元素进行合理的布局。程序代码如下。

```
<form action="show_message.php" method="post" name="addmess" id="addmess">
<table width="560" height="180" bordercolor="#ACD2DB" bgcolor="#ACD2DB" class="big_td">
<tr>
        <td width="100" height="25" bgcolor="#DEEBEF" scope="col">标题：</td>
        <td height="25" align="left" valign="middle" bgcolor="#DEEBEF" scope="col">
            <input type="text" name="title" id="title" />
```

```
                 </td>
        </tr>
        <tr>
                <td align="right" valign="middle" bgcolor="#DEEBEF">内容：</td>
                <td align="left" valign="middle" bgcolor="#DEEBEF">
                        <textarea name="content" id="content" cols="56" rows="10"></textarea>
                </td>
        </tr>
        <tr>
                <td height="30" align="right" valign="middle" bgcolor="#DEEBEF">类别：</td>
                <td height="30" align="left" valign="middle" bgcolor="#DEEBEF">
                        <select name="type" id="type">
                                <option value="企业公告" selected="selected">企业公告</option>
                                <option value="活动安排">活动安排</option>
                        </select>
                </td>
        </tr>
<tr>
                <td height="30" colspan="2" align="center" valign="middle" bgcolor="#DEEBEF">
                        <input name="submit" type="submit" id="submit"  value="发布" />
                        <input name="submit2" type="reset" id="submit2" value="重置" />
                </td>
        </tr>
</table>
</form>
```

（3）对表单提交的数据进行处理，应用echo语句输出提交的各表单元素值。代码如下。

```
<table width="560" height="192" bordercolor="#ACD2DB" bgcolor="#ACD2DB" class="big_td">
<tr>
                <td width="100" height="25" bgcolor="#DEEBEF" scope="col">标题：</td>
                <td height="25" scope="col">  <?php echo $_POST["title"];?></td>
        </tr>
        <tr>
                <td height="31" align="right" valign="middle" bgcolor="#DEEBEF">类别：</td>
                <td bgcolor="#DEEBEF">  <?php echo $_POST["type"];?></td>
        </tr>
        <tr>
                <td height="104" align="right" valign="middle" bgcolor="#DEEBEF">内容：</td>
                <td height="104" bgcolor="#DEEBEF">  <?php echo $_POST["content"];?></td>
```

```
    </tr>
</table>
```

习 题

6-1 提交表单数据有哪几种方法？PHP如何获取表单提交的数据？

6-2 PHP中实现文件上传需要用到哪几个函数？

6-3 在什么情况下，$name与$_POST['name']可以通用？

第7章

函数

本章要点

PHP函数简介 ■
自定义函数的定义、调用 ■
自定义函数的参数、返回值 ■
PHP文件的引用 ■

■ 在日常开发中，如果有一个功能或者一段代码要经常使用，则可以把它写成自定义函数，在需要的时候进行调用。本章将重点介绍如何创建和调用自定义函数。

7.1　函数简介

函数简介

使用函数可以简化编程的负担，减少代码量和提高效率，达到增加代码重用性、避免重复开发的目的。

7.1.1　什么是函数

在开发过程中，经常要多次重复某种操作或处理，如数据查询、字符操作等。如果每个模块的操作都要重新输入一次代码，不仅加大了程序员的工作量和开发时间，而且对于代码的后期维护及运行效果也有较大的影响。因此，可以把一段实现指定功能的代码封装在函数内。函数将PHP程序中烦琐的代码模块化，使程序员无须频繁地编写相同的代码，只要直接调用函数即可实现指定的功能。函数的应用不但可以提高代码的可靠性，而且提高了代码的可读性，更提高了程序员的工作效率并节省了开发时间。

7.1.2　函数的分类

PHP中的函数可以分为3种：系统的内置函数、自定义函数和变量函数。

● 系统的内置函数是PHP内部已经预定义好的函数，这些函数无须用户自己定义，在编程过程中可以直接使用。例如，前面章节中接触过的date()、print_r()、settype()函数等都是PHP的内置函数。

● 自定义函数是程序员根据实际需要编写的一段代码段。和内置函数不同，自定义函数只有在定义之后才可以使用。

● 变量函数类似于可变变量，它的函数名是一个变量。

7.2　自定义函数

自定义函数
的定义

在程序开发的过程中，最高效的方法就是将某些特定的功能定义成一个函数写在一个独立的代码块中，在需要的时候单独调用。

7.2.1　自定义函数的定义

定义自定义函数的基本语法格式如下。

```
function function_name ([$arg_1],[$arg_2], ... ,[$arg_n]){
    fun_body;
[return arg_n;]
}
```

参数说明如下。

● function：声明自定义函数时必须用到的关键字。

● function_name：创建函数的名称，是有效的PHP标识符。函数名称是唯一的，其命名遵守与变量命名相同的规则，只是不能以"$"开头。

● arg_1...arg_n：外界传递给函数的值，可有可无，可以有多个参数，数量根据需要而定。各参数用逗号","分隔。参数的类型不必指定，在调用函数时只要是PHP支持的类型都可以使用。

● fun_body：自定义函数的主体，是功能实现部分。

● return：将调用的代码需要的值返回，并结束函数的运行。

函数名称是不区分大小写的，而常量和变量的名称区分大小写。

7.2.2 自定义函数的调用

当函数定义完成后，所要做的就是调用这个函数。调用函数的操作十分简单，只需要引用函数名并赋予正确的参数即可。

自定义函数
的调用

【例7-1】定义一个函数example()，计算传入的参数的平方，连同表达式和结果输出到浏览器，代码如下。

```php
<?php
    /*      声明自定义函数      */
    function example($num){
            return "$num * $num = ".$num * $num;          //返回计算后的结果
    }
    echo example(10);                                      //调用函数
?>
```

运行结果如图7-1所示。

图7-1 自定义函数的调用

7.2.3 自定义函数的参数

在调用函数时，需要向函数传递参数，被传入的参数称为实参，而函数定义的参数为形参。参数传递的方式有按值传递、按引用传递和默认参数3种。

自定义函数
的参数

1. 按值传递方式

将实参的值复制到对应的形参中，在函数内部的操作针对形参进行，操作的结果不会影响到实参，即函数返回后实参的值不会改变。

【例7-2】 在本例中，首先定义一个函数example()，功能是将传入的参数值做一些运算后再输出。接着在函数外部定义一个变量$m，也就是要传入的参数。最后调用函数example($m)，输出函数的返回值$m和变量$m的值。实例代码如下。

```php
<?php
function example( $m ){                      //定义一个函数
    $m = $m * 5 + 10;
echo "在函数内：\$m = ".$m;                   //输出形参的值
}
$m = 1;
example( $m );                               //传值：将$m的值传递给形参$m
echo "<p>在函数外 \$m = $m <p>";              //实参的值没有发生变化，输出$m=1
```

```
?>
```

运行结果如图7-2所示。

图7-2　按值传递参数

2. 按引用传递方式

按引用传递就是将实参的内存地址传递到形参中。这时，在函数内部的所有操作都会影响到实参的值，返回后，实参的值会发生变化。引用传递方式就是在传值时在原基础上加&符号。

【例7-3】仍然使用上例中代码，唯一不同的就是多了一个&符号。实例代码如下。

```php
<?php
function example( &$m ){                        //定义一个函数，同时传递参数$m的变量
    $m = $m * 5 + 10;
echo "在函数内：\$m = ".$m;                       //输出形参的值
}
$m = 1;
example( $m ) ;                                 //传值：将$m的值传递给形参$m
echo "<p>在函数外：\$m = $m <p>";                 //实参的值发生变化，输出m=15
?>
```

运行结果如图7-3所示。

图7-3　按引用传递参数

3. 默认参数（可选参数）

还有一种设置参数的方式，即可选参数。可以指定某个参数为可选参数，将可选参数放在参数列表末尾，并且指定其默认值为空。

【例7-4】应用可选参数实现一个简单的价格计算功能，设置自定义函数values的参数$tax为可选参数，其默认值为0。第一次调用该函数，并且给参数$tax赋值0.25，输出价格；第二次调用该函数，不给参数$tax赋值，输出价格。实例代码如下。

```php
<?php
    function values($price,$tax=0){             //定义一个函数，其中的一个参数初始值为0
        $price=$price+($price*$tax);            //声明一个变量$price，等于两个参数的运算结果
        echo "价格:$price<br>";                  //输出价格
    }
    values(100,0.25);                           //为可选参数赋值0.25
```

```
        values(100);                              //没有给可选参数赋值
    ?>
```

运行结果如图7-4所示。

图7-4　默认参数的使用

 当使用默认参数时，默认参数必须放在非默认参数的右侧；否则，函数将可能出错。

 从PHP 5.0开始，默认值也可以通过引用传递。

7.2.4　自定义函数的返回值

通常函数将返回值传递给调用者的方式是使用关键字return语句，return语句是可选的。return语句将函数的值返回给函数的调用者，即将程序控制权返回调用者的作用域。注意，如果在全局作用域内使用return语句，那么将终止脚本的执行。return后紧跟要返回的值，可以是变量、常量、数组或表达式等。

自定义函数
的返回值

【例7-5】应用return()函数返回一个操作数。先定义函数values，函数的作用是输入商品的单价、税率，然后计算总金额，最后输出商品的价格。实例代码如下。

```
<?php
    function values($price,$tax=0.65){        //定义一个函数，函数中的一个参数有默认值
        $price=$price+($price*$tax);          //计算商品金额
        return $price;                        //返回金额
    }
    echo values(100);                         //调用函数
?>
```

运行结果如图7-5所示。

图7-5　函数返回值的使用

return语句只能返回一个参数，就是说只能返回一个值，不能一次返回多个。当要返回多个值时，可以在函数中定义一个数组，将多个值存储在数组中，然后用return语句将数组返回。

7.2.5 变量的作用域

变量的作用域是指该变量在程序中可以被使用的区域。变量在使用时，要符合变量的定义规则。变量必须在有效范围内使用。如果变量超出有效范围，变量也就失去其意义了。按作用域可以将变量分为全局变量、局部变量和静态变量。变量作用域的说明如表7-1所示。

变量的作用域

表7-1 变量作用域

作 用 域	说 明
全局变量	被定义在所有函数以外的变量。其作用域是整个PHP文件，但是在用户自定义函数内部是不可用的。想在用户自定义函数内部使用全局变量，要使用global关键词声明，或者通过使用全局数组$globals进行访问
局部变量	在函数的内部定义的变量。这些变量只限于在函数内部使用，在函数外部不能被使用
静态变量	能够在函数调用结束后仍保留变量值，当再次回到其作用域时，又可以继续使用原来的值。而一般变量是在函数调用结束后，其存储的数据值将被清除，所占的内存空间被释放。使用静态变量时，先要用关键字static声明变量，需要把关键字static放在要定义的变量之前

在函数的内部定义的变量，其作用域是所在函数。如果在函数外赋值，将被认为是完全不同的另一个变量。在退出声明变量的函数时，该变量及相应的值就会被撤销。

【例7-6】 下面在自定义函数中应用全局变量与局部变量进行对比。在本实例中定义2个全局变量：$zy和$zyy。在用户自定义函数lxt()中，如果想要在第6行和第8行调用它们，而程序输出的结果是"我喜欢PHP语言"，因为在第7行用global关键字声明了全局变量$zyy。而第5行由于定义了局部变量，因此输出的结果为"我喜欢"，其中第5行的$zy和第2行的$zy没有任何关系。实例代码如下。

```php
<?php
$zy = "你好";
$zyy = "PHP语言";
function lxt (){
    $zy="我喜欢";
    echo $zy;
    global $zyy;                        //利用关键字global在函数内部定义全局变量
    echo $zyy;                          //此处调用$zyy
}
lxt () ;
?>
```

运行结果如图7-6所示。

图7-6 全局变量和局部变量

因为默认情况下全局变量和局部变量的作用域是不相交的，所以，在函数内部可以定义与全局变量同名的变量。全局变量可以在程序中的任何地方访问，但是在用户自定义函数内部是不可用的。想在用户自定义函数内部使用全局变量，要使用global关键字声明。

静态变量在函数内部定义，只局限于函数内部使用，但却具有和程序文件相同的生命周期。也就是说，静态变量一旦被定义，则在当前程序文件结束之前一直存在。

静态变量通过在变量前使用关键词static声明变量，格式如下。

```
static $str;
```

【例7-7】 下面应用静态变量和普通变量同时输出一个数据，看两者的功能有什么不同。实例代码如下。

```php
<?php
function zdy (){
  static $message = 0 ;                    //初始化静态变量
  $message+=1;                             //静态变量加1
  echo $message." " ;                      //输出静态变量
}
function zdy1(){
  $message = 0 ;                           //声明函数内部变量（局部变量）
  $message += 1 ;                          //局部变量加1
  echo $message." " ;                      //输出局部变量
}
for ( $i=0 ; $i<10 ; $i++ )    zdy() ;     //输出1~10
echo "<br>";
for ($i=0 ; $i<10 ; $i++)    zdy1() ;      //输出10个1
?>
```

运行结果如图7-7所示。

图7-7　比较静态变量和普通变量的区别

自定义函数zdy()是输出1~10的10个数字，而zdy1()函数则输出的是10个1。因为自定义函数zdy()含有静态变量，而函数zdy1()是一个普通变量。初始化都为0，再分别使用for循环调用两个函数，结果是静态变量的函数zdy()在被调用后保留了$message中的值，静态变量的初始化只是在第一次遇到时被执行，以后就不再对其进行初始化操作了，将会略过第三行代码不执行；而普通变量的函数zdy1()在被调用后，其变量$message失去了原来的值，重新被初始化为0。

7.2.6　变量函数

变量函数也称作可变函数。如果一个变量名后有圆括号，PHP将寻找与变量

变量函数

的值同名的函数，并且将尝试执行它。这样就可以将不同的函数名称赋给同一个变量。赋给变量哪个函数名，在程序中使用变量名并在后面加上圆括号时，就调用哪个函数执行。类似面向对象中的多态特性，变量函数还可以被用于实现回调函数、函数表等。

【例7-8】 首先定义a()、b()、c()3个函数，分别用于计算2个数的和、平方和及立方和。并将3个函数的函数名（不带圆括号）以字符串的方式赋给变量$result，然后使用变量名$result后面加上圆括号并传入2个整型参数，此时就会寻找与变量$result的值同名的函数执行，代码如下。

```php
<?php
    //声明第一个函数a，计算两个数的和，需要两个整型参数，返回计算后的值
    function a($a,$b){
            return $a+$b;
    }
    //声明第一个函数b，计算两个数的平方和，需要两个整型参数，返回计算后的值
    function b($a,$b){
            return $a*$a+$b*$b;
    }
    //声明第一个函数c，计算两个数的立方和，需要两个整型参数，返回计算后的值
    function c($a,$b){
            return $a*$a*$a+$b*$b*$b;
    }
    $result="a";                //将函数名'a'赋值给变量$result，执行$result()时则调用函数a()
    $result="b";                //将函数名'b'赋值给变量$result，执行$result()时则调用函数b()
    $result="c";                //将函数名'c'赋值给变量$result，执行$result()时则调用函数c()
    echo"运算结果是："$result(2,3);
?>
```

运行结果如图7-8所示。

图7-8 变量函数

大多数函数都可以将函数名赋值给变量，形成变量函数。但变量函数不能用于语言结构，如ech-o(),print(),unset(),isset(),empty(),include(),require()以及类似的语句。

7.3 PHP文件的引用

引用文件是指将另一个源文件的全部内容包含到当前源文件中进行使用。引用外部文件可以减少代码的重用性，是PHP编程的重要技巧。PHP提供了include语句、require语句、include_once语句和require_once语句，用于实现引用文件。这4种语句在使用上有一定的区别。下面分别进行详细讲解。

7.3.1 include语句

include语句

使用include语句引用外部文件时，只有代码执行到include语句时才将外部文件引用进来并读取文件的内容。当所引用的外部文件发生错误时，系统只给出一个警告，而整个php文件则继续向下执行。下面介绍include语句的使用方法。

语法如下。

```
void include(string filename);
```

参数filename是指定的完整路径文件名。

include语句必须放到PHP标记中，否则代码会被视为文本而不会被执行。

【例7-9】 在同一目录下有2个文件：index.php和included.php，在index.php文件中引用included.php文件。

（1）included.php文件代码如下。

```php
<?php
$bookname = "PHP开发实战宝典";
echo "这是被引用的文件";
?>
```

（2）index.php文件代码如下。

```php
<?php
include("included.php");
echo "<br />".$bookname;
?>
```

运行结果如图7-9所示。

图7-9 应用include语句引用文件

7.3.2 require语句

require语句

require语句的使用方法与include语句类似，都是实现对外部文件的引用。在PHP文件被执行之前，PHP解析器会用被引用的文件的全部内容替换require语句，然后与require语句之外的其他语句组成新的PHP文件，最后按新PHP文件执行程序代码。

因为require语句相当于将另一个源文件的内容完全复制到本文件中，所以一般将其放在源文件的起始位置，用于引用需要使用的公共函数文件和公共类文件等。

PHP可以使用任何扩展名来命名引用文件，如.inc文件、.html文件或其他非标准的扩展名文件等，但PHP通常用来解析扩展名被定义为.php文件。建议读者使用标准的文件扩展名。

语法如下。

```
void require(string filename);
```

参数filename是指定的完整路径文件名。

【例7-10】 应用require语句引用并运行指定的外部文件top.php，代码如下。

```
<?php
require("top.php");                              //嵌入外部文件top.php
?>
```

top.php文件的代码如下。

```
<table width="750" height="131" border="0" cellpadding="0" cellspacing="0">
  <tr>
   <td background="images/banner.jpg"> </td>
  </tr>
</table>
```

运行index.php页，输出显示了require语句引用的Web页。运行结果如图7-10所示。

图7-10　应用require语句引用外部文件

7.3.3　include语句和require语句的比较

应用require语句来调用文件，其应用方法和include语句是类似的，但存在如下区别。

include语句和
require语句的
比较

● 在使用require语句调用文件时，如果调用的文件没找到，require语句会输出错误信息，并且立即终止脚本的处理。而include语句在没有找到文件时则会输出警告，不会终止脚本的处理。

● 使用require语句调用文件时，只要程序一执行，就会立刻调用外部文件；而通过include语句调用外部文件时，只有程序执行到该语句时，才会调用外部文件。

7.3.4　include_once语句和require_once语句

1. include_once语句

在使用include_once语句时，应该明确它与include语句的区别。应用include_once语句会在导入文件前先检测该文件是否在该页面的其他部分被引用过，如果有，则不会重复引用该文件，程序只能引用一次。例如，要导入的文件中存在一些自定义函数，那么如果在同一个程序中重复导入这个文件，在第二次导入时便会发生错误，因为PHP不允许相同名称的函数被重复声明。

include_once语句和
require_once语句

语法如下。

```
void include_once (string filename);
```

参数filename是指定的完整路径文件名。

【例7-11】 应用include_once语句引用并运行指定的外部文件top.php，代码如下。

```php
<?php
include_once("top.php");                              //嵌入外部文件top.php页
?>
```

top.php文件的代码如下。

```html
<table width="779" height="130" border="0" cellpadding="0" cellspacing="0">
 <tr>
  <td background="bg.jpg"> </td>
 </tr>
</table>
```

运行结果如图7-11所示。

图7-11　应用include_once语句引用文件

2. require_once语句

require_once语句是require语句的延伸。它的功能与require语句基本类似，不同的是，在应用require_once语句时会先检查要引用的文件是不是已经在该程序中的其他地方被引用过，如果有，则不会再次重复调用该文件。例如，同时应用require_once语句在同一页面中引用了两个相同的文件，那么在输出时只有第一个文件被执行，第二次引用的文件不会被执行。

语法如下。

```
void require_once (string filename);
```

参数filename是指定的完整路径文件名。

7.3.5　应用include语句构建电子商务平台网首页

【例7-12】 本实例应用include语句引用外部文件来构建电子商务平台网首页。要使网站主页的代码简洁化，而且维护起来很方便，只需要在主页应用表格制作一个简练、大气、个性鲜明的网页布局，然后将每个布局区域内的内容封装成一个独立的文件，最后应用include语句引用这些独立的文件，即可轻松构建主页。下面讲解应用include语句引用外部文件的方法。

应用include语句
构建电子商务
平台网首页

对于一个网站而言，主页作为直接的信息展台，所承载信息量将是巨大的。从网站程序编写来说，编写首页的代码需要几百行甚至上千行，这对于后期维护来说是很麻烦的。尤其是当其他管理员进行维护时，由于对代码不熟悉，经常需要在几千行代码中来回查找。那么，如何解决这种问题呢？应用引用文件是解决该问题最有效的方法。将拥有指定功能的代码封装成一个单独的文件，当用到该文件时，只需要使用include等引用语句对该文件进行引用即可。这样做的目的在于使得对页面的管理和维护都变得更简洁方便，并且减少代码的重用性。

本实例的实现方法如下。

（1）首先创建一个简单php动态页，命名为index.php。

（2）设计一个3行1列的表格，并将第二行拆分成两个单元格。然后应用include语句引用4个外部文件，分别是top.html页、left.html页、main.html页和bottom.html页。构建网站主页布局的效果如图7-12所示。

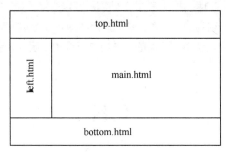

图7-12　构建网站主页布局

在index.php文件中应用include语句引用4个外部文件的代码如下。

```
<table width="768" border="0" align="center" cell padding="0" cellspacing="0">
 <tr>
  <td colspan="2"><?php include("top.html");?></td>
 </tr>
 <tr>
  <td width="180"><?php include("left.html"); ?></td>
  <td width="588"><?php include("main.html"); ?></td>
 </tr>
 <tr>
  <td colspan="2"><?php incluce("bottom.html");?></td>
 </tr>
</table>
```

（3）在引用的其他子页中应用HTML标记设计子页内容。运行结果如图7-13所示。

图7-13　应用include语句构建电子商务平台网首页

在PHP动态网页开发的过程中，在功能上使用最频繁的就是对数据库连接文件的引用。将数据库连接文件封装在一个独立的文件中，然后应用include语句或者require语句等对封装的文件进行引用。由于数据库内容将在后面的章节中进行介绍，因此，引用数据库文件的方法将在后面进行详细介绍。

小 结

本章主要介绍了PHP语言的自定义函数和文件的引用，这是在开发过程中应用性极强的操作。熟练掌握自定义函数和引用文件，不但可以简化程序流程，而且可以增强代码的重用性，降低开发成本，提高工作效率。

上机指导

自定义一个函数，为文本框中输入的数字取绝对值。

实现步骤如下。

（1）首先在开发工具中创建index.php脚本文件，然后在文件中编写如下HTML代码。

```
<form name="form" method="post" action="#">
 <label>请输入数字：</label>
 <input type="text" name="num" id="num">
 <input type="submit" name="sub" value="提交"><p>
</form>
```

（2）编写获取数字绝对值的自定义函数abso()，代码如下。

```
<?php
function abso($num){                     //定义函数abso，参数为输入的数字变量$num
    if($num>=0){                         //如果参数值不是负数
            return $num;                 //返回参数值本身
    }else{
            return $num*(-1);            //如果是负数，则返回参数值乘以-1，即它的绝对值
    }
}
?>
```

（3）对编写的自定义函数进行调用并输出结果，代码如下。

```
<?php
    if(isset($_POST['num']) && $_POST['num']!=" "){        //如果文本框输入的内容不为空
            echo "您输入的数字是".$_POST['num'].",  ";      //输出字符串以及变量值
            echo $_POST['num']." 的绝对值是".abso($_POST['num']);//输出字符串并调用函数
    }
?>
```

运行结果如图7-14所示。

图7-14　为输入的数字取绝对值

习　题

7-1　用最简短的代码编写一个获取3个数字中最小值的函数。

7-2　函数的参数赋值方式有哪几种？

7-3　变量按其作用域可以分为哪几种？

7-4　说明include语句和require语句的区别。

第8章
字符串操作

本章要点

字符串的定义方法 ■
字符串处理函数 ■

■ 在许多Web编程中，字符串总是会被大量地生成和处理。正确地使用和处理字符串，对于PHP程序员来说越来越重要。本章从最简单的字符串定义一直引导读者到高层字符串处理技巧，希望广大读者能够通过本章的学习，了解和掌握PHP字符串，达到举一反三的目的，为了解和学习其他的字符串处理技术提供强有力的帮助。

8.1 字符串的定义方法

字符串最简单的定义方法是使用单引号（'）或双引号（"），还可以使用定界符指定字符串。

8.1.1 使用单引号或双引号定义字符串

字符串通常以串的整体作为操作对象，一般用双引号或者单引号标识一个字符串。单引号和双引号在使用上有一定区别。

下面分别使用双引号和单引号来定义一个字符串。例如

```php
<?php
$str1 = "I Like PHP";                    //使用双引号定义一个字符串
$str2 = 'I Like PHP';                    //使用单引号定义一个字符串
echo $str1;                              //输出双引号中的字符串
echo $str2;                              //输出单引号中的字符串
?>
```

结果如下。

```
I Like PHP
I Like PHP
```

从上面的结果可以看出，对于定义的普通字符串看不出两者之间的区别。而通过对变量的处理，即可轻松地理解两者之间的区别。例如

```php
<?php
$test = "PHP";
$str = "I Like  $test";
$str1 = 'I Like $test';
echo $str;                               //输出双引号中的字符串
echo $str1;                              //输出单引号中的字符串
?>
```

结果如下。

```
I Like PHP
I Like $test
```

从以上代码可以看出，双引号中的内容是经过PHP的语法分析器解析过的，任何变量在双引号中都会被转换为它的值进行输出显示；而单引号的内容是"所见即所得"的，无论有无变量，都被当作普通字符串进行原样输出。

 说明 单引号串和双引号串在PHP中的处理是不相同的。双引号串中的内容可以被解释且替换，而单引号串中的内容被作为普通字符进行处理。

8.1.2 使用定界符定义字符串

关于定界符的描述已经在2.2.1小节中进行了详细介绍，这里不再赘述。

【例8-1】应用定界符输出变量中的值，可以看到，它和双引号没什么区别，包含的变量也被替换成实际数值，代码如下。

```
<?php
$str="明日科技编程词典";
echo <<<strmark
<font color="#FF0099"> $str 上市了,详情请关注编程词典网：www.mrbccd.com </font>
strmark;
?>
```

在上面的代码中，值得注意的是，在定界符内不允许添加注释，否则程序将运行出错。结束标识符所在的行不能包含任何其他字符，而且不能被缩进，在标识符分号前后不能有任何空白字符或制表符。如果破坏了这条规则，则程序不会被视为结束标识符，PHP 将继续寻找下去。如果在这种情况下找不到合适的结束标识符，将会导致一个在脚本最后一行出现的语法错误。

运行结果如图8-1所示。

图8-1　使用定界符定义字符串

 说明　定界符中的字符串支持单引号、双引号，无须转义，并支持字符变量替换。

8.2　字符串处理函数

8.2.1　转义、还原字符串

转义、还原字符串

在PHP编程的过程中，经常会遇到这样的问题：将数据插入数据库中时可能引起一些问题，出现错误或者乱码等，因为数据库将传入的数据中的字符解释成控制符。针对这种问题，就需要使用一种标记或者是转义这些特殊的字符。

PHP语言中提供了专门处理这些问题的技术：转义和还原字符串。方法有两种：一种是手动转义、还原字符串数据，另一种是自动转义、还原字符串数据。下面分别对这两种方法进行详细讲解。

1. 手动转义、还原字符串

字符串可以用单引号 "'"、双引号 """"、定界符 "<<<" 3种方式定义。指定一个简单字符串的最简单的方法是用单引号 "'" 括起来。当使用字符串时，很可能在该串中存在这几种符号与PHP脚本混淆的字符，因此必须做转义语句，即在它的前面使用转义符号 "\"。

"\" 是一个转义符，紧跟在 "\" 后面的第一个字符将变为没有意义或特殊意义。例如， "'" 是字符串的定界符， "\'" 就使它失去了定界符的意义，变为普通的单引号 "'"。读者可以通过 "echo '\'';" 输出一个单引号 "'"，同时转义字符 "\" 也不会显示。

 说明　如果要在字符串中表示单引号，则需要用反斜线 "\" 进行转义。例如，要表示字符串 "I'm"，则需要写成 "I\'m"。

【例8-2】使用转义字符"\"对字符串进行转义，代码如下。

```php
<?php
echo 'select * from tb_book where bookname = \'PHP自学视频教程\' ';
?>
```

结果如下。

```
select * from tb_book where bookname = 'PHP自学视频教程'
```

对于简单的字符串，建议采用手动方法进行字符串转义；而对于数据量较大的字符串，建议采用自动转义函数实现字符串的转义。

2. 自动转义、还原字符串

自动转义、还原字符串可以应用PHP提供的addslashes()函数和stripslashes()函数实现。

● addslashes()函数

addslashes()函数用来给字符串str加入斜线"\"，对指定字符串中的字符进行转义。该函数可以转义的字符包括单引号"'"、双引号"""、反斜杠"\"、NULL字符"0"。该函数比较常用的地方就是在生成SQL语句时，对SQL语句中的部分字符进行转义。

语法如下。

```
string addslashes (string str)
```

参数str为将要被操作的字符串。

● stripslashes()函数

stripslashes()函数用来将应用addslashes()函数转义后的字符串str返回原样。

语法如下。

```
● string stripslashes(string str);
```

参数str为将要被操作的字符串。

【例8-3】使用自动转义字符addslashes()函数对字符串进行转义，然后应用stripslashes()函数进行还原，代码如下。

```php
<?php
$str = "select * from tb_book where bookname = 'PHP自学视频教程' ";
$a = addslashes($str);                        //对字符串中的特殊字符进行转义
echo $a."<br>";                               //输出转义后的字符
$b = stripslashes($a);                        //对转义后的字符进行还原
echo $b."<br>";                               //将字符原义输出
?>
```

运行结果如图8-2所示。

图8-2 自动转义和还原字符串

所有数据在插入数据库之前，有必要应用addslashes()函数进行字符串转义，以免特殊字符未经转义在插入数据库时出现错误。另外，对于应用addslashes()函数实现的自动转义字符串，可以应用stripslashes()函数进行还原，但数据在插入数据库之前必须再次进行转义。

以上两个函数实现了对指定字符串进行自动转义和还原。除了上面介绍的方法外，还可以对要转义、还原的字符串进行一定范围的限制，通过应用addcslashes()函数和stripcslashes()函数实现对指定范围内的字符串进行自动转义、还原。

● addcslashes()函数

addcslashes函数用来实现对指定字符串中的字符进行转义，即在指定的字符charlist前加上反斜线。通过该函数可以将要添加到数据库中的字符串进行转义，从而避免出现乱码等问题。

语法如下。

```
string addcslashes ( string str, string charlist)
```

参数str为将要被操作的字符串；参数charlist指定在字符串中哪些字符前加上反斜线"\"。如果参数charlist中包含"\n" "\r"等字符，将以C语言风格转换；而其他非字母数字且ASCII码低于32以及高于126的字符，均转换成以八进制表示。

在定义参数charlist的范围时，需要明确在开始和结束的范围内的字符。

● stripcslashes()函数

stripcslashes()函数用来将应用addcslashes()函数转义的字符串str返回原样。

语法如下。

```
string stripcslashes ( string str)
```

参数str为将要被操作的字符串。

【例8-4】应用addcslashes()函数对字符串"编程体验网"进行转义，应用stripcslashes()函数对转义的字符串进行还原，代码如下。

```php
<?php
$a="编程体验网";                        //对指定范围内的字符进行转义
$b=addcslashes($a,"编程体验网");        //转义指定的字符串
echo "转义字符串: ".$b;                 //输出转义后的字符串
echo "<br>";                           //执行换行
$c=stripcslashes($b);                   //对转义的字符串进行还原
echo "还原字符串: ".$c;                 //输出还原后的转义字符串
?>
```

运行结果如图8-3所示。

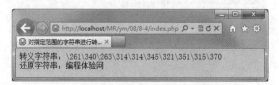

图8-3 对指定范围的字符串进行转义和还原

说明　缓存文件中，一般对缓存数据的值采用addcslashes()函数进行指定范围的转义。

8.2.2　获取字符串长度

获取字符串长度主要通过strlen()函数实现。下面重点讲解strlen()函数的语法及其应用。

strlen()函数主要用于获取指定字符串str的长度。

语法如下。

```
int strlen(string str)
```

获取字
符串长度

【例8-5】应用strlen()函数获取指定字符串长度，代码如下。

```php
<?php
echo strlen("明日图书网:www.mingribook.com");          //输出指定字符串长度
?>
```

结果如下。

29

说明　汉字占2个字符，数字、英文、小数点、下划线和空格各占1个字符。

注意　在utf-8编码格式下使用strlen()函数获取字符串的长度时，汉字占3个字符，因此在不同的编码格式下使用strlen()函数的结果可能会有所不同。

该函数在获取字符串长度的同时，也可以用来检测字符串的长度。

【例8-6】应用strlen()函数对提交的用户密码的长度进行检测，如果其长度小于6位，则弹出提示信息。

（1）利用开发工具新建一个PHP动态页，存储为index.php。

（2）添加一个表单，将表单的action属性设置为"index_ok.php"。

```html
<form name="form1" method="post" action="index_ok.php">
  <tr>
    <td height="33"></td>
    <td align="center"><span class="style1">用户名</span>:</td>
    <td>
    <input name="user" type="text" id="user" size="15">
    </td>
    <td align="center">
    <input name="imageField" type="image" src="images/btn_dl.jpg" width="50" height="20" border="0">
    </td>
    <td> </td>
  </tr>
  <tr>
    <td height="27"> </td>
```

```
<td align="center"><span class="style1">密码</span>:</td>
<td>
  <input name="pwd" type="password" id="pass" size="15">
</td>
<td colspan="2" align="left"><span class="STYLE3">* 密码长度不能少于6位</span></td>
</tr>
</form>
```

（3）应用HTML标记设计页面，添加一个"用户名"文本框，命名为user；添加一个"密码"文本框，命名为pwd；添加一个图像域，指定源文件位置为images/btn_dl.jpg。

（4）再新建一个PHP动态页，存储为index_ok.php。通过POST方法（关于POST方法将在后面章节中进行详细的讲解）接收用户输入的用户密码的值。应用strlen()函数获取用户提交密码的长度，应用if条件控制语句判断密码长度是否小于6，并给出相应的提示信息。代码如下。

```php
<?php
if(strlen($_POST["pwd"])<6){                       //检测用户密码的长度是否小于6，弹出警告信息
    echo "<script>alert('用户密码的长度不得少于6位!请重新输入'); history.back();</script>";
}else{                                              //用户密码大于等于6位，则弹出该提示信息
    echo "用户信息输入合法！";
}
?>
```

（5）在IE浏览器中输入地址，按〈Enter〉键，运行结果如图8-4所示。

图8-4　应用strlen()函数检测字符串的长度

8.2.3　截取字符串

1. substr()函数

在PHP中应用substr()函数对字符串进行截取。对字符串进行截取是一个最为常用的方法。

substr()函数用于从字符串中按照指定位置截取一定长度的字符。如果使用一个正数作为子串起点来调用这个函数，将得到从起点到字符串结束的这个字符串；如果使用一个负数作为子串起点来调用，将得到原字符串尾部的一个子串，字符个数等于给定负数的绝对值。语法如下。

截取字符串

```
string substr ( string str, int start [, int length])
```

● str：用来指定字符串对象。

- start：用来指定开始截取字符串的位置。如果参数start为负数，则从字符串的末尾开始截取。
- length：可选项，指定截取字符的个数。如果length为负数，则表示取到倒数第length个字符。

substr()函数的操作流程如图8-5所示。

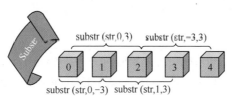

图8-5　substr()函数的操作流程

 Substr()函数中，参数start的指定位置是从0开始计算的，即字符串中的第一个字符表示为0，第二个字符表示为1，以此类推；而最后一个字符表示为-1，倒数第二个字符表示为-2，以此类推。

【例8-7】 应用substr()函数截取超长字符串。

在开发Web程序时，为了保持整个页面的合理布局，经常需要对一些超长输出的字符串内容（如公告标题、公告内容、文章的标题、文章的内容等）进行截取，并通过"…"代替省略内容，代码如下。

```php
<?php
    $str="为进一步丰富编程词典的内容和观赏性，公司决定组织"春季盎然杯"摄影大赛，本次参赛作品要求全部为春季拍摄，旨在展示我国北方地区春季生机盎然的景色。";
    if(strlen($str)>40){                        //如果文本的字符串长度大于40
            echo substr($str,0,40)."...";        //输出文本的前40个字符串，然后输出省略号
    }else{                                       //如果文本的字符串长度小于40
            echo $str;                           //直接输出文本
    }
?>
```

结果如下。

为进一步丰富编程词典的内容和观赏性，公司…

2. mb_substr()函数

应用mb_substr()函数，不但可以对字符串进行截取操作，而且支持中文字符串的截取。通过mb_substr()函数对中文字符串进行截取，可以避免在截取中文字符串时出现乱码。其语法如下。

```
string mb_substr ( string str, int start [, int length [, string encoding]] )
```

mb_substr()函数的参数说明如下。

- str：必要参数，指定操作的字符串。
- start：必要参数，指定截取的开始位置。参数start的指定位置是从0开始计算的，即字符串中的第一个字符表示为0。
- length：指定截取的字符串长度。
- encoding：设置字符串的编码格式。

【例8-8】 应用mb_substr()函数对字符串"PHP自学视频教程"截取5个字节，代码如下。

```php
<?php
$str="PHP自学视频教程";                          //定义字符串变量
```

```
echo mb_substr($str,0,5,"UTF-8");                //截取5个字节，返回编码格式为UTF8
?>
```

运行结果如下。

PHP自学

8.2.4 比较字符串

在PHP中，对字符串之间进行比较的方法有3种：第一种是应用strcmp()函数按照字节进行比较；第二种是应用strnatcmp()函数按照自然排序法进行比较；第三种是应用strncmp()函数指定从源字符串的位置开始比较。下面分别对这3种方法进行讲解。

比较串符

1. 按字节比较

按字节进行字符串比较是比较字符串最常用的方法。其中，strcmp()函数和strcasecmp ()函数都可以实现对字符串进行按字节的比较。这两种方法的区别是，strcmp()函数区分字符的大小写，而strcasecmp ()函数不区分字符的大小写。这两个函数的实现方法基本相同，这里只介绍strcmp()函数。

strcmp()函数用来对两个字符串进行比较。

语法如下。

```
int strcmp (string str1, string str2))
```

参数str1和参数str2指定要比较的两个字符串。如果相等，则返回0；如果参数str1大于参数str2，则返回1；如果参数str1小于参数str2，则返回-1。

strcmp()函数区分字母大小写。

【例8-9】应用strcmp()和strcasecmp()函数分别对两个字符串按字节进行比较，代码如下。

```
<?php
$str1="PHP编程词典!";                    //定义字符串变量
$str2="PHP编程词典!";                    //定义字符串变量
$str3="mrsoft";                          //定义字符串变量
$str4="MRSOFT";                          //定义字符串变量
echo strcmp($str1,$str2);                //这两个字符串相等
echo strcmp($str3,$str4);                //注意该函数区分大小写
echo strcasecmp($str3,$str4);            //该函数不区分字母大小写
?>
```

结果如下。

010

说明

在PHP中，对字符串之间进行比较的应用也是非常广泛的。例如，应用strcmp()函数比较在用户登录系统中输入的用户名和密码是否正确。如果在验证用户名和密码时不应用此函数，那么输入的用户名和密码无论是大写还是小写，只要正确就可以登录。应用strcmp()函数之后就避免了这种情况，即使正确，必须大小写匹配才可以登录，从而提高了网站的安全性。

2. 按自然排序法比较

在PHP中，按照自然排序法进行字符串比较是通过strnatcmp()函数来实现的。自然排序法比较的是字符串中的数字部分，将字符串中的数字按照大小进行排序。

strnatcmp()函数通过自然排序法比较字符串。

语法如下。

```
int strnatcmp ( string str1, string str2)
```

如果字符串相等，则返回0；如果参数str1大于参数str2，则返回1；如果参数str1小于参数str2，则返回-1。本函数区分字母大小写。

在自然排序法中，2比10小。在计算机序列当中，10比2小，因为"10"中的第一个数字是"1"，它小于2。

【例8-10】 应用strnatcmp()函数按自然排序法进行字符串的比较，代码如下。

```php
<?php
$str1="str2.jpg";                    //定义字符串常量
$str2="str10.jpg";                   //定义字符串常量
$str3="mrbook1";                     //定义字符串常量
$str4="MRBOOK2";                     //定义字符串常量
echo strcmp($str1,$str2);            //按字节进行比较，返回1
echo strcmp($str3,$str4);            //按字节进行比较，返回1
echo strnatcmp($str1,$str2);         //按自然排序法进行比较，返回-1
echo strnatcmp($str3,$str4);         //按自然排序法进行比较，返回1
?>
```

结果如下。

11-11

针对按照自然排序法进行比较，还有一个与strnatcmp()函数相同但不区分大小写的strnatcasecmp()函数。它的作用和strnatcmp()函数相同。

3. 指定从源字符串的位置比较

strncmp()函数用来比较字符串中的前*n*个字符。

语法如下。

```
int strncmp(string str1,string str2,int len)
```

- str1：用来指定参与比较的第一个字符串对象。
- str2：用来指定参与比较的第二个字符串对象。
- len：必选参数，用来指定每个字符串中参与比较字符的数量。

如果字符串相等，则返回0；如果参数str1大于参数str2，则返回1；如果参数str1小于参数str2，则返回-1。该函数区分字母大小写。

【例8-11】 应用strncmp()函数比较字符串的前6个字符是否与源字符串相等，代码如下。

```php
<?php
$str1="I like PHP !";                //定义字符串变量
$str2="i like my student !";         //定义字符串变量
```

```
echo strncmp($str1,$str2,6);                                    //比较前6个字符
?>
```

结果如下。

```
-1
```

从上面的代码可以看出，由于变量$str2中的字符串的首字母为小写，与变量$str1中的字符串不匹配，因此比较后的字符串返回值为-1。

8.2.5　检索字符串

PHP中提供了很多应用于字符串查找的函数，如strstr()函数和substr_count()函数。PHP也可以像Word那样实现对字符串的查找功能。

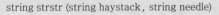

检索字符串

1. strstr()函数

strstr()函数用来获取一个指定字符串在另一个字符串中首次出现的位置到后者末尾的子字符串。如果执行成功，则返回剩余字符串（存在相匹配的字符），否则返回false。语法如下。

```
string strstr (string haystack, string needle)
```

● haystack：指定从哪个字符串中进行搜索。

● needle：指定搜索的对象。如果该参数是一个数值，那么将搜索与这个数值的ASCII码相匹配的字符。

　　本函数区分字母的大小写。如果不区分字母的大小写，可以使用stristr()函数。

【例8-12】应用strstr()函数获取指定字符串在字符串中首次出现的位置后的所有字符，代码如下。

```php
<?php
echo strstr("明日图书网","图");                              //输出查询的字符串
echo "<br>";                                                //执行换行
echo strstr("http://www.mingribook.com","w");               //输出查询的字符串
echo "<br>";                                                //执行换行
echo strstr("0431-8497****","8");                           //输出查询的字符串
?>
```

运行结果如图8-6所示。

图8-6　strstr()函数的应用

通过上面的代码可以看出，应用strstr()函数自定义检索字符串非常方便。另外，strrchr()函数与其正好相反，该函数是从字符串后序的位置开始检索子串的。

2. substr_count()函数

在6.7.1节中介绍的检索字符串的函数是检索指定字符串在另一字符串中出现的位置。这里再介绍一个

检索子串在字符串中出现次数的函数——substr_count()。

substr_count()函数用来获取子串在字符串中出现的次数，语法如下。

```
int substr_count(string haystack,string needle)
```

- haystack：指定的字符串。
- needle：指定的子串。

【例8-13】使用substr_count()函数获取子串在字符串中出现的次数，代码如下。

```php
<?php
$str="PHP自学教程、JavaWeb自学教程、Java自学教程、VB自学教程";    //定义字符串
echo substr_count($str,"自学教程");                              //输出检索的结果
?>
```

运行结果如下。

```
4
```

说明 检索子串出现的次数一般常用于搜索引擎中，针对子串在字符串中出现的次数进行统计，便于用户第一时间掌握子串在字符串中出现的次数。

8.2.6 替换字符串

应用字符串的替换技术，可以实现对指定字符串中的指定字符进行替换。此项功能最常见的用处就是在搜索引擎的关键字处理中，将搜索到的字符串中的关键字替换颜色，使搜索到的结果便于查看。字符串的替换技术可以通过以下两个函数实现：str_ireplace()函数和substr_replace()函数。

替换字符串

1. str_ireplace()函数

str_ireplace()函数用于使用新的子字符串（子串）替换原始字符串中被指定要替换的字符串，语法如下。

```
mixed str_ireplace ( mixed search, mixed replace, mixed subject [, int &count])
```

将所有在参数subject中出现的参数search以参数replace替换，参数&count表示替换字符串执行的次数。

str_ireplace()函数的参数说明如表8-1所示。

表8-1 str_ireplace()函数的参数说明

参　　数	说　　明
search	必要参数，指定需要查找的字符串
replace	必要参数，指定替换的值
subject	必要参数，指定查找的范围
count	可选参数，获取执行替换的数量

下面编写一个实例，看一下str_ireplace()函数是如何完成字符串替换操作的。

【例8-14】应用str_ireplace()函数将文本中的字符串"MRSOFT"替换为"吉林省明日科技"。操作步骤如下。

创建index.php脚本文件。定义字符串变量，利用str_ireplace()函数将字符串"MRSOFT"替换为"吉林省明日科技"。其核心代码如下。

```php
<?php
$str="MRSOFT公司是一家以计算机软件技术为核心的高科技企业，多年来始终致力于行业管理软件开发、数字化
出版物制作等领域。";                                          //定义字符串常量
echo str_ireplace("mrsoft","吉林省明日科技",$str);              //输出替换后的字符串
?>
```

运行结果如图8-7所示。

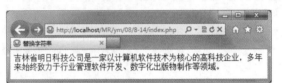

图8-7　应用str_ireplace()函数替换字符串

本函数不区分大小写。如果需要对大小写加以区分，可以使用str_replace()函数。

【例8-15】 使用str_ireplace()函数替换查询关键字，当显示所查询的相关信息时，将输出的关键字
的字体替换为红色。其实现的一般步骤如下。

（1）创建脚本文件并命名为index.php。

（2）定义两个字符串变量，第一个指定所有被替换的字符串内容，第二个指定字符串替换内容。

（3）执行字符串替换并输出结果，代码如下。

```php
<?php
$content="凡事总是由小至大，正所谓集腋成裘，必须按一定的步骤程序去做。《诗经·大雅》的《思齐》篇中
也有"刑于寡妻，至于兄弟，以御于家邦"之语，意思就是先给自己的妻子做榜样，推广到兄弟，再进一步治理好一家一
国。";
$str="刑于寡妻，至于兄弟，以御于家邦";                          //定义查询的字符串常量
echo str_ireplace($str,"<font color='#FF0000'>".$str."</font>",$content);       //替换字符串为红色字体
?>
```

运行结果如图8-8所示。

图8-8　应用str_ireplace()函数对查询关键字描红

2. substr_replace()函数

substr_replace()函数用于对指定字符串中的部分字符串进行替换，语法如下。

string substr_replace(string str,string repl,int start,[int length])

substr_replace()函数的参数说明如表8-2所示。

表8-2　substr_replace()函数的参数说明

参　数	说　明
str	指定要操作的原始字符串
repl	指定替换后的新字符串
start	指定替换字符串开始的位置。正数表示起始位置从字符串开头开始，负数表示起始位置从字符串的结尾开始，0表示起始位置从字符串的第一个字符开始
length	可选参数，指定返回的字符串长度。默认值是整个字符串。正数表示起始位置从字符串开头开始，负数表示起始位置从字符串的结尾开始，0表示"插入"非"替代"

 如果参数start设置为负数，而参数length数值小于或等于start数值，那么length的值自动为0。

【例8-16】 使用substr_replace()函数将指定字符串中的"双倍"替换为"百倍"，代码如下。

```php
<?php
$str="用今日的辛勤工作，换明日的双倍回报！";        //定义字符串变量
$replace="百倍";                                   //定义要替换的字符串
echo substr_replace($str,$replace,26,4);           //替换字符串
?>
```

运行结果如下。

用今日的辛勤工作，换明日的百倍回报！

8.2.7　去掉字符串首尾空格和特殊字符

用户在输入数据时经常会在无意中输入多余的空白字符，在有些情况下，字符串中不允许出现空白字符和特殊字符，这就需要去除字符串中的空白字符和特殊字符。PHP中提供了trim()函数用于去除字符串左右两边的空白字符和特殊字符，ltrim()函数用于去除字符串左边的空白字符和特殊字符，rtrim()函数，用于去除字符串中右边的空白字符和特殊字符。

去掉字符串首尾空格和特殊字符

1. ltrim()函数

ltrim()函数用于去除字符串左边的空白字符或者指定字符串，语法如下。

```
string ltrim( string str [,string charlist]);
```

● str：要操作的字符串对象。

● charlist：可选参数，指定需要从指定的字符串中删除哪些字符。如果不设置该参数，则所有的可选字符都将被删除。参数charlist的可选值如表8-3所示。

表8-3　ltrim()函数的参数charlist的可选值

参　数　值	说　明
\0	NULL，空值
\t	tab，制表符
\n	换行符
\x0B	垂直制表符

（续表）

参 数 值	说 明
\r	回车符
" "	空白字符

除了以上默认的过滤字符列表外，也可以在charlist参数中提供要过滤的特殊字符。

【例8-17】 使用ltrim()函数去除字符串左边的空白字符及特殊字符"(:*_*"，代码如下。

```php
<?php
$str=" (:@_@ 相逢也只是在梦中!  @_@:) ";
$strs=" (:*_* 相逢也只是在梦中!  *_*:) ";
echo $str."<br>";                         //输出原始字符串
echo ltrim($str)."<br>";                  //去除字符串左边的空白字符
echo $strs."<br>";                        //输出原始字符串
echo ltrim($strs,"(:*_* ");               //去除字符串左边的特殊字符(:*_*
?>
```

运行结果如图8-9所示。

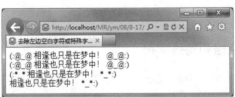

图8-9　去除字符串左边的空白字符及特殊字符

2. rtrim()函数

rtrim()函数用于去除字符串右边的空白字符和特殊字符，语法如下。

```
String rtrim(string str [, string charlist]);
```

- str：要操作的字符串对象。
- charlist：可选参数，指定需要从指定的字符串中删除哪些字符。如果不设置该参数，则所有的可选字符都将被删除。参数charlist的可选值如表8-3所示。

【例8-18】 使用rtrim()函数去除字符串右边的空白字符及特殊字符"(:*_*"，代码如下。

```php
<?php
$str="(:@_@ 相逢也只是在梦中!  @_@:)";
$strs="(:*_* 相逢也只是在梦中!  *_*:)";
echo $str."<br>";                         //输出原始字符串
echo rtrim($str)."<br>";                  //去除字符串右边的空白字符
echo $strs."<br>";                        //输出原始字符串
echo rtrim($strs," *_*:)");               //去除字符串右边的特殊字符(:*_*
?>
```

运行结果如图8-10所示。

图8-10　去除字符串右边的空白字符及特殊字符

3. trim()函数

trim()函数用于去除字符串开始位置和结束位置的空白字符，并返回去掉空白字符后的字符串，语法如下。

```
string trim(string str [,string charlist]);
```

● str：要操作的字符串对象。

● charlist：可选参数，指定需要从指定的字符串中删除哪些字符。如果不设置该参数，则所有的可选字符都将被删除。参数charlist的可选值如表8-3所示。

下面编写一个实例，通过实例体会trim()函数是如何去除字符串左右两边的空白字符和特殊字符的。

【例8-19】使用trim()函数去除字符串左右两边的空白字符及特殊字符。

本实例应用trim()函数，分别去掉字符串左右的空白和特殊字符。实现步骤如下。

定义字符串变量，为了显示明显，笔者多次使用了特殊字符，然后通过trim()函数实现去除特殊字符操作。代码如下。

```
<?php
$str=" \r\r(:@_@去除字符串左右两边的空白和特殊字符 @_@:) ";
echo $str."\n";                              //输出原始字符串
echo trim($str)."\n";                        //去除字符串左右两边的空白字符
echo trim($str,"\r\r(:@_@ @_@:)");       //去除字符串左右两边的空白字符和特殊字符\r\r(:@_@ @_@:)
?>
```

运行结果如图8-11所示。

图8-11　去除字符串左右的空白和特殊字符

8.2.8　格式化字符串

通过字符串格式化技术可以实现对指定字符进行个性化输出，以不同的类型进行显示。例如，在输出数字字符串时，可以应用格式化技术指定数字输出的格式，保留几位小数或者不保留小数。

格式化字符串

number_format()函数用来将数字字符串格式化。语法如下。

```
string number_format(float number,[int num_decimal_places],[string dec_seperator],string thousands_seperator)
```

参数number为格式化后的字符串。该函数可以有1个、2个或是4个参数，但不能是3个参数。如果只有1个参数number，number格式化后会舍去小数点后的值，且每1 000就会以逗号","来隔开；如果有2个参数，number格式化后会到小数点第num_decimal_places位，且每1 000就会以逗号来隔开；如果有4个参数，number格式化后会到小数点第num_decimal_places位，dec_seperator用来替代小数点"."，thousands_seperator用来替代每1 000隔开的逗号","。

【例8-20】应用number_format()函数对指定的数字字符串进行格式化处理，代码如下。

```php
<?php
$number = 3665.256;                         //定义数字字符串常量
echo number_format($number);                //输出1个参数格式化后的数字字符串
echo "<br>";                                //执行换行
echo number_format($number, 2);             //输出2个参数格式化后的数字字符串
echo "<br>";                                //执行换行
$number2 = 123456.7890;                      //定义数字字符串常量
echo number_format($number2, 2, '.', '.');  //输出4个参数格式化后的数字字符串
?>
```

运行结果如图8-12所示。

图8-12　对数字字符串进行格式化

8.2.9　分割、合成字符串

1. explode()函数

字符串的分割是通过explode()函数实现的。使用该函数可以将指定字符串中的内容按照某个规则进行分类存储，进而实现更多的功能。例如，在电子商务网站的购物车中，可以通过特殊标识符"@"将购买的多种商品组合成一个字符串存储在数据表中，在显示购物车中的商品时，通过以"@"作为分割的标识符进行拆分，将商品字符串分割成N个数组元素，最后通过for循环语句输出数组元素，即输出购买的商品。

分割、
合成字符串

explode()函数用于按照指定的规则对一个字符串进行分割，返回值为数组。语法如下。

array explode(string separator,string str,[int limit])

● separator：必要参数，指定的分割符。如果separator为空字符串（""），explode()将返回false。如果separator所包含的值在str中找不到，那么explode()函数将返回包含str单个元素的数组。

● str：必要参数，指定将要被分割的字符串。

● limit：可选参数。如果设置了limit参数，则返回的数组包含最多limit个元素，而最后的元素将包含string的剩余部分；如果limit参数是负数，则返回除了最后的-limit个元素外的所有元素。

【例8-21】应用explode()函数对指定的字符串以@为分隔符进行拆分，并输出返回的数组。代码如下。

```php
<?php
$str= "PHP自学视频教程@ASP.NET自学视频教程@ASP自学视频教程@JSP自学视频教程"; //定义字符串变量
```

```
$str_arr=explode("@",$str);                               //应用标识@分割字符串
print_r($str_arr);                                        //输出字符串分割后的结果
?>
```

运行结果如图8-13所示。

图8-13 应用explode()函数分割字符串并输出数组

2. implode()函数

既然可以对字符串进行分割，返回数组，就一定可以对数组进行合成，返回一个字符串。这就是implode()函数，将数组中的元素组合成一个新字符串。语法如下。

```
string implode(string glue, array pieces)
```

● glue：字符串类型，指定分隔符。

● pieces：数组类型，指定要被合并的数组。

【例8-22】 应用implode()函数将数组中的内容以*为分隔符进行连接，从而组合成一个新的字符串，代码如下。

```
<?php
$str="PHP自学视频教程@ASP.NET自学视频教程@ASP自学视频教程@JSP自学视频教程";    //定义字符串变量
$str_arr=explode("@",$str);                               //应用标识@分割字符串
$array=implode("*",$str_arr);                             //将数组合成字符串
echo $array;                                              //输出字符串
?>
```

运行结果如图8-14所示。

图8-14 应用implode()函数合成字符串

8.2.10 字符串与HTML转换

字符串与HTML之间的转换直接将源代码在网页中输出，而不被执行。这个操作应用得最多的地方就是在论坛或者博客的帖子输出中，通过转换直接将用户提交的源码输出，确保源码不被解析。完成这个操作主要应用htmlentities()函数。

htmlentities()函数用于将所有的字符都转换成HTML字符串，语法如下。

```
string htmlentities(string string,[int quote_style],[string charset])
```

参数说明如表8-4所示。

字符串与
HTML转换

表8-4 htmlentities()函数的参数说明

参 数	说 明
string	必要参数，指定要转换的字符串
quote_style	可选参数，选择如何处理字符串中的引号，有3个可选值：（1）ENT_COMPAT，转换双引号，忽略单引号，它是默认值；（2）ENT_NOQUOTES，忽略双引号和单引号；（3）ENT_QUOTES，转换双引号和单引号
charset	可选参数，确定转换所使用的字符集，默认字符集是"ISO-8859-1"，指定字符集后就能够避免转换中文字符出现乱码的问题

htmlentities()函数支持的字符集如表8-5所示。

表8-5 htmlentities()函数支持的字符集

字 符 集	说 明
BIG5	繁体中文
BIG5-HKSCS	香港扩展的BIG5，繁体中文
cp866	DOS特有的西里尔（Cyrillic）字符集
cp1251	Windows特有的西里尔字符集
cp1252	Windows特有的西欧字符集
EUC-JP	日文
GB2312	简体中文
ISO-8859-1	西欧，Latin-1
ISO-8859-15	西欧，Latin-9
KOI8-R	俄语
Shift-JIS	日文
UTF-8	ASCII兼容的多字节8编码

【例8-23】 使用htmlentities()函数将字符串转换成HTML格式。

本实例中，将论坛中的帖子进行输出，将转换后的代码和未转换的代码的输出结果进行对比，看有何不同。代码如下。

```php
<?php
$str='<table width="300" border="1" cellpadding="1" cellspacing="1" bordercolor="#FFFFFF" bgcolor="#0198FF">
    <tr>
        <td align="center" height="35" bgcolor="#FFFFFF">明日科技--用今日的辛勤工作，换明日百倍回报！</td>
    </tr>
    <tr>
        <td align="center" bgcolor="#FFFFFF" ><img src="images/beg.JPG"></td>
    </tr>
    </table>';
echo htmlentities($str,ENT_QUOTES,"utf-8")."<br>";   //设置转换的字符集为"utf-8"
?>
```

运行结果如图8-15所示。

图8-15　字符串与HTML转换结果的对比

8.2.11　其他常用字符串函数

1. strrev()函数

其他常用
字符串函数

strrev()函数用于将英文字符串的前后顺序颠倒过来，语法如下。

```
string strrev (string str)
```

参数str为将要被操作的字符串。

【例8-24】将字符串"I like PHP"前后颠倒顺序后显示，代码如下。

```php
<?php
    echo strrev("I like PHP");
?>
```

运行结果如下。

```
PHP ekil I
```

strrev()函数不能用于中文字符串，否则可能会出现乱码。

2. str_repeat()函数

str_repeat()函数用于将字符串重复指定的次数，语法如下。

```
string str_repeat (string str, int times)
```

● str：必要参数，指定要被重复的字符串。

● times：必要参数，指定重复的次数。

【例8-25】应用str_repeat()函数重复输出字符串"明日科技@"，代码如下。

```php
<?php
    echo str_repeat("明日科技@",3);
?>
```

运行结果如下。

明日科技@明日科技@明日科技@

3. mb_convert_encoding()函数

mb_convert_encoding()函数用于将字符串从一种编码格式转换成另一种编码格式，语法如下。

string mb_convert_encoding(string str, string to_encoding [, mixed from_encoding])

● str：必要参数，指定要被操作的字符串。

● to_encoding：必要参数，指定转换后的编码格式。

● from_encoding：可选参数，指定转换前的编码格式。如果指定多个from_encoding编码，则使用逗号进行分隔；如果没有指定from_encoding编码，则使用内在的编码。

例如，将字符串"我喜欢PHP"从GB2312编码转换成UTF-8编码，代码如下。

mb_convert_encoding("我喜欢PHP","UTF-8","GB2312");

小 结

本章主要讲解了字符串的操作技术，包括通过单引号、双引号和定界符标识字符串，字符串的连接、转义和还原，字符串的截取、比较、检索、替换和分割，以及获取字符串的长度、格式化字符串、去除字符串中的空白字符和字符串与HTML的相互转换。字符串操作技术对程序的开发虽然不起决定性的作用，但是在对一些细节的处理上却是必不可少的。例如，在搜索引擎模块的查询关键字描红功能的实现中，就必须应用字符串的替换技术。

上机指导

在开发Web程序的过程中经常会遇到超长的字符串，为了保持整个页面的合理布局，这时就需要对这种超长的字符串进行截取操作。这里利用substr()函数对字符串进行截取，并通过"……"代替省略了的那部分内容。

实现方法如下。

（1）创建index.php文件，在文件中创建一个自定义函数msubstr()。该函数的作用是避免在截取中文字符时出现乱码。代码如下。

```php
<?php
function msubstr($str,$start,$len){          //$str是字符串，$start是截取字符串的起始位置，$len是截取的长度
$tmpstr=" ";                                 //声明变量
$strlen=$start+$len;                         //用$strlen指定截取字符串的结束位置
for($i=$start;$i<$strlen;$i++){              //通过for循环语句，循环读取字符串
if(ord(substr($str,$i,1))>0xa0){             //如果字符串中首个字节的ASCII序数值大于0xa0，则表示为汉字
$tmpstr.=substr($str,$i,2);                  //每次取出2位字符赋给变量$tmpstr，等于1个汉字
$i++;                                        //变量自加1
}else{                                       //如果不是汉字，则每次取出1位字符赋给变量$tmpstr
$tmpstr.=substr($str,$i,1);
}
}
return $tmpstr;                              //输出字符串
```

```
}
}
?>
```

（2）定义要截取的字符串，并且调用msubstr()函数完成字符串的截取操作，代码如下。

```
<?php
$str="明日科技公司是一家以计算机软件技术为核心的高科技企业，多年来始终致力于行业管理软件开发、数字
化出版物制作、计算机网络系统综合应用以及行业电子商务网站开发等领域，涉及生产、管理、控制、仓贮、物流、营
销、服务等行业";                              //定义字符串
    if(strlen($str)>40){                     //判断文本的字符串长度是否大于40
    echo msubstr($str,0,40)."...";           //输出文本的前40个字符串，然后输出省略号
    }else{                                   //如果文本的字符串长度小于40
    echo $str;                               //直接输出文本
    }
?>
```

运行结果如图8-16所示。

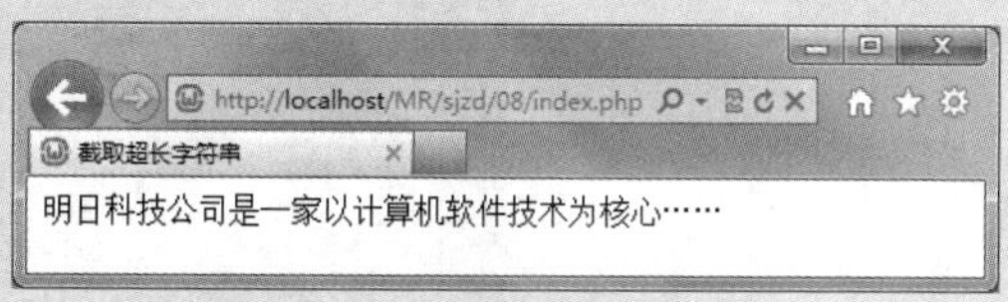

图8-16　截取超长字符串

习 题

8-1　如何将1234567890转换成1,234,567,890每3位用逗号隔开的形式？

8-2　使用什么函数可以实现字符串的翻转功能？

8-3　如何实现中文字符串的无乱码截取？

8-4　PHP中分割字符串的函数是什么？对数组进行合成的函数又是什么？

第9章
MySQL数据库

■ 数据库作为程序中数据的主要载体，在整个项目中扮演着重要的角色。PHP自身可以与大多数数据库进行连接，但MySQL数据库是开源界所公认的与PHP结合最好的数据库，它具有安全、跨平台、体积小和高效等特点，可谓PHP的"黄金搭档"。本章将对MySQL数据库的基础知识进行系统的讲解，为下一章中实现PHP与MySQL数据库的完美结合打下坚实的基础。

9.1 MySQL简介

MySQL简介

PHP在开发Web站点或一些管理系统时，需要对大量的数据进行保存。XML文件和文本文件虽然可以作为数据的载体，但不易进行管理和对大量数据的存储，所以在项目开发时，数据库就显得非常重要。PHP可以连接的数据库种类较多，其中MySQL数据库与其兼容较好，在PHP数据库开发中被广泛地应用。

9.1.1 什么是MySQL

MySQL是一款安全、跨平台、高效的，并与PHP、Java等主流编程语言紧密结合的数据库系统。该数据库系统是由瑞典的MySQL AB公司开发、发布并支持，由MySQL的初始开发人员David Axmark和Michael Monty Widenius于1995年建立的。MySQL的象征符号是一只名为Sakila的海豚，代表着MySQL数据库的速度、能力、精确和优秀本质。

目前，MySQL被广泛地应用在Internet上的中小型网站中。由于其体积小、速度快、总体拥有成本低，尤其是开放源码这一特点，很多公司都采用MySQL数据库以降低成本。

MySQL数据库可以称得上是目前运行速度最快的SQL语言数据库之一。除了具有许多其他数据库所不具备的功能外，MySQL数据库还是一种完全免费的产品。用户可以直接通过网络下载MySQL数据库，而不必支付任何费用。

9.1.2 MySQL特点

MySQL具有以下主要特点。

• 功能强大：MySQL中提供了多种数据库存储引擎，各引擎各有所长，适用于不同的应用场合。用户可以选择最合适的引擎以得到最高性能，以处理每天访问量超过数亿的高强度的搜索Web站点。MySQL 5支持事务、视图、存储过程、触发器等。

• 支持跨平台：MySQL支持20种以上的开发平台，包括Linux、Windows、FreeBSD、IBMAIX、AIX、FreeBSD等。这使得在任何平台下编写的程序都可以进行移植，而不需要对程序做任何的修改。

• 运行速度快：高速是MySQL的显著特性。MySQL中使用了极快的B树磁盘表（MyISAM）和索引压缩；通过使用优化的单扫描多连接，能够极快地实现连接；SQL函数使用高度优化的类库实现，运行速度极快。

• 支持面向对象：PHP支持混合编程方式。编程方式可分为纯粹面向对象、纯粹面向过程、面向对象与面向过程混合3种方式。

• 安全性高：灵活和安全的权限与密码系统，允许基本主机的验证。连接到服务器时，所有的密码传输均采用加密形式，从而保证了密码的安全。

• 成本低：MySQL数据库是一种完全免费的产品，用户可以直接通过网络下载。

• 支持各种开发语言：MySQL为各种流行的程序设计语言提供支持，为它们提供了很多API函数，包括PHP、ASP.NET、Java、Eiffel、Python、Ruby、Tcl、C、C++、Perl语言等。

• 数据库存储容量大：MySQL数据库的最大有效表尺寸通常是由操作系统对文件大小的限制决定的，而不是由MySQL内部限制决定的。InnoDB存储引擎将InnoDB表保存在一个表空间内。该表空间可由数个文件创建。表空间的最大容量为64 TB，可以轻松处理拥有上千万条记录的大型数据库。

• 支持强大的内置函数：PHP中提供了大量内置函数，几乎涵盖了Web应用开发中的所有功能。它内置了数据库连接、文件上传等功能。MySQL支持大量的扩展库，如MySQLi等，可以为快速开发Web应用提供便利。

9.1.3　MySQL 5支持的特性

　　MySQL 5已经是一个非常成熟的企业级应用的数据库管理系统，在许多大型的开源项目中被广泛地应用。MySQL 5支持许多基本和高级的特性，例如

- 支持各种数据类型。
- 支持事物、主键外键、行级锁定等特性。
- select查询语句和where字句中，提供完整的操作符和函数支持。
- 支持子查询。
- 支持group by和order by子句。
- 支持各种聚合函数。
- 支持left outer join和right outer join多表连接查询。
- 支持表别名、字段别名。
- 支持跨库多表连接查询。
- 支持查询缓存，能够极大地提升查询性能。
- 支持存储过程、视图和触发器等特性。
- 支持多平台、多CPU等特性。
- 支持嵌入式，可以将MySQL集成到嵌入式程序中。

9.2　启动和关闭MySQL服务器

　　启动和停止MySQL服务器的操作非常简单。但通常情况下，不要暂停或停止MySQL服务器，否则数据库将无法使用。

9.2.1　启动MySQL服务器

　　只有启动MySQL服务器，才可以操作MySQL数据库。启动MySQL服务器的方法已经在第1章中进行了详细的介绍，这里不再赘述。

启动和关闭
MySQL服务器

9.2.2　连接和断开MySQL服务器

1. 连接MySQL服务器

　　MySQL服务器启动后，就是连接服务器。MySQL提供了MySQL console命令窗口，客户端实现了与MySQL服务器之间的交互。单击任务栏系统托盘中的WampServer图标，选择"MySQL"，单击"MySQL console"，打开MySQL命令窗口，如图9-1所示。

图9-1　MySQL命令窗口

　　输入MySQL服务器root账户的密码，并且按<Enter>键（如果密码为空，直接按<Enter>键即可）。如果密码输入正确，将出现如图9-2所示的提示界面，表明通过MySQL命令窗口成功连接了MySQL服务器。

图9-2　成功连接MySQL服务器

2. 断开MySQL连接

连接到MySQL服务器后，可以通过在MySQL提示符下输入"exit"或者"quit"命令并按<Enter>键来断开MySQL连接。

9.3　操作MySQL数据库

操作MySQL
数据库

针对MySQL数据库的操作可以分为创建、选择和删除3种。

9.3.1　创建数据库

在MySQL中，应用create database语句创建数据库。其语法格式如下。

```
create database 数据库名;
```

在创建数据库时，数据库的命名要遵循如下规则。

● 不能与其他数据库重名。

● 名称可以由任意字母、阿拉伯数字、下划线（_）或者"$"组成，可以使用上述任意字符开头，但不能使用单独的数字，否则会造成它与数值相混淆。

● 名称最长可为64个字符（包括表、列和索引的命名），而别名最多可长达256个字符。

● 不能使用MySQL关键字作为数据库、表名。

● 默认情况下，Windows下数据库名、表名的字母大小写是不敏感的，而Linux下数据库名、表名的字母大小写是敏感的。为了便于数据库在平台间进行移植，建议读者采用小写字母来定义数据库名和表名。

下面通过create database语句创建一个名称为db_user的数据库。在创建数据库时，首先连接MySQL服务器，然后编写"create database db_user;"SQL语句，数据库创建成功。运行结果如图9-3所示。

图9-3　创建数据库

创建db_user数据库后，MySQL管理系统会自动在"E:\wamp\bin\mysql\mysql5.6.17\data"目录下创建db_user数据库文件夹及相关文件，实现对该数据库的文件管理。

> **说明**
> "E:\wamp\bin\mysql\mysql5.6.17\data"目录是MySQL配置文件my.ini中设置的数据库文件的存储目录。用户可以通过修改配置选项datadir的值，对数据库文件的存储目录进行重新设置。

9.3.2　选择数据库

use语句用于选择一个数据库，使其成为当前默认数据库。其语法如下。

use 数据库名;

例如，选择名称为db_user的数据库，操作命令如图9-4所示。

图9-4　选择数据库

选择db_user数据库之后，才可以操作该数据库中的所有对象。

9.3.3　查看数据库

数据库创建完成后，可以使用show databases命令查看MySQL数据库中所有已经存在的数据库。语法如下。

show databases

例如，使用show databases命令显示本地MySQL数据库中所有存在的数据库名，如图9-5所示。

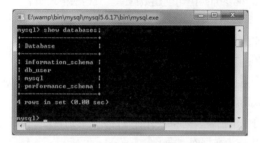

图9-5　显示所有数据库名

9.3.4　删除数据库

删除数据库使用的是drop database语句，语法如下。

drop database 数据库名;

例如，在MySQL命令窗口中使用"drop database db_user;"SQL语句，即可删除db_user数据库。删除数据库后，MySQL管理系统会自动删除"E:\wamp\bin\mysql\mysql5.6.17\data"目录下的db_user目录及相关文件。

对于删除数据库的操作应该谨慎使用。一旦执行这项操作，数据库的所有结构和数据都会被删除，没有恢复的可能，除非数据库有备份。

9.4　MySQL数据类型

在MySQL数据库中，每一条数据都有其数据类型。MySQL支持的数据类型主要分成3类：数字类型、字符串（字符）类型、日期和时间类型。

9.4.1 数字类型

MySQL
数据类型

MySQL支持所有的ANSI/ISO SQL 92数字类型，包括准确数字的数据类型（NUMERIC、DECIMAL、INTEGER和SMALLINT）、近似数字的数据类型（FLOAT、REAL和DOUBLE PRECISION）。其中，关键字INT是INTEGER的简写，关键字DEC是DECIMAL的简写。

一般来说，数字类型可以分成整型和浮点型两类，详细内容如表9-1和表9-2所示。

表9-1　整数数据类型

数据类型	取值范围	说　明	单　位
TINYINT	符号值：-127～127，无符号值：0～255	最小的整数	1字节
BIT	符号值：-127～127，无符号值：0～255	最小的整数	1字节
BOOL	符号值：-127～127，无符号值：0～255	最小的整数	1字节
SMALLINT	符号值：-32768～32767 无符号值：0～65535	小型整数	2字节
MEDIUMINT	符号值：-8388608～8388607 无符号值：0～16777215	中型整数	3字节
INT	符号值：-2147683 648～2147683647 无符号值：0～4294967295	标准整数	4字节
BIGINT	符号值：-9223372036854775808～9223372036 854775 807 无符号值：0～18 446 744 073 709 551 615	大整数	8字节

表9-2　浮点数据类型

数据类型	取值范围	说　明	单　位
FLOAT	+(-)3.402 823 466E+38	单精度浮点数	8字节或4字节
DOUBLE	+(-)1.7 976 931 348 623 157E+308 +(-)2.2 250 738 585 072 014E-308	双精度浮点数	8字节
DECIMAL	可变	一般整数	自定义长度

说明

确定在创建表时使用哪种数字类型，应遵循以下原则：

（1）选择最小的可用类型。如果值永远不超过127，则使用TINYINT要比使用INT好。

（2）对于都是数字的，可以选择整数类型。

（3）浮点类型用于可能具有小数部分的数，如货物单价、网上购物交付金额等。

9.4.2 字符串类型

字符串类型可以分为3类：普通的文本字符串类型（CHAR和VARCHAR）、可变类型（TEXT和BLOB）和特殊类型（SET和ENUM）。它们之间都有一定的区别，取值的范围不同，应用的地方也不同。

1. 普通的文本字符串类型

普通的文本字符串类型即CHAR和VARCHAR类型。CHAR列的长度在创建表时指定，取值在1～255之间；VARCHAR列的值是变长的字符串，取值和CHAR一样。普通的文本字符串类型如表9-3所示。

表9-3 普通的文本字符串类型

类 型	取值范围	说 明
[national] char(M) [binary|ASCII|unicode]	0～255个字符	固定长度为M的字符串，其中M的取值范围为0～255。national关键字指定了应该使用的默认字符集。binary关键字指定了数据是否区分大小写（默认是区分大小写的）。ASCII关键字指定了在该列中使用latin1字符集。unicode关键字指定了使用UCS字符集
char	0～255个字符	和char(M)类似
[national] varchar(M) [binary]	0～255个字符	长度可变，其他和char(M)类似

2. 可变类型TEXT和BLOB

它们的大小可以改变。TEXT类型适合存储长文本；而BLOB类型适合存储二进制数据，支持任何数据，如文本、声音和图像等。TEXT和BLOB类型如表9-4所示。

表9-4 TEXT和BLOB类型

类 型	最大长度（字节数）	说 明
TINYBLOB	$2^8-1(225)$	小BLOB字段
TINYTEXT	$2^8-1(225)$	小TEXT字段
BLOB	$2^{16}-1(65\ 535)$	常规BLOB字段
TEXT	$2^{16}-1(65\ 535)$	常规TEXT字段
MEDIUMBLOB	$2^{24}-1(16\ 777\ 215)$	中型BLOB字段
MEDIUMTEXT	$2^{24}-1(16\ 777\ 215)$	中型TEXT字段
LONGBLOB	$2^{32}-1(4\ 294\ 967\ 295)$	长BLOB字段
LONGTEXT	$2^{32}-1(4\ 294\ 967\ 295)$	长TEXT字段

3. 特殊类型SET和ENUM

特殊类型SET和ENUM的介绍如表9-5所示。

表9-5 ENUM和SET类型

类 型	最大长度（字节数）	说 明
Enum（"value1"，"value2"，…）	65 535	该类型的列只可以容纳所列值之一或为NULL
Set（"value1"，"value2"，…）	64	该类型的列可以容纳一组值或为NULL

在创建表时，使用字符串类型时应遵循以下原则。

（1）从速度方面考虑，要选择固定的列，可以使用CHAR类型。

（2）要节省空间，使用动态的列，可以使用VARCHAR类型。

（3）要将列中的内容限制在一种选择，可以使用ENUM类型。

（4）允许在一个列中有多于一个的条目，可以使用SET类型。

（5）如果要搜索的内容不区分大小写，可以使用TEXT类型。

（6）如果要搜索的内容区分大小写，可以使用BLOB类型。

9.4.3 日期和时间类型

日期和时间类型包括DATETIME、DATE、TIMESTAMP、TIME和YEAR。每种类型都有其取值的范围，如赋予它一个不合法的值，将会被"0"代替。日期和时间数据类型如表9-6所示。

表9-6 日期和时间数据类型

类　型	取值范围	说　明
DATE	1000-01-01 9999-12-31	日期，格式为YYYY-MM-DD
TIME	-838:58:59 835:59:59	时间，格式为HH:MM:SS
DATETIME	1000-01-01 00:00:00 9999-12-31 23:59:59	日期和时间，格式为YYYY-MM-DD HH:MM:SS
TIMESTAMP	1970-01-01 00:00:00 2037年的某个时间	时间标签，在处理报告时使用的显示格式取决于M的值
YEAR	1901-2155	年份可指定两位数字和四位数字的格式

在MySQL中，日期的顺序是按照标准的ANSISQL格式进行输入的。

9.5 操作数据表

数据库创建完成后，即可在命令提示符下对数据库进行操作，如创建数据表、更改数据表结构以及删除数据表等。

9.5.1 创建数据表

MySQL数据库中，可以使用create table命令创建数据表。语法如下。

create[TEMPORARY] table [IF NOT EXISTS] 数据表名

[(create_definition,…)][table_options] [select_statement]

create table语句的参数说明如表9-7所示。

创建数据表

表9-7 create table语句的参数说明

关 键 字	说　明
TEMPORARY	如果使用该关键字，表示创建一个临时表
IF NOT EXISTS	该关键字用于避免表存在时MySQL报告的错误
create_definition	这是表的列属性部分。MySQL要求在创建表时，表要至少包含一列
table_options	表的一些特性参数
select_statement	SELECT语句描述部分，用它可以快速地创建表

下面介绍列属性create_definition的使用方法，每一列具体的定义格式如下。

col_name type [NOT NULL | NULL] [DEFAULT default_value] [AUTO_INCREMENT]

    [PRIMARY KEY] [reference_definition]

列属性create_definition的参数说明如表9-8所示。

表9-8　列属性create_definition的参数说明

参　　数	说　　明
col_name	字段名
type	字段类型
NOT NULL | NULL	指出该列是否允许是空值，但是数据"0"和空格都不是空值，系统一般默认允许为空值，所以当不允许为空值时，必须使用NOT NULL
DEFAULT default_value	表示默认值
AUTO_INCREMENT	表示是否是自动编号，每个表只能有一个AUTO_INCREMENT列，并且必须被索引
PRIMARY KEY	表示是否为主键。一个表只能有一个PRIMARY KEY。如表中没有一个PRIMARY KEY，而某些应用程序要求PRIMARY KEY，MySQL将返回第一个没有任何NULL列的UNIQUE键，作为PRIMARY KEY
reference_definition	为字段添加注释

在实际应用中，使用create table命令创建数据表的时候，只需指定最基本的属性即可。格式如下。

```
create table table_name (列名1 属性，列名2 属性 …);
```

例如，在命令提示符下应用create table命令，在数据库db_user中创建一个名为tb_user的数据表，表中包括id、user、pwd和createtime等字段，实现过程如图9-6所示。

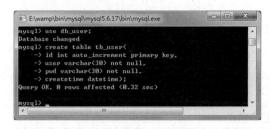

图9-6　创建MySQL数据表

9.5.2　查看表结构

成功创建数据表后，可以使用show columns命令或describe命令查看指定数据表的表结构。下面分别对这两个语句进行介绍。

1. show columns命令

show columns命令的语法格式如下。

```
show [full] columns  from 数据表名 [from 数据库名];
```

或写成

```
show  [full] columns  FROM 数据库名.数据表名;
```

例如，应用show columns命令查看数据表tb_user表结构，如图9-7所示。

查看表结构

图9-7　查看表结构

2. describe命令

describe命令的语法格式如下。

describe 数据表名；

其中，describe可以简写为desc。在查看表结构时，也可以只列出某一列的信息，语法格式如下。

describe 数据表名 列名；

例如，应用describe命令的简写形式查看数据表tb_user的某一列信息，如图9-8所示。

图9-8　查看表的某一列信息

9.5.3　修改表结构

修改表结构采用alter table命令。修改表结构指增加或者删除字段、修改字段名称或者字段类型、设置取消主键外键、设置取消索引以及修改表的注释等。

语法如下。

修改表结构

alter [IGNORE] table 数据表名 alter_spec[,alter_spec]…

注意，当指定IGNORE时，如果出现重复关键的行，则只执行一行，其他重复的行被删除。其中，alter_spec子句用于定义要修改的内容，语法如下。

```
alter_specification:
    ADD [COLUMN] create_definition [FIRST | AFTER column_name ]    --添加新字段
    | ADD INDEX [index_name] (index_col_name,…)                    --添加索引名称
    | ADD PRIMARY KEY (index_col_name,…)                           --添加主键名称
    | ADD UNIQUE [index_name] (index_col_name,…)                   --添加唯一索引
    | ALTER [COLUMN] col_name {SET DEFAULT literal | DROP DEFAULT} --修改字段名称
    | CHANGE [COLUMN] old_col_name create_definition               --修改字段类型
    | MODIFY [COLUMN] create_definition                            --修改子句定义字段
    | DROP [COLUMN] col_name                                       --删除字段名称
    | DROP PRIMARY KEY                                             --删除主键名称
    | DROP INDEX index_name                                        --删除索引名称
    | RENAME [AS] new_tbl_name                                     --更改表名
```

| table_options

alter table语句允许指定多个动作，动作间使用逗号分隔，每个动作表示对表的一个修改。

例如，向tb_user表中添加一个新的字段address，类型为varchar(60)，并且不为空值"not null"，将字段user的类型由varchar(30)改为varchar(50)，然后用desc命令查看修改后的表结构，如图9-9所示。

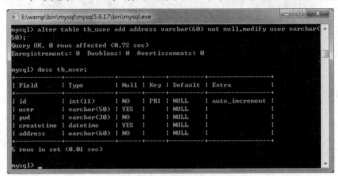

图9-9　修改表结构

9.5.4　重命名数据表

重命名数据表采用rename table命令，语法格式如下。

rename table 数据表名1 to 数据表名2；

例如，对数据表tb_user进行重命名，更名后的数据表为tb_member，只需要在MySQL命令窗口中使用"rename table tb_user to tb_member;"SQL语句即可。

重命名数据表

　该语句可以同时对多个数据表进行重命名，多个表之间以逗号","分隔。

9.5.5　删除数据表

删除数据表的操作很简单，与删除数据库的操作类似，使用drop table命令即可实现。格式如下。

drop table 数据表名；

删除数据表

例如，在MySQL命令窗口中使用"drop table tb_user;"SQL语句即可删除tb_user数据表。删除数据表后，MySQL管理系统会自动删除"E:\wamp\bin\mysql\mysql5.6.17\data\db_user"目录下的表文件。

　删除数据表的操作应该谨慎使用。一旦删除数据表，那么表中的数据将会全部清除，没有备份则无法恢复。

在删除数据表的过程中，如果删除一个不存在的表，将会产生错误。这时在删除语句中加入if exists关键字，就可避免出错。格式如下。

drop table if exists 数据表名；

　在对数据表进行操作之前，首先必须选择数据库，否则是无法对数据表进行操作的。

9.6 数据表记录的更新操作

数据表记录的
更新操作

数据库中包含数据表，而数据表中包含数据。在MySQL与PHP的结合应用中，真正被操作的是数据表中的数据，因此如何更好地操作和使用这些数据才是使用MySQL数据库的根本。

向数据表中插入、修改和删除记录可以在MySQL命令行中使用SQL语句完成。下面介绍如何在MySQL命令行中执行基本的SQL语句。

9.6.1 数据表记录的添加

建立一个空的数据库和数据表时，首先要想到的就是如何向数据表中添加数据。这项操作可以通过insert命令来实现。

语法如下。

insert into 数据表名(column_name,column_name2, …) values (value1, value2, …);

在MySQL中，一次可以同时插入多行记录，各行记录的值清单在values关键字后以逗号","分隔，而标准的SQL语句一次只能插入一行。

值列表中的值应与字段列表中字段的个数和顺序相对应，值列表中值的数据类型必须与相应字段的数据类型保持一致。

例如，向用户信息表tb_user中插入一条数据信息，如图9-10所示。

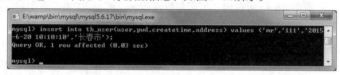

图9-10 插入记录

当向数据表中的所有列添加数据时，insert语句中的字段列表可以省略，例如

insert into tb_user values(null,'mrsoft','123', '2015-6-20 12:12:12','沈阳市');

9.6.2 数据表记录的修改

要执行修改的操作，可以使用update命令。该语句的格式如下。

update 数据表名set column_name = new_value1,column_name2 = new_value2, …where condition;

其中，set子句指出要修改的列及其给定的值；where子句是可选的，如果给出该子句，将指定记录中哪行应该被更新，否则，所有的记录行都将被更新。

例如，将用户信息表tb_user中用户名为mr的管理员密码"111"修改为"222"，SQL语句如下。

update tb_user set pwd='222' where user='mr';

9.6.3 数据表记录的删除

在数据库中，有些数据已经失去意义或者是错误的，就需要将它们删除，此时可以使用delete命令。该命令的格式如下。

delete from 数据表名 where condition;

该语句在执行过程中如果没有指定where条件，将删除所有的记录；如果指定了where条件，将按照指定的条件进行删除。

使用delete命令删除整个表的效率并不高，还可以使用truncate命令。利用它可以快速删除表中所有的内容。

例如，删除用户信息表tb_user中用户名为"mr"的记录信息，SQL语句如下。

```
delete from tb_user where user='mr';
```

9.7 数据表记录的查询操作

数据表记录的
查询操作

要从数据库中把数据查询出来，就要用到数据查询命令select。select命令是最常用的查询命令。

语法如下。

select selection_list	--要查询的内容，选择哪些列
from 数据表名	--指定数据表
where primary_constraint	--查询时需要满足的条件，行必须满足的条件
group by grouping_columns	--如何对结果进行分组
order by sorting_cloumns	--如何对结果进行排序
having secondary_constraint	--查询时满足的第二条件
limit count	--限定输出的查询结果

这就是select查询语句的语法。下面对它的参数进行详细的讲解。

1. selection_list

设置查询内容。如果要查询表中所有列，可以将其设置为"*"；如果要查询表中某一列或多列，则直接输入列名，并以","为分隔符。

例如，查询tb_mrbook数据表中所有列，并查询id和bookname列，代码如下。

```
select * from tb_mrbook;                          // 查询数据表中所有数据
select id,bookname from tb_mrbook;                // 查询数据表中id和bookname列的数据
```

2. table_list

指定查询的数据表，既可以从一个数据表中查询，也可以从多个数据表中进行查询，多个数据表之间用","进行分隔，并且通过WHERE子句使用连接运算来确定表之间的联系。

例如，从tb_mrbook和tb_bookinfo数据表中查询bookname='PHP自学视频教程'的id编号、书名、作者和价格，代码如下。

```
select tb_mrbook.id,tb_mrbook.bookname,
    -> author,price from tb_mrbook,tb_bookinfo
    -> where tb_mrbook.bookname = tb_bookinfo.bookname and
    -> tb_bookinfo.bookname = 'php自学视频教程';
```

在上面的SQL语句中，因为2个表都有id字段和bookname字段，为了告诉服务器要显示的是哪个表中的字段信息，要加上前缀。语法如下。

```
表名.字段名
```

tb_mrbook.bookname = tb_bookinfo.bookname将表tb_mrbook和tb_bookinfo连接起来，叫作等同连接；如果不使用tb_mrbook.bookname = tb_bookinfo.bookname，那么产生的结果将是两个表的笛卡儿积，叫作全连接。

3. where条件语句

在使用查询语句时，如要从很多的记录中查询出想要的记录，就需要一个查询的条件。只有设定查询的

条件，查询才有实际的意义。设定查询条件应用的是WHERE子句。

WHERE子句的功能非常强大，通过它可以实现很多复杂的条件查询。在使用WHERE子句时，需要使用一些比较运算符。常用的比较运算符如表9-9所示。

表9-9　常用的WHERE子句比较运算符

运　算　符	名　　称	示　　例	运　算　符	名　　称	示　　例
=	等于	id=10	is not null	不为空	id is not null
>	大于	id>10	between	在两个值之间	id between1 and 10
<	小于	id<10	in	在指定范围	id in (4,5,6)
>=	大于等于	id>=10	not in	不在指定范围	name not in (a,b)
<=	小于等于	id<=10	like	模式匹配	name like ('abc%')
!=或<>	不等于	id!=10	not like	模式匹配	name not like ('abc%')
is null	为空	id is null	regexp	常规表达式	name正则表达式

表9-9中列举的是WHERE子句常用的比较运算符，示例中的id是记录的编号，name是表中的用户名。

例如，应用WHERE子句查询tb_mrbook表，条件是type（类别）为PHP的所有图书，代码如下。

```
select * from tb_mrbook where type = 'PHP';
```

4. DISTINCT在结果中去除重复行

使用DISTINCT关键字，可以去除结果中重复的行。

例如，查询tb_mrbook表，并在结果中去掉类型字段type中的重复数据，代码如下。

```
select distinct type from tb_mrbook;
```

5. ORDER BY对结果排序

使用ORDER BY可以对查询的结果进行升序和降序（DESC）排列。默认情况下，ORDER BY按升序输出结果。如果要按降序排列，可以使用DESC来实现。

对含有NULL值的列进行排序时，如果按升序排列，NULL值将出现在最前面；如果按降序排列，NULL值将出现在最后。

例如，查询tb_mrbook表中的所有信息，按照"id"进行降序排列，并且只显示5条记录。代码如下。

```
select * from tb_mrbook order by id desc limit 5;
```

6. LIKE模糊查询

LIKE属于较常用的比较运算符，通过它可以实现模糊查询。它有2种通配符："%"和下划线"_"。

"%"可以匹配一个或多个字符，而"_"只匹配一个字符。

例如，查找所有书名（bookname字段）包含"PHP"的图书，代码如下。

```
select * from tb_mrbook where bookname like('%PHP%');
```

 说明　无论是一个英文字符还是中文字符，都算作一个字符。在这一点上，英文字母和中文没有区别。

7. CONCAT联合多列

使用CONCAT函数可以联合多个字段，构成一个总的字符串。

例如，把tb_mrbook表中的书名（bookname）和价格（price）合并到一起，构成一个新的字符串。代码如下。

```
select id,concat(bookname,":",price) as info,type from tb_mrbook;
```

其中，合并后的字段名为CONCAT函数形成的表达式"bookname:price"，看上去十分复杂。通过AS关键字给合并字段取一个别名，看上去就清晰了。

8. LIMIT限定结果行数

LIMIT子句可以对查询结果的记录条数进行限定，控制它输出的行数。

例如，查询tb_mrbook表，按照图书价格升序排列，显示10条记录，代码如下。

```
select * from tb_mrbook order by price asc limit 10;
```

使用LIMIT还可以从查询结果的中间部分取值。首先要定义两个参数，参数1是开始读取的第一条记录的编号（在查询结果中，第一个结果的记录编号是0，而不是1），参数2是要查询记录的个数。

例如，查询tb_mrbook表，从第3条记录开始，查询6条记录，代码如下。

```
select * from tb_mrbook limit 2,6;
```

9. 使用函数和表达式

在MySQL中，还可以使用表达式计算各列的值，作为输出结果。表达式还可以包含一些函数。

例如，计算tb_mrbook表中各类图书的总价格，代码如下。

```
select sum(price) as totalprice,type from tb_mrbook group by type;
```

在对MySQL数据库进行操作时，有时需要对数据库中的记录进行统计，如求平均值、最小值、最大值等。这时可以使用MySQL中的统计函数。常用的统计函数如表9-10所示。

表9-10　MySQL中常用的统计函数

名　称	说　明
avg（字段名）	获取指定列的平均值
count（字段名）	如指定一个字段，则会统计出该字段中的非空记录。如在前面增加DISTINCT，则会统计不同值的记录，相同的值当作一条记录。如使用COUNT（*），则统计包含空值的所有记录数
min（字段名）	获取指定字段的最小值
max（字段名）	获取指定字段的最大值
std（字段名）	指定字段的标准背离值
stdtev（字段名）	与STD相同
sum（字段名）	获取指定字段所有记录的总和

除了使用函数之外，还可以使用算术运算符、字符串运算符、逻辑运算符来构成表达式。

例如，可以计算图书打九折之后的价格，代码如下。

```
select *, (price * 0.9) as '90%' from tb_mrbook;
```

10. GROUP BY 对结果分组

通过GROUP BY子句可以将数据划分到不同的组中，实现对记录进行分组查询。在查询时，所查询的列必须包含在分组的列中，目的是使查询到的数据没有矛盾。在与AVG()函数或SUM()函数一起使用时，GROUP BY 子句能发挥最大作用。

例如，查询tb_mrbook表，按照type进行分组，求每类图书的平均价格，代码如下。

```
select avg(price),type from tb_mrbook group by type;
```

11. 使用having子句设定第二个查询条件

having子句通常和group by子句一起使用。在对数据结果进行分组查询和统计之后，还可以使用having

子句对查询的结果进行进一步的筛选。having子句和where子句都用于指定查询条件，不同的是，where子句在分组查询之前应用，而having子句在分组查询之后应用，而且having子句中还可以包含统计函数。

例如，计算tb_mrbook表中各类图书的平均价格，并筛选出图书的平均价格大于60的记录，代码如下。

```
select avg(price),type from tb_mrbook group by type having avg(price)>60;
```

9.8 MySQL中的特殊字符

当SQL语句中存在特殊字符时，需要使用"\"对特殊字符进行转义，否则将会出现错误。这些特殊字符及转义后对应的字符如表9-11所示。

MySQL中的
特殊字符

表9-11 MySQL中的特殊字符

特 殊 字 符	转义后的字符	特 殊 字 符	转义后的字符
\'	单引号	\t	制表符
\"	双引号	\0	0字符
\\	反斜杠	\%	%字符
\n	换行符	_	_字符
\r	回车符	\b	退格符

例如，向用户信息表tb_user中添加一条用户名为O'Neal的记录，然后查询表中的所有记录，SQL语句如下。

```
insert into tb_user values(null,'O\'Neal','123456','2015-6-20 12:12:12','大连市');
select * from tb_user;
```

运行结果如图9-11所示。

图9-11 插入记录并查询数据表

9.9 MySQL数据库的备份与还原

备份数据是数据库管理最常用的操作。为了保证数据库中数据的安全，数据管理员需要定期进行数据备份。一旦数据库遭到破坏，即通过备份的文件还原数据库。因此，数据备份是很重要的工作。本节将介绍数据备份和还原的方法。

9.9.1 使用mysqldump命令备份数据库

在"命令提示符"窗口中使用mysqldump命令，可以将数据库中的数据备份成一个文本文件。表的结构和表中的数据将存储在生成的文本文件中。mysqldump命令的工作原理很简单。它先查出需要备份的表的结构，再在文本文件中生成一个CREATE语句。然后，将表中的所有记录转换成一条INSERT语句。这些CREATE语句和INSERT语句都是还原时使用的。还原数据时就可以使用其中的CREATE语句创建表。使用其中的INSERT语句还原数据。

使用mysqldump命令备份一个数据库的基本语法如下。

```
mysqldump -u username -p dbname table1 table2 …>BackupName.sql
```

参数说明如下。

- username：表示连接数据库的用户名。
- dbname：表示要备份的数据库的名称。
- table1和table2：表示表的名称。没有该参数时，将备份整个数据库。
- BackupName.sql：表示备份文件的名称，文件名前面可以加上一个绝对路径。通常将数据库备份成一个后缀名为.sql的文件。

（1）mysqldump命令备份的文件并非一定要求后缀名为.sql，备份成其他格式的文件也可以，如后缀名为.txt的文件。但是，通常情况下是备份成后缀名为.sql的文件。
（2）由于mysqldump命令位于"E：\wamp\bin\mysql\mysql5.6.17\bin"目录下，所以在"命令提示符"窗口中使用mysqldump命令时需要首先进入该目录中，然后才能使用mysqldump命令。

例如，使用root用户备份db_database09数据库。首先需要打开"命令提示符"窗口，然后进入"E：\wamp\bin\mysql\mysql5.6.17\bin"目录下，如图9-12所示。

图9-12　进入指定目录

然后输入备份数据库db_database09的命令并按<Enter>键，此时提示用户输入root账户的密码，输入密码后按<Enter>键即可完成数据库的备份，效果如图9-13所示。

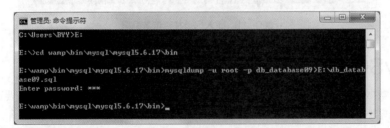

图9-13　备份数据库

命令执行完后，可以在计算机的E盘中找到db_database09.sql文件。

9.9.2　使用mysql命令还原数据库

管理员的非法操作和计算机的故障都会破坏数据库文件。当数据库遇到这些意外时，可以通过备份文件将数据库还原到备份时的状态，这样可以将损失降到最小。

通常使用mysqldump命令将数据库中的数据备份成一个后缀名为.sql的文件。需要还原时，可以使用mysql命令还原备份的数据。mysql命令的基本语法如下。

```
mysql -u root -p dbname <backup.sql
```

其中，dbname参数表示还原的数据库名称，backup.sql表示备份文件的名称，文件名前面可以加上一个绝对路径。

（1）由于mysql命令同样位于"E：\wamp\bin\mysql\mysql5.6.17\bin"目录下，所以在"命令提示符"窗口中使用mysql命令时需要首先进入该目录中，然后才能使用mysql命令。

（2）在还原数据库之前，首先需要在数据库的存储目录中创建一个空的数据库文件夹。如果存在该文件夹，则无须创建。

例如，使用root用户还原db_database09数据库。首先在数据库的存储目录中创建db_database09文件夹，然后在"命令提示符"窗口中输入如下命令。

```
mysql -u root -p db_database09 <E:\db_database09.sql
```

按<Enter>键后会提示用户输入root账户的密码，输入密码后按<Enter>键即可完成数据库的还原，效果如图9-14所示。

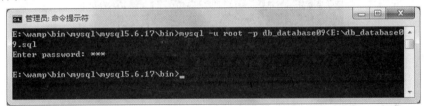

图9-14　还原数据库

在进行数据库的还原时，MySQL数据库中必须存在一个空的、将要恢复的数据库，否则就会出现错误提示。

小 结

本章对MySQL数据库的基本概念、MySQL 5的新特性进行了介绍，并详细介绍了Windows系统下使用"命令提示符"窗口创建和维护MySQL数据库和数据表的方法。在讲解过程中注重实践和常用命令的讲解，以能够帮助读者打好基础为出发点。通过本章的学习，读者能够了解MySQL数据库的基本操作和维护方法，掌握MySQL数据库中最基本和最常用命令的语法格式，并能够具备基本管理和维护MySQL数据库的能力。

上机指导

创建数据库db_shop，并在db_shop中创建数据表tb_goods。完成表的创建后，向数据表中插入两条记录，然后删除第一条记录，最后查询数据表中数据。

（1）打开MySQL命令窗口，输入MySQL服务器root账户的密码并按<Enter>键（如果密码为空，直接按<Enter>键即可）。

（2）创建数据库db_shop，输入如下命令。

create database db_shop;

（3）选择db_shop数据库，输入如下命令。

use db_shop;

（4）创建数据表tb_goods，输入如下命令。

create table tb_goods(id int auto_increment primary key,user varchar(30) not null,count int not null,price float not null,product_address varchar(100) not null);

（5）使用insert命令向tb_goods表中插入两条记录，输入如下命令。

insert into tb_goods(user,count,price,product_address) values('编程词典','20','58','长春市');

insert into tb_goods(user,count,price,product_address) values('液晶电视','50','1560','长春市');

（6）删除第一条记录，输入如下命令。

delete from tb_goods where user='编程词典';

（7）使用select命令查询tb_goods表中的所有记录，如图9-15所示。

图9-15　显示tb_goods表中的所有记录

习　题

9-1　MySQL支持的数据类型主要有哪几种？

9-2　MySQL中使用的字符串类型主要有哪几类？

9-3　列举出MySQL中常用的统计函数，并说出这些函数的作用。

9-4　having子句和where子句都是用来指定查询条件的，请说出这两种子句在使用上的区别。

第10章
PHP操作MySQL数据库

本章要点

PHP操作MySQL数据库的常用函数 ■
向MySQL数据库中添加数据 ■
编辑MySQL数据库中的数据 ■
删除MySQL数据库中的数据 ■

■ PHP支持的数据库类型较多，在这些数据库中，MySQL数据库与PHP结合得最好。很长时间以来，PHP操作MySQL数据库使用的是mysql扩展库提供的相关函数。但是，随着MySQL的发展，mysql扩展开始出现一些问题，因为mysql扩展无法支持MySQL 4.1及其更高版本的新特性。面对mysql扩展功能上的不足，PHP开发人员决定建立一种全新的支持PHP 5的MySQL扩展程序，这就是mysqli扩展。本章将介绍如何使用mysqli扩展来操作MySQL数据库。

10.1 PHP操作MySQL数据库的方法

mysqli函数库和mysql函数库的应用基本类似，而且大部分函数的使用方法都一样，唯一的区别就是mysqli函数库中的函数名称都是以mysqli开始的。

10.1.1 连接MySQL服务器

PHP操作MySQL数据库，首先要建立与MySQL数据库的连接。mysqli扩展提供了mysqli_connect()函数，实现与MySQL数据库的连接，语法如下。

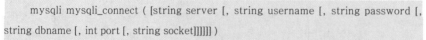

连接MySQL
服务器

mysqli_connect()函数用于打开一个到MySQL服务器的连接，如果成功，则返回一个MySQL连接标识，失败则返回false。该函数的参数如表10-1所示。

表10-1 mysqli_connect()函数的参数说明

参　　数	说　　明
server	MySQL服务器地址
username	用户名，默认值是服务器进程所有者的用户名
password	密码，默认值是空密码
dbname	连接的数据库名称
port	MySQL服务器使用的端口号
socket	UNIX域socket

【例10-1】应用mysqli_connect()函数创建与MySQL服务器的连接，MySQL数据库服务器地址为127.0.0.1，用户名为root，密码为111，代码如下。

```php
<?php
$host = "127.0.0.1";                           //MySQL服务器地址
$userName = "root";                            //用户名
$password = "111";                             //密码
if ($connID = mysqli_connect($host, $userName, $password)){
                                    //建立与MySQL数据库的连接，并弹出提示对话框
    echo "<script type='text/javascript'>alert('数据库连接成功！');</script>";
}else{
    echo "<script type='text/javascript'>alert('数据库连接失败！');</script>";
}
?>
```

运行上述代码，如果在本地计算机中安装了MySQL数据库，并且连接数据库的用户名为root，密码为111，则会弹出如图10-1所示的对话框。

图10-1 数据库连接成功

 说明 为了屏蔽由于数据库连接失败而显示的不友好的错误信息，可以在mysqli_connect()函数前加 "@"。该符号用来屏蔽错误提示。

10.1.2 选择MySQL数据库

应用mysqli_connect()函数可以创建与MySQL服务器的连接，同时可以指定要选择的数据库名称。例如，在连接MySQL服务器的同时选择名称为db_database10的数据库，代码如下。

```
$connID = mysqli_connect("127.0.0.1", "root","111" ,"db_database10");
```

除此之外，mysqli扩展还提供了mysqli_select_db()函数，用来选择MySQL数据库。其语法如下。

```
bool mysqli_select_db ( mysqli link, string dbname )
```

选择MySQL
数据库

- Link：必选参数，应用mysqli_connect()函数成功连接MySQL数据库服务器后返回的连接标识。
- dbname：必选参数，用户指定要选择的数据库名称。

【例10-2】首先使用mysqli_connect()函数建立与MySQL数据库的连接并返回数据库连接ID，然后使用mysqli_select_db()函数选择MySQL数据库服务器中名为db_database10的数据库，实现代码如下。

```php
<?php
$host ="127.0.0.1";                                     //MySQL服务器地址
$userName = "root";                                     //用户名
$password = "111";                                      //密码
$dbName = "db_database10";                              //数据库名称
$connID = mysqli_connect($host, $userName, $password);  //建立与MySQL数据库服务器的连接
if(mysqli_select_db($connID, $dbName)){                 //选择数据库
    echo "数据库选择成功！ ";
}else{
    echo "数据库选择失败！ ";
}
?>
```

运行上述代码，如果本地MySQL数据库服务器中存在名为db_database10的数据库，将在页面中显示如图10-2所示的提示信息。

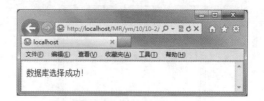

图10-2　数据库选择成功

 在实际的程序开发过程中，将MySQL服务器的连接和数据库的选择存储于一个单独文件中，在需要使用的脚本中通过require语句包含这个文件即可。这样做既有利于程序的维护，也避免了代码的冗余。在本章后面的章节中，将MySQL服务器的连接和数据库的选择存储在根目录下的conn文件夹下，文件名称为conn.php。

10.1.3　执行SQL语句

要对数据库中的表进行操作，通常使用mysqli_query()函数执行SQL语句。其语法如下。

```
mixed mysqli_query( mysqli link, string query [, int resultmode] )
```

执行SQL语句

- link：必选参数，mysqli_connect()函数成功连接MySQL数据库服务器后所返回的连接标识。

- query：必选参数，所要执行的查询语句。

- resultmode：可选参数，其取值有MYSQLI_USE_RESULT和MYSQLI_STORE_RESULT。其中，MYSQLI_STORE_RESULT为该函数的默认值。如果返回大量数据，可以应用MYSQLI_USE_RESULT。但应用该值时，以后的查询调用可能返回一个commands out of sync错误，解决办法是应用mysqli_free_result()函数释放内存。

如果SQL语句是查询指令select，成功则返回查询结果集，否则返回false；如果SQL语句是insert、delete、update等操作指令，成功则返回true，否则返回false。

下面看看如何通过mysqli_query()函数执行简单的SQL语句。

例如，执行一个添加会员记录的SQL语句，代码如下。

```
$result=mysqli_query($conn,"insert into tb_member values('mrsoft','123','mrsoft@mrsoft.com')");
```

例如，执行一个修改会员记录的SQL语句，代码如下。

```
$result=mysqli_query($conn,"update tb_member set user='mrbook',pwd='111' where user='mrsoft' ");
```

例如，执行一个删除会员记录的SQL语句，代码如下。

```
$result=mysqli_query($conn,"delete from tb_member where user='mrbook' ");
```

例如，执行一个查询会员记录的SQL语句，代码如下。

```
$result=mysqli_query($conn,"select * from tb_member");
```

mysqli_query()函数不仅可以执行诸如select、update和insert等SQL指令，而且可以选择数据库和设置数据库编码格式。选择数据库的功能与mysqli_select_db()函数是相同的，代码如下。

```
mysqli_query($conn,"use db_database10");                        // 选择数据库db_database10
```

设置数据库编码格式的代码如下。

```
mysqli_query($conn,"set names utf8");                          // 设置数据库的编码为utf8
```

10.1.4 将结果集返回数组中

将结果集返回到
数组中

使用mysqli_query()函数执行select语句，如果成功，将返回查询结果集。下面介绍一个对查询结果集进行操作的函数：mysqli_fetch_array()。它将结果集返回数组中。其语法如下。

```
array mysqli_fetch_array ( resource result [, int result_type] )
```

● result：资源类型的参数，要传入的是由mysqli_query()函数返回的数据指针。

● result_type：可选项，设置结果集数组的表述方式。有以下3种取值。

MYSQLI_ASSOC：返回一个关联数组。数组下标由表的字段名组成。

MYSQLI_NUM：返回一个索引数组。数组下标由数字组成。

MYSQLI_BOTH：返回一个同时包含关联和数字索引的数组。默认值是MYSQLI_BOTH。

注意 本函数返回的字段名区分大小写，这是初学者最容易忽略的问题。

到此，PHP操作MySQL数据库的方法已经初露端倪，可以实现MySQL服务器的连接、选择数据库、执行查询语句，并且可以将查询结果集中的数据返回数组中。下面编写一个实例，通过PHP操作MySQL数据库，读取数据库中存储的数据。

【例10-3】利用mysqli_fetch_array()函数读取db_database10数据库中tb_demo01数据表中的数据，具体步骤如下。

（1）创建conn文件夹，编写conn.php文件，实现与MySQL服务器的连接，选择db_database10数据库，并设置数据库编码格式为utf8。conn.php的代码如下。

```php
<?php
$conn = mysqli_connect("localhost", "root","111", "db_database10") or die( "连接数据库服务器失败！".mysqli_error());                                    //连接MySQL服务器，选择数据库
mysqli_query($conn,"set names utf8");              //设置数据库编码格式utf8
?>
```

（2）创建index.php文件，通过include_once语句包含数据库连接文件；通过mysqli_query()函数执行查询语句，查询tb_demo01数据表中的数据；通过mysqli_fetch_array()函数将查询结果集中的数据返回数组中；通过while语句循环输出数组中的数据。代码如下。

```php
<?php
include_once("conn/conn.php");                     // 包含连接数据库文件
$result=mysqli_query($conn,"select * from tb_demo01");   // 执行查询语句
    while($myrow=mysqli_fetch_array($result)){     // 循环输出查询结果
?>
    <tr>
     <td align="center"><span class="STYLE2"><?php echo $myrow[0]; ?></span></td>
    <td align="left"><span class="STYLE2"><?php echo $myrow[1]; ?></span></td>
      <td align="center"><span class="STYLE2"><?php echo $myrow[2]; ?></span></td>
<td align="center"><span class="STYLE2"><?php echo $myrow['date']; ?></span></td>
     <td align="center"><span class="STYLE2"><?php echo $myrow['type']; ?></span></td>
```

```
    </tr>
  <?php
    }
  ?>
```

运行结果如图10-3所示。

图10-3　通过mysqli_fetch_array()函数输出数据表中的数据

说明

本实例中，在输出mysqli_fetch_array()函数返回数组中的数据时，既应用了数字索引，也使用了关联索引。

10.1.5　从结果集中获取一行作为对象

10.1.4节中讲解了应用mysqli_fetch_array()函数获取结果集中的数据。除了这个方法以外，应用mysqli_fetch_object()函数也可以轻松实现这一功能。下面通过同一个实例的不同方法来体验这两个函数在使用上的区别。首先介绍mysqli_fetch_object()函数。

从结果集中获取
一行作为对象

语法如下。

mixed mysqli_fetch_object (resource result)

mysqli_fetch_object()函数和mysqli_fetch_array()函数类似，只有一点区别，就是它返回的是一个对象而不是数组，即该函数只能通过字段名访问数组。访问结果集中行的元素的语法结构如下。

$row->col_name   //col_name为字段名，$row代表结果集

例如，如果从某数据表中检索id 和name 值，可以用$row->id和$row-> name访问行中的元素值。

注意

本函数返回的字段名同样是区分大小写的。

【例10-4】 本例中同样是读取db_database10数据库中tb_demo01数据表中的数据，但是与例10-3不同的是，应用mysqli_fetch_object()函数逐行获取结果集中的记录。具体步骤如下。

（1）创建数据库的连接文件conn.php。

（2）编写index.php文件，包含数据库连接文件conn.php，实现与数据库的连接。利用mysqli_query()函数执行SQL查询语句并返回结果集。通过while语句和mysqli_fetch_object()函数循环输出查询结果集。代码如下。

```php
<?php
    include_once("conn/conn.php");                                          //包含数据库连接页
    $result=mysqli_query($conn, "select * from tb_demo01");                 //执行查询操作并返回结果集
    while($myrow=mysqli_fetch_object($result)){                             //循环输出数据
?>
<tr>
<td align="center"><span class="STYLE2"><?php echo $myrow->id; ?></span></td>
<td align="left" ><span class="STYLE2"><?php echo $myrow->name; ?></span></td>
<td align="center"><span class="STYLE2"><?php echo $myrow->price; ?></span></td>
<td align="center"><span class="STYLE2" ><?php echo $myrow->date; ?></span></td>
<td align="center"><span class="STYLE2"><?php echo $myrow->type; ?></span></td>
</tr>
<?php
    }
?>
```

本实例的运行结果与例10-3相同，如图10-3所示。

10.1.6　从结果集中获取一行作为枚举数组

mysqli_fetch_row()函数用于从结果集中取得一行作为枚举数组。其语法如下。

```
mixed mysqli_fetch_row ( resource result )
```

mysqli_fetch_row()函数返回根据所取得的行生成的数组，如果没有更多行，则返回null。返回数组的偏移量从0开始，即以$row[0]的形式访问第一个元素（只有一个元素时也是如此）。

从结果集中获取一行作为枚举数组

> 【例10-5】　本例中同样是读取db_database10数据库中tb_demo01数据表中的数据，但是与例10-3不同的是，应用mysqli_fetch_row()函数逐行获取结果集中的记录。具体步骤如下。

（1）创建数据库的连接文件conn.php。

（2）编写index.php文件，包含数据库连接文件conn.php，实现与数据库的连接，利用mysqli_query()函数执行SQL查询语句并返回结果集。通过while语句和mysqli_fetch_row()函数循环输出查询结果集。代码如下。

```php
<?php
    include_once("conn/conn.php");                                          // 包含数据库连接页
    $result=mysqli_query($conn,"select * from tb_demo01");                  // 执行查询操作并返回结果集
    while($myrow=mysqli_fetch_row($result)){                                // 循环输出数据
?>
    <tr>
    <td align="center"><span class="STYLE2"><?php echo $myrow[0]; ?></span></td>
    <td align="left"><span class="STYLE2"><?php echo $myrow[1]; ?></span></td>
```

```
      <td align="center"><span class="STYLE2"><?php echo $myrow[2]; ?></span></td>
      <td align="center"><span class="STYLE2"><?php echo $myrow[3]; ?></span></td>
      <td align="center"><span class="STYLE2"><?php echo $myrow[4]; ?></span></td>
    </tr>
  <?php
  }
  ?>
```

本实例的运行结果与例10-3相同。

 说明 在应用mysqli_fetch_row()函数逐行获取结果集中的记录时，只能使用数字索引来读取数组中的数据，而不能像mysqli_fetch_array()函数那样可以使用关联索引获取数组中的数据。

10.1.7　从结果集中获取一行作为关联数组

mysqli_fetch_assoc()函数用于从结果集中取得一行作为关联数组。其语法如下。

从结果集中获取一行作为关联数组

```
mixed mysqli_fetch_assoc ( resource result )
```

mysqli_fetch_assoc()函数返回根据所取得的行生成的数组，如果没有更多行，则返回null。该数组的下标为数据表中字段的名称。

【**例10-6**】　本例中同样是读取db_database10数据库中tb_demo01数据表中的数据，但是与例10-3不同的是，应用mysqli_fetch_assoc()函数逐行获取结果集中的记录。具体步骤如下。

（1）创建数据库的连接文件conn.php。

（2）编写index.php文件，包含数据库连接文件conn.php，实现与数据库的连接，利用mysqli_query()函数执行SQL查询语句并返回结果集。通过while语句和mysqli_fetch_assoc()函数循环输出查询结果集。代码如下。

```php
<?php
include_once("conn/conn.php");                          // 包含数据库连接页
$result=mysqli_query($conn,"select * from tb_demo01");  // 执行查询操作并返回结果集
  while($myrow=mysqli_fetch_assoc($result)){            // 循环输出数据
?>
  <tr>
    <td align="center"><span class="STYLE2"><?php echo $myrow['id']; ?></span></td>
    <td align="left"><span class="STYLE2"><?php echo $myrow['name']; ?></span></td>
    <td align="center"><span class="STYLE2"><?php echo $myrow['price']; ?></span></td>
    <td align="center"><span class="STYLE2"><?php echo $myrow['date']; ?></span></td>
    <td align="center"><span class="STYLE2"><?php echo $myrow['type']; ?></span></td>
  </tr>
  <?php
  }
  ?>
```

本实例的运行结果与例10-3相同。

10.1.8 获取查询结果集中的记录数

使用mysqli_num_rows()函数，可以获取由select语句查询到的结果集中行的数目。mysqli_num_rows()函数的语法如下。

int mysqli_num_rows (resource result)

mysqli_num_rows()返回结果集中行的数目。此命令仅对SELECT语句有效。要取得被INSERT、UPDATE或者DELETE语句影响到的行的数目，要使用mysqli_affected_rows()函数。

获取查询结果集
中的记录数

> 【例10-7】本例中应用mysqli_fetch_row()函数逐行获取结果集中的记录，同时应用mysqli_num_rows()函数获取结果集中行的数目，并输出返回值。具体步骤如下。

由于本例是在例10-5的基础上进行操作，所以这里只给出关键代码，不再赘述它的创建步骤。通过mysqli_num_rows()函数获取结果集中记录数的关键代码如下。

```php
<?php
$nums=mysqli_num_rows($result);              // 获取查询结果的行数
echo $nums;                                   // 输出返回值
?>
```

运行结果如图10-4所示。

图10-4 获取查询结果的记录数

10.1.9 释放内存

mysqli_free_result()函数用于释放内存。数据库操作完成后，需要关闭结果集，以释放系统资源。该函数的语法格式如下。

void mysqli_free_result(resource result);

mysqli_free_result()函数将释放所有与结果标识符 result 关联的内存。该函数仅需要在考虑到返回很大的结果集时会占用多少内存时调用。在脚本结束后，所有关联的内存都会被自动释放。

释放内存

关闭连接

10.1.10 关闭连接

完成对数据库的操作后，需要及时断开与数据库的连接并释放内存，否则会浪费大量的内存空间，在访问量较大的Web项目中很可能导致服务器崩溃。在MySQL函数库中，使用mysqli_close()函数断开与MySQL服务器的连接。该函数的语法格式如下。

```
bool mysqli_close ( mysqli link )
```

参数link为mysqli_connect()函数成功连接MySQL数据库服务器后所返回的连接标识。如果成功，返回true；失败则返回false。

例如，读取db_database10数据库中tb_demo01数据表中的数据，然后使用mysqli_free_result()函数释放内存，并使用mysqli_close()函数断开与MySQL数据库的连接。代码如下。

```php
<?php
  include_once("conn/conn.php");                              // 包含数据库连接页
  $result=mysqli_query($conn,"select * from tb_demo01");      // 执行查询操作并返回结果集
    while($myrow=mysqli_fetch_row($result)){                  // 循环输出数据
?>
<tr>
  <td align="center"><?php echo $myrow[0]; ?></td>
    <td align="left"><?php echo $myrow[1]; ?></td>
    <td align="center"><?php echo $myrow[2]; ?></td>
    <td align="center"><?php echo $myrow[3]; ?></td>
    <td align="center"><?php echo $myrow[4]; ?></td>
</tr>
<?php
    }
    mysqli_free_result($result);                              //释放内存
  mysqli_close($conn);                                        //断开与数据库的连接
  ?>
```

说明

PHP中与数据库的连接是非持久连接，系统会自动回收，一般不用设置关闭。但如果一次性返回的结果集比较大，或网站访问量比较多，则最好使用mysqli_close()函数手动进行释放。

10.1.11 连接与关闭MySQL服务器的最佳时机

连接与关闭MySQL
服务器的最佳时机

MySQL服务器连接应该及时关闭，但并不是说每一次数据库操作后都要立即关闭MySQL连接。例如，在book_query()函数中实现MySQL服务器的连接，在查询数据表中的数据之后释放内存并关闭MySQL服务器的连接，代码如下。

```php
<?php
function book_query(){
    $conn = mysqli_connect("localhost","root","111","db_database10") or die("连接数据库服务器失败！".mysqli_
error());                                      //连接MySQL服务器，选择数据库
    mysqli_query($conn,"set names utf8");         //设置数据库编码格式utf8
```

```
        $result=mysqli_query($conn,"select * from tb_demo01");          //执行查询语句
        while($myrow=mysqli_fetch_row($result)){                         //循环输出查询结果
                echo $myrow[1]." ";
                echo $myrow[2]."<br />";
        }
        mysqli_free_result($result);                                     //释放内存
        mysqli_close($conn);                                             //关闭服务器连接
    }
    book_query();                                                        //调用函数
    book_query();                                                        //调用函数
    ?>
```

在上面的代码中，每调用一次book_query()函数，都会打开新的MySQL服务器连接和关闭MySQL服务器连接，耗费了服务器资源，这时可以将上述代码修改如下。

```
<?php
function book_query(){
    global $conn;                                                        //定义全局变量
    $result=mysqli_query($conn,"select * from tb_demo01");               //执行查询语句
    while($myrow=mysqli_fetch_row($result)){                             //循环输出查询结果
            echo $myrow[1]." ";
            echo $myrow[2]."<br />";
    }
    mysqli_free_result($result);                                         //释放内存
}
$conn = mysqli_connect("localhost","root","111","db_database10") or die("连接数据库服务器失败！ ".mysqli_
error());                                                               //连接MySQL服务器，选择数据库
mysqli_query($conn,"set names utf8");                                    //设置数据库编码格式utf8
book_query();                                                           //调用函数
book_query();                                                           //调用函数
mysqli_close($conn);                                                    //关闭服务器连接
?>
```

这样在多次调用book_query()函数时，仅打开了一次MySQL服务器连接，节省了网络和服务器资源。

10.2　管理MySQL数据库中的数据

在开发网站的后台管理系统中，对数据库的操作不仅局限于查询指令，对数据的添加、修改和删除等操作指令也是必不可少的。本节重点介绍如何在PHP页面中对数据库进行增、删、改的操作。

10.2.1　添加数据

【例10-8】　在这个实例中，通过INSERT语句和mysqli_query()函数向图书信息表中添加一条记录。具体步骤如下。

添加数据

这个实例主要包括两个文件。第一个文件是index.php文件，设计添加数据的表单，效果如图10-5所示。

图10-5　向表中添加数据

第二个文件是index_ok.php文件，获取表单中提交的数据，并且连接数据库，编辑SQL语句将表单中提交的数据添加到指定的数据表中，关键的程序代码如下。

```php
<?php
header("content-type: text/html; charset=utf-8");                    // 设置文件编码格式
include_once("conn/conn.php");                                       // 包含数据库连接文件
if(!($_POST['bookname'] and $_POST['price'] and $_POST['f_time'] and $_POST['type'])){
    echo "输入不允许为空。单击<a href='javascript:onclick=history.go(-1)'>这里</a> 返回";
}else{
    $sqlstr1 = "insert into tb_demo02 values(' ',' '".$_POST['bookname']."' ',
' '".$_POST['price']."' ',' '".$_POST['f_time']."' ', ' '".$_POST['type']."' ')";      // 定义添加语句
    $result = mysqli_query($conn,$sqlstr1);                          // 执行添加语句
    if($result){
            echo "添加成功,点击<a href='select.php'>这里</a>查看";
    }else{
            echo "<script>alert('添加失败');history.go(-1);</script>";
    }
}
?>
```

添加成功后，运行结果如图10-6所示。

图10-6　添加成功页面

10.2.2　编辑数据

编辑数据

有时插入数据后，才发现录入的是错误信息或一段时间以后数据需要更新，这时就要对数据进行编辑。数据更新使用UPDATE语句，依然通过mysqli_query()函数执行该语句。

> 【例10-9】通过UPDATE语句和mysqli_query()函数实现对数据的更新操作。具体步骤如下。

（1）创建conn文件夹，编写conn.php文件，完成与数据库的连接，并且设置页面的编码格式为utf8。

（2）创建index.php文件，循环输出数据库中的数据，并且为指定的记录设置修改的超链接，链接到update.php文件，链接中传递的参数包括action和数据的ID。关键代码如下。

```php
<?php
    $sqlstr = "select * from tb_demo02 order by id";          //定义查询语句
    $result = mysqli_query($conn,$sqlstr);                    //执行查询语句
    while ($rows = mysqli_fetch_row($result)){                //循环输出结果集
            echo "<tr>";
            for($i = 0; $i < count($rows); $i++){              //循环输出字段值
            echo "<td height='25' align='center' class='m_td'>".$rows[$i]."</td>";
            }
            echo  "<td class='m_td'><a href=update.php?action=update&id=".$rows[0].
            ">修改</a>/<a href='#'>删除</a></td>";
            echo "</tr>";
    }
?>
```

（3）创建update.php文件，添加表单，根据地址栏中传递的ID值执行查询语句，将查询到的数据输出到对应的表单元素中。然后对数据进行修改，最后将修改后的数据提交到update_ok.php文件中，完成修改操作。update.php文件的关键代码如下。

```php
<?php
    include_once("conn/conn.php");                       //包含数据库连接文件
    if($_GET['action'] == "update"){                     //判断地址栏参数action的值是否等于update
    $sqlstr = "select * from tb_demo02 where id = ".$_GET['id'];    //定义查询语句
    $result = mysqli_query($conn,$sqlstr);               //执行查询语句
    $rows = mysqli_fetch_row($result);                   //将查询结果返回为数组
?>
<form name="intFrom" method="post" action="update_ok.php">
书名: <input type="text" name="bookname" value="<?php echo $rows[1] ?>">
价格: <input type="text" name=" price" value="<?php echo $rows[2] ?>">
出版时间: <input type="text" name="f_time" value="<?php echo $rows[3] ?>">
所属类别: <input type="text" name="type" value="<?php echo $rows[4] ?>">
<input type="hidden" name="action" value="update">
<input type="hidden" name="id" value="<?php echo $rows[0] ?>">
```

```
<input type="submit" name="Submit" value="修改">

<input type="reset" name="reset" value= "重置" >

</form>
```

（4）创建update_ok.php文件，获取表单中提交的数据，根据隐藏域传递的ID值定义更新语句完成数据的更新操作，关键代码如下。

```php
<?php
header("Content-type:text/html;charset=utf-8");              //设置文件编码格式
include_once("conn/conn.php");                               //包含数据库连接文件
if($_POST['action'] == "update"){
    if(!($_POST['bookname'] and $_POST['price'] and $_POST['f_time'] and $_POST['type'])){
            echo "输入不允许为空。点击<a href='javascript:onclick=history.go(-1)'>这里</a>返回";
    }else{
            $sqlstr ="update tb_demo02 set bookname = ' ".$_POST['bookname']." ', price = ' ".$_POST['price']."
', f_time = ' ".$_POST['f_time']." ', type = ' ".$_POST['type']." ' where id = ".$_POST['id'];
                                                            //定义更新语句
            $result = mysqli_query($conn,$sqlstr);          //执行更新语句
            if($result){
                    echo "修改成功,点击<a href='index.php'>这里</a>查看";
            }else{
                    echo "修改失败.<br>$sqlstr";
            }
    }
}
?>
```

运行本实例，对新添加的记录进行修改，修改后的运行效果如图10-7所示。

明日图书管理系统
MINGRI BOOK MANAGE SYSTEM

关闭系统
重新登录
修改密码

2015-06-25	浏览数据	添加图书		简单查询	高级查询	分组统计	退出系统

id	书名	价格	出版时间	类别	操作
33	自学手册	50.00	2010-10-10	php	修改/删除
34	自学手册	50.00	2010-10-10	php	修改/删除
35	PHP范例宝典	78	0000-00-00	php	修改/删除
36	PHP网络编程	69	2010-10-27	PHP	修改/删除
37	php范例宝典	78	2010-10-27	php	修改/删除

图10-7　更新数据

10.2.3　删除数据

删除数据库中的数据，应用的是DELETE语句。在不指定删除条件的情况下，将删除指定数据表中所有的数据；如果定义了删除条件，那么删除数据表中指定的记录。删除操作的执行是一件非常慎重的事情，因为一旦执行该操作，数据就

删除数据

没有恢复的可能。

【例10-10】 继续10.2.2节中的实例。如果不小心输入了重复的记录，就要删除多余的数据。删除数据只需利用mysqli_query()函数执行DELETE语句即可。具体步骤如下。

（1）创建conn文件夹，编写conn.php文件，完成与数据库的连接，并且设置页面的编码格式为utf8。

（2）创建index.php文件，循环输出数据库中的数据，并且为每一条记录创建一个删除超链接，链接到delete.php文件，链接中传递的参数值是记录的ID。关键代码如下。

```php
<?php
include_once("conn/conn.php");                          //包含数据库连接文件
    $sqlstr = "select * from tb_demo02 order by id";    //定义查询语句
    $result = mysqli_query($conn,$sqlstr);              //执行查询语句
    while ($rows = mysqli_fetch_row($result)){          //循环输出结果集
            echo "<tr>";
            for($i = 0; $i < count($rows); $i++){        //循环输出字段值
                    echo "<td height='25' align='center' class='m_td'>".$rows[$i]."</td>";
            }
echo  "<td class='m_td'><a href='#'>修改</a><a href=delete.php?action=del&id=".$rows[0]." onclick = 'return
del();'>删除</a></td>";
            echo "</tr>";
    }
?>
```

（3）创建delete.php文件，根据超链接中传递的参数值，定义DELETE删除语句，完成数据的删除操作。关键代码如下。

```php
<?php
header( "Content-type: text/html; charset=utf-8" );    // 设置文件编码格式
include_once("conn/conn.php");                          // 连接数据库
if($_GET['action'] == "del"){                           // 判断是否执行删除
    $sqlstr1 = "delete from tb_demo02 where id = ".$_GET['id']; // 定义删除语句
    $result = mysqli_query($conn,$sqlstr1);             // 执行删除操作
    if($result){
            echo "<script>alert( '删除成功' );location='index.php';</script>";
    }else{
            echo "删除失败";
    }
}
?>
```

运行本实例，当单击重复记录的"删除"超链接时，会弹出提示对话框，单击"确定"按钮后提示删除

成功，运行结果如图10-8所示。

图10-8　删除数据成功

10.2.4　批量数据操作

批量数据操作

以上操作都是对单条数据进行的。但是很多时候需要对很多条记录进行操作，如修改表中所有记录的字段值、删除不需要的记录等。如果一条一条操作，很花费时间。下面给出一个批量删除的实例，希望读者能够举一反三，自己动手实现批量添加、修改的功能模块。

【例10-11】开发一个可以执行批量删除数据的程序。具体步骤如下。

（1）创建conn文件夹，编写conn.php文件，完成与数据库的连接。

（2）创建index.php文件，添加表单，设置复选框，将数据的ID设置为复选框的值，设置隐藏域传递执行删除操作的参数，设置提交按钮，通过onclick事件调用del()方法执行删除操作。

（3）创建deletes.php文件，获取表单中提交的数据。首先，判断提交的数据是否为空，如果不为空，则通过for语句循环输出复选框提交的值。然后将for循环读取的数据作为DELETE删除语句的条件，最后通过mysqli_query()函数执行删除语句。关键代码如下。

```php
<?php
header ("Content-type: text/html; charset=utf-8");   // 设置文件编码格式
include_once("conn/conn.php");                        // 连接数据库
if($_POST['action'] =="delall"){                     // 判断是否执行删除操作
    if(count($_POST['chk']) == 0){                   // 判断提交的删除记录是否为空
            echo "<script>alert( '请选择记录' );history.go(-1);</script>";
    }else{
            for($i = 0; $i < count($_POST['chk']); $i++){   // for语句循环读取复选框提交的值
                    $sqlstr = "delete from tb_demo02 where id =".$_POST['chk'][$i];
                                                     // 循环执行删除操作
                    mysqli_query($conn,$sqlstr);     // 执行删除操作
            }
            echo "<script>alert( '删除成功' );
            location='index.    php';</script>";
    }
}
?>
```

运行本实例，看到每一条数据前都有一个复选框，如图10-9所示。选中要删除数据对应的复选框，然后单击"删除选择"按钮，会弹出提示对话框，单击"确定"按钮后提示删除成功，运行结果如图10-10所示。

图10-9　显示数据库中的数据　　　　　　　　图10-10　批量删除成功

10.2.5　在电子商务平台网后台中查看订单和删除订单

【例10-12】 在电子商务平台网后台中，管理员登录后台后，即可进入"查看客户订单信息"页面。在该页面中，管理员不仅可以同时查看多个用户的订单信息，而且可以同时删除多个订单。查看订单的运行结果如图10-11所示。选中欲删除的订单信息后面的复选框（支持单条和多条订单删除），单击"删除选择项"按钮即可删除指定的订单记录。删除订单后的结果如图10-12所示。

在电子商务平台
网后台中查看订
单和删除订单

订单号	下单人	订货人	金额总计	付款方式	收货方式	订单状态	操作
2007113010324843	lx	张丽	9599	建设银行汇款	普通平邮	未作任何处理	
2007112913155042	lx	lx	9599	建设银行汇款	普通平邮	已收款 已发货 已收货	
2007112911451739	纯净水	纯净水	9599	建设银行汇款	普通平邮	未作任何处理	
2007112911423439	纯净水	纯净水	1399	建设银行汇款	普通平邮	未作任何处理	
2007112911284639	纯净水	纯净水	8000	建设银行汇款	普通平邮	已收款 已发货 已收货	
2007112814155139	纯净水	retret	9599	建设银行汇款	送货上门	未作任何处理	
2007112813551939	纯净水	dfer	9599	建设银行汇款	送货上门	未作任何处理	
2007112215263939	纯净水	33	2599	建设银行汇款	普通平邮	未作任何处理	
2007112215175839	纯净水	ddddd	2599	建设银行汇款	普通平邮	未作任何处理	
2007112118305339	纯净水	sdfdf	5198	建设银行汇款	普通平邮	已收款 已发货 已收货	
2007111915194439	纯净水	sss	5198	建设银行汇款	普通平邮	未作任何处理	
2007111415360839	纯净水	ll	392	建设银行汇款	普通平邮	已发货	
2007111415332239	纯净水	ss	588	建设银行汇款	特快专递	已发货	
2007111415234939	纯净水	dd	2599	建设银行汇款	特送上门	已发货	
2007111415170839	纯净水	深奥	5296	建设银行汇款	特快专递	已发货	

删除选择项

图10-11　查看客户订单信息页面的运行结果

订单号	下单人	订货人	金额总计	付款方式	收货方式	订单状态	操作
2007112913155042	lx	lx	9599	建设银行汇款	普通平邮	已收款 已发货 已收货	
2007112911451739	纯净水	纯净水	9599	建设银行汇款	普通平邮	未作任何处理	
2007111415360839	纯净水	ll	392	建设银行汇款	普通平邮	已发货	
2007111415170839	纯净水	深奥	5296	建设银行汇款	特快专递	已发货	

删除选择项

图10-12　删除客户订单后的运行结果

查看客户订单信息页面lookdd.php的代码如下。

```php
<?php
    include("conn/conn.php");                              //连接数据库文件
    $sql=mysqli_query($conn,"select count(*) as total from tb_dingdan ");
    $info=mysqli_fetch_array($sql);                        //检索订单数据表信息
    $total=$info['total'];                                 //计算用户订单数目
```

```
        if($total==0){                                    //如果订单数目为0,则弹出相关提示
            echo "本站暂无订单!";
        }
                else{                                      //如果订单数目不为空,则输出订单信息
            $sql1=mysqli_query($conn,"select * from tb_dingdan order by time desc");
                $info1=mysqli_fetch_array($sql1);
?>
<form name="form1" method="post" action="deletedd.php">
<table width="750" border="0" align="center" cellpadding="0" cellspacing="0">
  <tr>
   <td height="20" bgcolor="#FFCF60"><div align="center" class="style1">查看订单 </div></td>
  </tr>
  <tr>
     <td height="40" bgcolor="#666666"><table width="750" height="44" border="0" align="center"
cellpadding="0" cellspacing="1">
      <tr>
      <td width="121" height="20" bgcolor="#FFFFFF"><div align="center">订单号</div></td>
      <td width="59" bgcolor="#FFFFFF"><div align="center">下单人</div></td>
      <td width="60" bgcolor="#FFFFFF"><div align="center">订货人</div></td>
      <td width="70" bgcolor="#FFFFFF"><div align="center">金额总计</div></td>
      <td width="88" bgcolor="#FFFFFF" ><div align="center">付款方式</div></td>
      <td width="87" bgcolor="#FFFFFF" ><div align="center">收货方式</div></td>
      <td width="141" bgcolor="#FFFFFF" ><div align="center">订单状态</div></td>
      <td width="115" bgcolor="#FFFFFF" ><div align="center">操作</div></td>
      </tr>
      <?php
                do{                                        //应用do...while循环语句输出订单信息
      ?>
      <tr>
      <td height="21" bgcolor="#FFFFFF"><div align="center"><?php echo $info1['dingdanhao'];?></div></td>
      <td height="21" bgcolor="#FFFFFF"><div align="center"><?php echo $info1['xiadanren'];?></div></td>
      <td height="21" bgcolor="#FFFFFF"><div align="center"><?php echo $info1['shouhuoren'];?></div></td>
      <td height="21" bgcolor="#FFFFFF"><div align="center"><?php echo $info1['total'];?></div></td>
      <td height="21" bgcolor="#FFFFFF"><div align="center"><?php echo $info1['zfff'];?></div></td>
      <td height="21" bgcolor="#FFFFFF"><div align="center"><?php echo $info1['shff'];?></div></td>
      <td height="21" bgcolor="#FFFFFF"><div align="center"><?php echo $info1['zt'];?></div></td>
      <td height="21" bgcolor="#FFFFFF"><div align="center">
      <input type="checkbox" name=<?php echo $info1['id'];?> value=<?php echo $info1['id'];?>></div></td>
      </tr>
      <?php
                }while($info1=mysqli_fetch_array($sql1))    //do...while循环语句结束
```

```
    ?>
  </table></td>
 </tr>
</table>
<table width="750" height="20" border="0" align="center" cellpadding="0" cellspacing="0">
 <tr>
  <td><div align="right"><input type="submit" value="删除选择项" class="buttoncss"></div></td>
 </tr>
</table>
<?php
 }
?>
</form>
```

删除客户订单页面deletedd.php的代码如下。

```php
<?php
    header("Content-type: text/html; charset=gb2312");        //设置文件编码格式
    include("conn/conn.php");                                   //连接数据库文件
    while(list($value,$name)=each($_POST)){                    //应用while循环语句，删除指定的订单信息
    mysqli_query($conn,"delete from tb_dingdan where id=' ".$value." ' ");//执行删除操作
    }
    header("location:lookdd.php");                             //重新定位到查看订单页
?>
```

小　结

　　本章主要介绍了使用PHP操作MySQL数据库的方法。通过本章的学习，读者能够掌握PHP操作MySQL数据库的一般流程，掌握mysqli扩展库中常用函数的使用方法，并能够具备独立完成基本数据库程序的能力。希望本章能够起到抛砖引玉的作用，帮助读者在此基础上更深层次地学习PHP操作MySQL数据库的相关技术，并进一步学习使用面向对象的方式操作MySQL数据库的方法。

上机指导

　　查询结果集中的记录有时会有几十条甚至上百条的相关信息。要把这些信息放在一页中显示出来肯定是不现实的，这时就需要分页技术，完成查询结果的分页显示。下面采用LIMIT子句实现分页功能，通过LIMIT子句的第一个参数控制从第几条数据开始输出，通过第二个参数控制每页输出的记录数。运行结果如图10-13所示。

图10-13 应用LIMIT子句实现分页显示

具体步骤如下。

（1）为了实现数据的分页输出，需要定义一些与分页相关的变量。这里先对这些变量做解释说明，如表10-2所示。

表10-2 分页技术使用的变量

变 量	说 明	赋 值
$pagesize	每页要显示的记录数	数字（用户自定义，如5）
$totalNum	查询结果的记录总数	mysqli_num_rows($result)
$pagecount	总页数	ceil($totalNum/$pagesize)
$page	当前页的页数	(!isset($_GET['page']))?($page = 1):$page = $_GET['page'] ($page<=$pagecount)?$page:($page=$pagecount)
f_pageNum	当前页的第一条记录	$pagesize * ($page − 1)

其中函数mysqli_num_rows($result)返回结果集中的记录总数。

变量$page由一个三元运算表达式来定义。当$_GET['page']全局变量不存在时，将$page赋值为1，否则直接将$_GET['page']全局变量的值赋给变量$page。而第二个三元运算表达式用于判断当前页的页数不能超过总页数。

（2）连接MySQL数据库，通过mysqli_query()函数执行SQL语句，统计数据库中总的记录数，完成分页变量的定义。然后再次执行SQL查询语句，通过limit关键字定义查询的范围和数量。接着通过while语句和mysqli_fetch_array()函数完成数据的循环输出。最后，创建分页超链接。关键代码如下。

```php
<?php
include_once( "conn/conn.php" );                              //包含数据库连接文件
?>
<table width="90%" border="1" cellpadding="1" cellspacing="1" bordercolor="#FFFFFF" bgcolor="#CCCCCC">
 <tr>
  <td width="5%" height="25" align="center" >id</td>
```

```
          <td width="30%" align="center" >书名</td>
          <td width="10%" align="center" >价格</td>
          <td width="20%" align="center" >出版时间</td>
          <td width="10%" align="center" >类别</td>
      <td width="10%" align="center" >操作</td>
        </tr>
      <?php
          $pagesize = 3 ;                                            //每页显示记录数
          $sqlstr = "select * from tb_demo02 order by id";           //定义查询语句
          $total = mysqli_query($conn,$sqlstr);                      //执行查询语句
          $totalNum = mysqli_num_rows($total);                       //总记录数
          $pagecount = ceil($totalNum/$pagesize);                    //总页数
          (!isset($_GET['page']))?($page = 1):$page = $_GET['page']; //当前显示页数
          ($page <= $pagecount)?$page:($page = $pagecount);          //当前页大于总页数时，把当前页定义为总页数
          $f_pageNum = $pagesize * ($page - 1);                      //当前页的第一条记录
          $sqlstr1 = $sqlstr." limit ".$f_pageNum.",".$pagesize;     //定义SQL语句，通过limit关键字控
制查询范围和数量
          $result = mysqli_query($conn,$sqlstr1);                    //执行查询语句
          while ($rows = mysqli_fetch_array($result)){              //循环输出查询结果
      ?>
        <tr>
      <td width="5%" height="25" align="center" bgcolor="#FFFFFF"><?php echo $rows[0];?></td>
          <td width="30%" align="center" bgcolor="#FFFFFF" ><?php echo $rows[1];?></td>
          <td width="10%" align="center" bgcolor="#FFFFFF" ><?php echo $rows[2];?></td>
          <td width="20%" align="center" bgcolor="#FFFFFF" ><?php echo $rows[3];?></td>
          <td width="10%" align="center" bgcolor="#FFFFFF" ><?php echo $rows[4];?></td>
      <td width="10%" align="center" bgcolor="#FFFFFF" >操作</td>
        </tr>
      <?php
          }
      ?>
        <tr>
          <td height="25" colspan="6" align="left" bgcolor="#FFFFFF">  
      <?php
        echo "共".$totalNum."本图书  ";
        echo "第".$page."页/共".$pagecount."页  ";
        if($page!=1){                                          //如果当前页不是1，则输出有链接的首页和上一页
          echo "<a href='?page=1'>首页</a> ";
                echo "<a href='?page=".($page-1)."' >上一页</a>  ";
```

```
        }else{                                      //否则输出没有链接的首页和上一页
            echo "首页 上一页  ";
        }
        if($page!=$pagecount){                      //如果当前页不是最后一页，则输出有链接的下一页和尾页
            echo "<a href='?page=".($page+1)."'>下一页</a> ";
                echo "<a href='?page=".$pagecount."'>尾页</a>  ";
        }else{                                      //否则输出没有链接的下一页和尾页
            echo "下一页 尾页  ";
        }
    ?>
      </td>
    </tr>
</table>
```

习 题

10-1 假设有一个数据库db_student，试着采用3种不同的方式选择该数据库。

10-2 在mysqli函数库中，哪个函数可以取得查询结果集总数？

10-3 mysqli_fetch_array()函数和mysqli_fetch_row()函数之间存在哪些区别？

第11章
PHP会话控制

■ Cookie和会话是数据的临时档案馆。Cookie将数据存储在客户端，实现数据的持久存储。会话将数据存储在服务器端，保证数据在程序的单次访问中持续有效。有了Cookie和会话这个临时档案馆，就可以解决HTTP Web协议的无状态问题，实现数据在不同页面之间的传递（如通过会话存储的数据来判断用户的访问权限）和数据在客户端的持久存储（如通过Cookie存储论坛用户的登录信息，用户下次在本机登录时，就不需要输入用户名和密码，可以直接登录）。对于Web网站的开发，这是两项至关重要的内容，是读者必须掌握的知识。

11.1 Session的操作

Session译成中文为"会话"，其本义是指有始有终的一系列动作/消息，如打电话时从拿起电话拨号到挂断电话这中间的一系列过程可以称为一个Session。与Cookie类似，会话的理念也在于保存状态。不过与Cookie相比，会话似乎显得更加强大，不但能够管理大量数据，而且可以将信息保存在服务器端，相对更安全，并且没有存储长度的限制。

了解Session

11.1.1 了解Session

在计算机专业术语中，Session是指一个终端用户与交互系统进行通信的时间间隔，通常是指从注册进入系统到注销退出系统所经过的时间。其工作原理如图11-1所示。

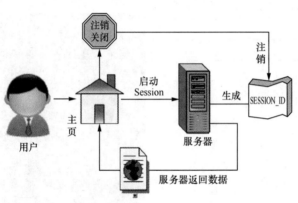

图11-1　Session工作原理

如图11-1所示，当登录网站时，启动Session会话，服务器中随机生成一个唯一的SESSION_ID。这个SESSION_ID。在本次登录结束之前在页面中一直有效。当关闭页面或者执行注销操作后，这个SESSION_ID会在服务器中自动注销。当重新登录此页面时，会再次生成一个随机且唯一的SESSION_ID。

Session在Web技术中占有非常重要的地位。由于网页是一种无状态的连接程序，无法记录用户的浏览状态，因此必须通过Session记录用户的有关信息，以供用户再次以此身份对Web服务器提供要求时做确认。例如，在电子商务网站中，通过Session记录用户登录的信息，以及用户所购买的商品。如果没有Session，用户就会每进入一个页面都需要输入用户名和密码。

11.1.2 启动Session

Session的使用不同于Cookie，在使用Session之前必须先启动Session。启动Session使用的是session_start()函数。该函数用于启动一个会话，语法如下。

启动Session

```
bool session_start(void);
```

11.1.3 注册Session

会话变量启动后，全部被保存在全局数组$_SESSION[]中。通过全局数组$_SESSION[]创建一个会话变量很容易，只需直接给该数组添加一个元素即可。

例如，启动会话，创建一个Session变量并赋予空值，代码如下。

注册Session

```php
<?php
session_start();                                    //启动Session
$_SESSION[ "name" ] = null;                         //声明一个名为name的变量, 并赋空值
?>
```

11.1.4 使用Session

PHP中的Session有一个非常强大的功能, 即可以保存当前用户的特定数据和相关信息。可以保存的数据类型包括字符串、数组和对象等。将各种类型的数据添加到Session中, 必须应用全局数组$_ SESSION[]。

使用Session

例如, 将一个字符串值存储到Session中。首先判断会话变量是否有一个会话ID存在, 如果不存在, 则通过全局数组$_SESSION[]创建一个会话变量, 然后将字符串值赋给这个会话变量, 最后通过全局数组$_SESSION[]输出字符串的值, 代码如下。

```php
<?php
    session_start();                                //初始化Session变量
    $string="PHP从基础到项目实战";                   //定义字符串
    if (!isset($_SESSION['name'])){                 //判断Session会话变量是否存在
            $_SESSION['name']=$string;              //将字符串值赋给会话变量
            echo $_SESSION['name'];                 //输出会话变量
    }else{
            echo $_SESSION['name'];
    }
?>
```

下面应用全局数组$_SESSION[]将数组中的数据保存到Session中, 并且输出Session中保存的数据。

【例11-1】 首先初始化一个Session变量, 然后创建一个数组, 并通过全局数组$_SESSION[]将数组中的数据保存到Session中, 最后遍历Session数组中的数据, 代码如下。

```php
<?php
    session_start();                                //初始化Session变量
    $array=array('PHP从入门到精通','PHP网络编程自学手册','PHP函数参考大全','PHP开发典型模块大全','PHP
网络编程标准教程','PHP程序开发范例宝典');
    $_SESSION['mr_book']=$array;                     //将数组中的数据写入Session中
?>
<?php
foreach($_SESSION['mr_book'] as $key=>$value){      //读取Session数组中存储的数据
        if($value=="PHP开发典型模块大全"){     //当$value的值等于"PHP开发典型模块大全"时换行
                $br="<br><br>";
        }else{
                $br="  ";
        }
        echo $value.$br;                            //输出Session数组中的内容
    }
?>
```

运行结果如图11-2所示。

图11-2　将数组中的数据保存到Session中

11.1.5　删除Session

删除会话的方法主要有删除单个会话、删除多个会话和结束当前会话3种。下面分别进行介绍。

删除Session

1. 删除单个会话

删除会话变量同数组的操作一样，直接注销$_SESSION数组的某个元素即可。

例如，注销$_SESSION['name']变量，可以使用unset()函数，代码如下。

```
unset ( $_SESSION['name'] ) ;
```

其参数是$_SESSION数组中的指定元素，该参数不可以省略。通过unset()函数一次只能删除数组中的一个元素；如果通过unset()函数一次注销整个数组（unset($_SESSION)），那么会禁止整个会话功能，而且没有办法将其恢复，用户也不能再注册$_SESSION变量。所以，如果读者要删除多个或全部会话，可以采用下面的方式。

2. 删除多个会话

删除所有的会话变量有两种方法。第一种方法是使用session_unset()函数，代码如下。

```
session_unset();
```

第二种方法是将一个空的数组赋值给$_SESSION，代码如下。

```
$_SESSION = array();
```

3. 销毁Session

如果整个会话已经结束，首先应该注销所有的会话变量，然后使用session_destroy()函数结束当前的会话，并清空会话中的所有资源，彻底销毁Session，代码如下。

```
session_destroy();
```

11.1.6　Session综合应用

在Web网站的开发过程中，需要对不同的登录用户设置不同的权限。如果是管理员，则可以登录网站后台管理系统，管理网站的数据；如果是普通用户，则只有浏览网站的权限，不可以进入网站的后台管理系统。

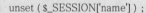

Session
综合应用

【例11-2】编写一个实例，看如何通过Session控制用户对页面的访问权限。具体步骤如下。

（1）创建index.php文件，在index.php文件中创建一个用户登录的表单，提交用户登录的用户名和密码，以POST方式将数据提交到index_ok.php文件中。页面设计效果如图11-3所示。

图11-3　用户登录页面

（2）创建index_ok.php文件，初始化SESSION变量，通过$_POST[]方法获取表单提交的用户名和密码，完成对用户名和密码的验证。如果正确，则将用户名和密码赋给SESSION变量，并通过JavaScript脚本跳转到main.php页面；否则，通过JavaScript脚本给出提示信息，跳转到index.php页面。代码如下。

```php
<?php
session_start();                                        // 初始化SESSION变量
if($_POST['user']=="mr" && $_POST['pass']=="mrsoft"){    // 判断提交的用户名和密码是否正确
$_SESSION['user']=$_POST['user'];                        // 如果正确，将其赋给SESSION变量
$_SESSION['pass']=$_POST['pass'];
    echo "<script>alert('欢迎您的到来!');window.location.href='main.php';</script>";
}else{
    echo "<script>alert('您输入的用户名和密码不正确!');window.location.href=
            'index.php';</script>";
}
?>
```

（3）创建main.php页面，初始化SESSION变量，通过isset()函数判断SESSION变量是否存在，如果存在，则输出该页面的内容，否则，通过JavaScript脚本给出提示信息，跳转到index.php页面。关键代码如下。

```php
<?php
session_start();                                        // 初始化SESSION变量
if(isset($_SESSION['user']) || isset($_SESSION['pass'])){  // 判断SESSION变量是否存在
include( "top.php" );                                   // 调用外部文件
?>
<!--省略了部分代码-->
<?php
include( "bottom.php" );
}else{                                                  // 如果值不正确，则跳转到首页
    echo "<script>alert('您不具备访问本页面的权限!');window.location.href=
            'index.php';</script>";
```

```
    }
    ?>
```

运行本实例，当输入正确的用户名mr、密码mrsoft时，将输出如图11-4所示的页面。

在本实例中，通过Session判断用户的权限体现在main.php页面中。图11-4展示的是以管理员的身份登录的效果。如果直接访问main.php页面，即以普通用户的身份访问，那么将输出如图11-5所示的页面，并跳转到首页。

图11-4　管理员登录成功展示的页面　　　图11-5　普通用户访问main.php的效果

说明　上述实例中介绍的就是通过Session控制用户的访问权限的方法。实例中只是对一个简单的main.php页面设置访问权限。在实际的程序开发过程中，可以将其进行扩展，扩展到整个网站的后台管理系统中，对网站后台管理系统中的所有文件都增加权限的访问控制，从而确保后台管理系统不被普通用户访问，保证网站数据的安全。

11.1.7　电子商务平台网用户管理和权限控制

【例11-3】使用Session实现电子商务平台网的用户登录和注销的功能，同时应用Session防止非法用户绕过系统登录直接进入系统。

电子商务平台网用户管理和权限控制

（1）登录功能的实现。

在电子商务平台网中，普通用户在登录页面中输入正确的用户名和密码，然后单击"登录"按钮，将用户信息（如用户名）保存到Session中，从而实现用户的登录功能。登录成功后会在前台首页显示当前登录的用户名，登录页面如图11-6所示，登录成功后的页面如图11-7所示。

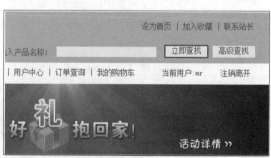

图11-6　用户登录页面　　　　　　　图11-7　登录成功后的页面

登录验证页面chkuser.php的代码如下。

```
include("conn/conn.php");
$sql=mysqli_query($conn,"select * from tb_user where name='".$this->name."'");
$info=mysqli_fetch_array($sql);
if($info==false){
    echo "<script language='javascript'>alert('不存在此用户！');history.back();</script>";
    exit;
}else{
    if($info['dongjie']==1){
    echo "<script language='javascript'>alert('该用户已经被冻结！');history.back();</script>";
        exit;
    }
    if($info['pwd']==$this->pwd) {
    session_start();
        $_SESSION['username']=$info['name'];
        header("location:top.php");
        exit;
    } else {
        echo "<script language='javascript'>alert('密码输入错误！');history.back();</script>";
        exit;
    }
}
```

（2）注销功能的实现。

为了网站的安全，在用户完成购物后，需要安全退出电子商务平台。单击"注销离开"超链接，即可在退出网站时清空SESSION变量。退出登录页面logout.php的代码如下。

```
<?php
session_start();                                              //启动会话
session_unset();                                             //删除会话
session_destroy();                                           //结束会话
echo "<script>alert('您已退出登录！');location.href='login.php';</script>";   //重新定位到登录页面
?>
```

退出登录的运行效果如图11-8所示。

图11-8　退出登录

（3）防止非法用户绕过系统登录直接进入系统。

为了保证网站内信息资源的安全，项目开发人员应防止用户以非法身份对网站内部信息进行非法操作。只有通过正确的途径成功登录电子商务平台，才可以进行商品的添加及操作购物车列表。例如，当用户未登录而直接运行查看购物车的页面gouwu1.php时，会弹出"请先登录后购物"的提示框，并强制跳转到登录页面进行登录操作，运行结果如图11-9所示。

图11-9 登录提示

下面讲解开发该功能的编程思路。

首先，在用户登录时应用SESSION变量记录用户名，即$_SESSION['username']。

然后，对登录的$_SESSION['username']进行判断。如果$_SESSION['username']变量不存在，将弹出提示框，如图11-9所示，并强制将页面跳转到用户登录页面。gouwu1.php页面代码如下。

```php
<?php
session_start();                                    //初始化SESSION变量
if(!isset($_SESSION['username'])) {                 //判断用户是否已经登录
  echo "<script>alert('请先登录后购物!');location.href='login.php';</script>";   //如果用户未登录，则提示
用户先登录并跳转到登录页面
  exit;                                             //用exit语句停止程序的继续执行
  }
?>
```

为了提高代码的可重用性，开发人员可以将上面这段代码独立封装在PHP文件中，并将文件命名，如check_user.php，然后将该文件应用include包含语句嵌入必须通过登录才能访问的页面中。应用include包含语句嵌入该文件的代码如下。
`<?php include "check_user.php";?>`
利用引用语句包含其他文件，以减少代码的重复，是PHP编程的重要技巧。

11.2 Cookie的操作

Cookie是在HTTP协议下，将服务器传递给浏览器的少量数据保存到用户浏览器的一种方式。通过这种方式，即使在浏览器被关闭和连接中断的情况下，用户也可以维护状态数据。

11.2.1 浏览器中的Cookie设置

每种浏览器在默认情况下都开启了Cookie，而用户可以在浏览器中设置是否开启Cookie。以IE浏览器为例，Cookie的设置方法如下。

打开IE浏览器，单击"工具"菜单中的"Internet选项"，然后选择"隐私"选项卡，在"设置"区域拖动滚动滑块，即可修改IE浏览器中的Cookie设置。通常情况下，可以将滚动滑块拖动至"中"或者"中高"级别，这样既可以保护用户

浏览器中的
Cookie设置

的隐私，又开启了Cookie。

11.2.2 了解Cookie

了解Cookie

　　Cookie是一种在远程客户端存储数据并以此来跟踪和识别用户的机制。简单地说，Cookie是Web服务器暂时存储在用户硬盘上的一个文本文件，并随后被Web浏览器读取。当用户再次访问Web网站时，网站通过读取Cookie文件记录这位访客的特定信息（如上次访问的位置、花费的时间、用户名和密码等），从而迅速做出响应，如在页面中不需要输入用户的ID和密码即可直接登录网站。

　　Cookie文本文件的格式如下。

用户名@网站地址[数字].txt

　　例如，客户端机器为Windows 2000/XP/2003操作系统，系统盘为C盘，当通过IE浏览器访问Web网站时，Web服务器会自动以（用户名@网站地址[数字].txt）格式生成Cookie文本文件，并存储在用户硬盘的指定位置，如图11-10所示。

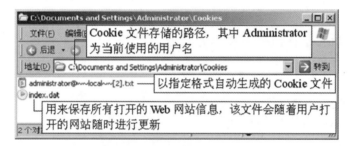

图11-10　Cookie文件的存储路径

在Cookies文件夹下，每个Cookie文件都是普通的文本文件，而不是程序。文本文件中的内容大多经过了加密处理，因此，表面看来只是一些字母和数字的组合，而只有服务器的CGI处理程序才知道它们真正的含义。

　　Cookie可以让Web页面更有针对性、更加友好，保存关于用户的重要信息，包括使用的语言、阅读和音乐偏好，访问站点的次数等。Cookie常用于以下3方面。

　　● 记录访客的某些信息。例如，可以利用Cookie记录用户访问网页的次数，或者记录访客曾经输入的信息，另外，某些网站可以应用Cookie自动记录访客上次登录的用户名。

　　● 在页面之间传递变量。浏览器并不会保存当前页面上的任何变量信息，当页面被关闭后，页面上的任何变量信息将随之消失。如果用户声明一个变量id=8，要把这个变量传递到另一个页面，可以把变量id以Cookie的形式保存下来，然后在下一页通过读取该Cookie获取变量的值。

　　● 将所查看的Internet页存储在Cookies临时文件夹中，样可以提高以后浏览的速度。

一般不要用Cookie保存数据集或其他大量数据。并非所有的浏览器都支持Cookie，并且数据信息是以明文文本的形式保存在客户端计算机中，因此最好不要保存敏感的、未加密的数据，否则会影响网络的安全性。

11.2.3 创建Cookie

创建Cookie

创建Cookie应用的是setcookie()函数。由于Cookie是HTTP头标的组成部分，作为头标必须在页面其他内容之前发送，也必须最先输出，所以在setcookie()函数之前不能有任何内容输出。即使是一个HTML标记、一个echo语句甚至一个空行，都会导致程序出错。这就是setcookie()函数。其语法如下。

bool setcookie(string name[,string value[,int expire[,string path[,string domain[,int secure]]]]])

在PHP中通过setcookie()函数创建Cookie，至少接受一个参数，也就是Cookie的名称（如果只设置了名称参数，那么在远程客户端上的同名Cookie会被删除）。

setcookie()函数的参数说明如表11-1所示。

表11-1 setcookie()函数的参数说明

参 数	说 明	举 例
name	Cookie的变量名	可以通过$_COOKIE['Cookiename ']调用变量名为Cookiename的Cookie
value	Cookie变量的值。该值保存在客户端，不能用来保存敏感数据	可以通过$_COOKIE['values ']获取名为values的值
expire	Cookie的过期时间。expire是标准的UNIX时间标记，可以用time()函数或mktime()函数获取，单位为秒	如果不设置Cookie的过期时间，那么Cookie将永远有效，除非手动将其删除
path	Cookie在服务器端的有效路径	如果该参数设置为"/"，则它就在整个domain内有效；如果设置为"/12.9"，它就在domain下的"/12.9目录"及子目录内有效。默认是当前目录
domain	Cookie有效的域名	如果要使Cookie在mrbccd.cn域名下的所有子域都有效，应该设置为mrbccd.cn
secure	指明Cookie是否仅通过安全的HTTPS，值为0或1	如果值为1，则Cookie只能在HTTPS连接上有效；如果值为默认值0，则Cookie在HTTP和HTTPS连接上均有效

在了解Cookie的创建方法后，下面在实例中应用setcookie()函数创建一个Cookie。

【例11-4】通过setcookie()函数创建Cookie，具体步骤如下。

创建index.php文件，使用setcookie()函数创建Cookie，设置Cookie的名称为mr，设置Cookie的值为"明日科技"，设置有效时间为60秒，设置有效目录为"/12.1"，设置有效域名为"mrbccd.cn"及其所有子域名，代码如下。

```php
<?php
setcookie("mr",'明日科技');
setcookie("mr",'明日科技', time()+60);                    // 设置Cookie有效时间为60秒
//设置有效时间为60秒，有效目录为"/12.1/"，有效域名为"mrbccd.cn"及其所有子域名
setcookie("mr", "明日科技", time()+60, "/12.1/",". mrbccd.cn", 1);
?>
```

运行本实例，在Temporary Internet Files系统临时文件夹下会自动生成一个Cookie文件。Cookie的有

效期为60秒。失效后，Cookie文件自动删除。

> HTTP协议中规定，每个站点向单个用户最多只能发送20个Cookie。

11.2.4 读取Cookie

读取Cookie

在PHP中应用全局数组$_COOKIE[]读取客户端Cookie的值。该数组中的每个元素的"键"为Cookie的名称，数组中的每个元素的值为Cookie的值。

【例11-5】通过全局数组$_COOKIE[]读取Cookie的值，具体代码如下。

```php
<?php
setcookie("mr", "明日科技", time()+60);                //设置Cookie有效时间为60秒
if(isset($_COOKIE['mr'])){
    echo "读取Cookie：".$_COOKIE['mr'];                //通过$_Cookie []读取Cookie的值
}
?>
```

首次运行本实例，读取不到Cookie的值。但是，当刷新本页后，就可以读取到Cookie的值，运行结果如图11-11所示。

图11-11 读取Cookie的值

> 通过setcookie()函数创建Cookie后，在当前页应用echo $_COOKIE["name"]不会有任何输出。必须是在刷新后或者到达下一个页面时，才可以看到Cookie值。因为setcookie()函数执行后会向客户端发送一个Cookie，如果不刷新或者浏览下一个页面，客户端就不能将Cookie送回。

【例11-6】应用isset()函数检测Cookie变量，代码如下。

```php
<?php
date_default_timezone_set("Asia/Hong_Kong");              //设置时区
if(!isset($_COOKIE["visit_time"])){                       //检测Cookie文件是否存在，如果不存在
    setcookie("visit_time",date("Y-m-d H:i:s"),time()+60); //设置带失效时间的Cookie变量
    echo "欢迎您第一次访问网站！";                           //输出字符串
echo "<br>";                                              //输出回车符
}else{                                                    //如果Cookie存在
    setcookie("visit_time",date("Y-m-d H:i:s"),time()+60); // 设置带失效时间的Cookie变量
    echo "您上次访问网站的时间为：".$_COOKIE["visit_time"]; //输出上次访问网站的时间
    echo "<br>";                                          //输出回车符
}
```

```
        echo "您本次访问网站的时间为："".date("Y-m-d H:i:s");     //输出当前的访问时间
    ?>
```

在上面的代码中，首先应用isset()函数检测Cookie是否存在。如果不存在，则应用setcookie()函数创建一个失效时间为60秒的Cookie，并输出相应的字符串；如果Cookie存在，则应用setcookie()函数为该Cookie设置新的值，并输出用户上次访问网站的时间。最后在页面中输出用户本次访问网站的时间。

首次运行本实例，由于没有检测到Cookie文件，运行结果如图11-12所示。如果用户在Cookie设置到期时间（本例为60秒）前刷新或再次访问该页面，运行结果如图11-13所示。

图11-12　第一次访问网页　　　　　图11-13　刷新或再次访问本网页

 使用Cookie时要注意，如果未设置Cookie的过期时间，那么在关闭浏览器时会自动删除Cookie数据。如果设置Cookie的过期时间，那么浏览器将会保存Cookie数据。即使用户重新启动计算机，只要没有过期，Cookie数据就一直有效。

11.2.5　删除Cookie

删除Cookie

前面已经了解如何创建和访问Cookie。如果Cookie被创建后，没有设置过期时间，那么Cookie文件会在浏览器关闭时自动删除。但是，要在关闭浏览器之前删除Cookie文件，应该怎么办呢？

方法有两种：一种是使用setcookie()函数删除，另一种是在客户端手动删除Cookie。在客户端手动删除Cookie可能会给用户带来不好的用户体验，较好的做法是使用户选择性地删除浏览器端的Cookie。删除Cookie只需将setcookie()函数中的第二个参数设置为空值，将第三个参数（Cookie的过期时间）设置为小于系统的当前时间即可。

例如，可以将Cookie的过期时间设置为当前时间减1秒，就实现了删除Cookie的操作。代码如下。

```
setcookie("mr", " ", time()-1);
```

 还可以直接将过期时间设置为0，即直接删除Cookie。

11.2.6　创建Cookie数组

创建Cookie数组

应用setcookie()函数还可以创建Cookie数组，语法格式如下。

```
setcookie(string name[下标][, string value[, int expire[, string path[, string domain[, int
secure]]]]])
```

 创建Cookie数组时，name参数的下标可以是整数或字符串，但下标两边不能用引号。此时可以为名称为name的Cookie设置多个Cookie值。

【例11-7】在index.php文件中应用setcookie()函数创建一个Cookie数组，然后在cookie.php文件中读取Cookie数组中的值，代码如下。

index.php文件代码如下。

```php
<?php
setcookie("user[1]","张三");
setcookie("user[2]","李四");
setcookie("user[super]","明日科技");
header("location:cookie.php");
?>
```

cookie.php文件代码如下。

```php
<?php
foreach($_COOKIE['user'] as $key=>$value){
    echo $key."=>".$value."<br />";
}
?>
```

运行结果如图11-14所示。

图11-14　输出Cookie数组中的值

11.3　Session与Cookie的比较

Session与Cookie最大的区别是，Session是将信息保存在服务器上，并通过一个Session ID传递客户端的信息，服务器在接收到Session ID后根据这个ID提供相关的Session信息资源；Cookie是将所有的信息以文本文件的形式保存在客户端，并由浏览器进行管理和维护。

由于Session为服务器存储，远程用户没办法修改Session文件的内容。而Cookie为客户端存储。所以Session要比Cookie安全得多。当然，使用Session还有很多优点，如控制容易，可以按照用户自定义存储（存储于数据库）等。

Cookie与
Session的比较

小　结

本章介绍了Cookie及Session的概念和功能，重点放在对Cookie及Session的技术讲解上，并且通过具体的实例对它们在实际Web开发中的应用进行了剖析。Cookie与Session是进行Web开发不可或缺的一部分。希望读者通过本章的学习，能够熟练地掌握这两项技术。

上机指导

应用SESSION变量控制用户的登录时间。如果用户登录后在10分钟之内没有进行任何操作（页面没有被刷新），则提示用户登录已超时。实现步骤如下。

（1）在conn文件夹下创建conn.php文件，实现连接数据库的操作。代码如下。

```php
<?php
    $conn = mysqli_connect("localhost", "root","111","db_database13") or die("连接数据库服务器失败！".mysqli_error());                                     //连接MySQL服务器
    mysqli_query($conn,"set names utf8");                        //设置数据库编码格式utf8
?>
```

（2）创建登录页面index.php，在页面中创建表单以及表单元素，在该页面用JavaScript脚本对用户输入的用户名和密码进行验证。代码如下。

```html
<script type="text/javascript">
    function checkform(form){                               //检测表单内容是否为空
        if(form.user.value==" "){
            alert("请输入用户名");
            form.user.focus();
            return false;
        }
        if(form.pwd.value==" "){
            alert("请输入密码");
            form.pwd.focus();
            return false;
        }
    }
</script>
<form id="form1" name="form1" method="post" action="index_ok.php" onsubmit="return checkform(form1)">
    <fieldset style="width:500px"><legend style="font-size:16px">用户登录</legend><table width="300" border="0" align="center">
        <tr>
        <td width="77" align="right">用户名：</td>
        <td width="213"><input name="user" type="text" id="user" size="24" /></td>
        </tr>
        <tr>
        <td align="right">密码：</td>
        <td><input name="pwd" type="password" id="pwd" size="25" /></td>
        </tr>
        <tr>
        <td> </td>
        <td><input type="submit" name="sub" value="登录"/>
```

```
      <input type="reset" name="res" value="重置"/></td>
    </tr>
  </table>
  </fieldset>
  </form>
```

（3）创建index_ok.php页面，在页面中通过查询数据库来判断用户输入的用户名和密码是否正确，如果正确，则为SESSION变量赋值。代码如下。

```php
<?php
  session_start();                                              //开启Session
    header("content-type:text/html;charset=utf-8");            //设置编码格式
    include("conn/conn.php");                                   //包含数据库连接文件
    $name=$_POST['user'];
  $pwd=$_POST['pwd'];
    $sql=mysqli_query($conn,"select * from tb_member where name=' ".$name."' and password=' ".$pwd."' ");
                               //执行sql语句
    if(mysqli_num_rows($sql)>0){                               //判断数据库中是否有记录
     $_SESSION['name']=$name;                                  //为SESSION变量赋值
     $_SESSION['time']=time();                                 //为SESSION变量赋值
     echo "<script>alert('登录成功！');location='show.php';</script>";//提示登录成功
     }else{
     echo "<script>alert('用户名或密码错误！');location='index.php';</script>";//提示用户名或密码错误
     }
  ?>
```

（4）创建show.php页面，在页面中进行判断。如果SESSION变量有值且登录时间没有超过10分钟，则显示欢迎信息；如果用户在登录后10分钟之内没有任何操作，则提示用户已登录超时。代码如下。

```php
<?php
    if(!isset($_SESSION['time'])){                             //判断SESSION变量是否为空
    echo "<script>alert('您无权限查看本页面，请先登录！');location='index.php';</script>";
          //不允许直接登录
    }elseif((time()-$_SESSION['time'])<600){                   //如果登录时间没有超过10分钟
    $_SESSION['time']=time();                                  //把当前时间戳赋给SESSION变量
  ?>
<table width="469" border="0" align="center">
  <tr>
   <td colspan="3"><img src="images/mysql_01.gif" width="464" height="139" /></td>
  </tr>
  <tr>
   <td width="81"><img src="images/mysql_02.gif" width="78" height="136" /></td>
```

```
        <td width="301" align="center" style="font-size:24px; color:#CC00CC; font-weight:bolder">欢迎来到学
涯在线！</td>
        <td width="74"><img src="images/mysql_04.jpg" width="74" height="136" /></td>
    </tr>
    <tr>
        <td height="63" colspan="3"><img src="images/mysql_05.gif" width="464" height="61" /></td>
    </tr>
</table>
<?php
    }else{/            /如果登录时间超过10分钟且10分钟内没有刷新页面，则提示登录超时
            echo "<script>alert('登录超时，请重新登录！');location='index.php';</script>";
    }
?>
```

在浏览器中运行index.php文件，输入正确的用户名和密码，登录成功后的界面如图11-15所示。如果在登录10分钟之内没有任何操作，则刷新页面后，浏览器会提示用户登录超时，运行结果如图11-16所示。

图11-15　登录成功

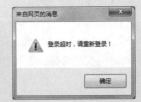

图11-16　登录超时

习　题

11-1　如何完成对Cookie过期时间的设置？

11-2　如何通过setcookie()函数删除客户端Cookie？

11-3　简单说明Session与Cookie在使用上的区别。

第12章

面向对象基础

本章要点

面向对象的基本概念 ■
类的声明，成员属性、成员
类的实例化 ■
访问类中的成员 ■
构造方法和析构方法 ■
面向对象的封装特性 ■
面向对象的继承特性 ■
static关键字 ■

■ 在前面章节中编写程序采用的是面向过程的编程方式，这个时候，函数与变量是分离的，当项目较大或者程序的变量较多时，非常不利于开发人员开发和维护。面向对象的编程方式是如今开发模式的主流，具有独立性、灵活性和可重用性等特点，非常适合大型项目的开发。PHP能够成为Web开发领域的主流语言，面向对象的开发模式也是重要原因之一。

12.1 面向对象的基本概念

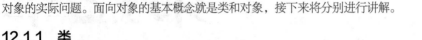

面向对象就是将要处理的问题抽象为对象，然后通过对象的属性和行为来解决对象的实际问题。面向对象的基本概念就是类和对象，接下来将分别进行讲解。

面向对象
的基本概念

12.1.1 类

正所谓"物以类聚，人以群分"，世间万物都具有其自身的属性和方法，通过这些属性和方法可以将不同物质区分开来。例如，人具有性别、体重和肤色等属性，还可以进行吃饭、睡觉、学习等能动活动，这些活动可以说是人具有的功能。可以把人看作程序中的一个类，那么人的性别可以比作类中的属性，吃饭可以比作类中的方法。

也就是说，类是属性和方法的集合，是面向对象编程方式的核心和基础，通过类可以将零散的用于实现某项功能的代码进行有效管理。例如，创建一个数据库连接类，包括6个属性：数据库类型、服务器、用户名、密码、数据库和错误处理；包括3个方法：定义变量方法、连接数据库方法和关闭数据库方法。数据库连接类的设计效果如图12-1所示。

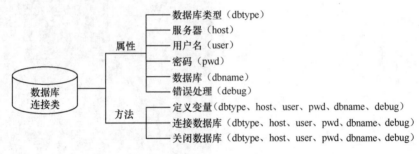

图12-1 数据库连接类

12.1.2 对象

类只是具备某项功能的抽象模型，实际应用中还需要对类进行实例化，这样就引入了对象的概念。对象是类进行实例化后的产物，是一个实体。仍然以人为例，"黄种人是人"这句话没有错误，但反过来说"人是黄种人"这句话一定是错误的。因为除了黄种人，还有黑人、白人等。那么"黄种人"就是"人"这个类的一个实例对象。可以这样理解对象和类的关系：对象实际上就是"有血有肉的、能摸得到看得见的"一个类。

这里实例化创建的数据库连接类，调用数据库连接类中的方法，完成与数据库的连接操作，如图12-2所示。

图12-2 实例化对象

12.1.3 面向对象的特点

面向对象编程的3个重要特点是继承、封装和多态。它们迎合了编程中注重代码重用性、灵活性和可扩展性的需要，奠定了面向对象在编程中的地位。

（1）封装性就是将一个类的使用和实现分开，只保留有限的接口（方法）与外部联系。对于使用该类的开发人员，只要知道这个类该如何使用即可，而不用去关心这个类是如何实现的。这样做可以让开发人员更好地把精力集中起来专注别的事情，同时避免了程序之间的相互依赖而带来的不便。

例如，使用计算机时，不需要将计算机拆开了解每个部件的具体用处，用户只需按下主机箱上的Power按钮就可以启动计算机。但对于计算机内部的构造，用户可以不必了解，这就是封装的具体表现。

（2）继承性是派生类（子类）自动继承一个或多个基类（父类）中的属性与方法，并可以重写或添加新的属性或方法。继承这个特性简化了对象和类的创建，增加了代码的可重用性。

假如已经定义了A类，接下来准备定义B类，而B类中有很多属性和方法与A类相同，就可以使B类继承于A类，这样就无须再在B类中定义A类已有的属性和方法，从而可以在很大程度上提高程序的开发效率。

例如，定义一个水果类，水果类具有颜色属性，然后定义一个苹果类，在定义苹果类时完全可以不定义苹果类的颜色属性，通过图12-3所示继承关系完全可以使苹果类具有颜色属性。

（3）多态性是指同一个类的不同对象，使用同一个方法可以获得不同的结果。多态性增强了软件的灵活性和重用性。

例如，定义一个火车类和一个汽车类，火车和汽车都可以移动，说明两者在这方面可以进行相同的操作。然而，火车和汽车移动的行为是截然不同的，因为火车必须在铁轨上行驶，而汽车在公路上行驶，这就是类多态性的形象比喻，如图12-4所示。

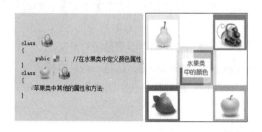

图12-3　继承特性效果示意图

图12-4　多态在生活中的体现

12.2 类的声明

在面向对象的编程语言中，类是对对象的抽象，在类中可以定义对象的属性和方法的描述；对象是类的实例，类只有被实例化后才能被使用。

类的声明

12.2.1 定义类

在PHP中，使用关键字class加类名的方式定义类，然后用大括号包裹类体，在类体中定义类的属性和方法。类的格式如下。

```php
<?php
    权限修饰符 class 类名{
            类体;
    }
```

```
    ?>
```

- 权限修饰符是可选项，可以使用public、protected、private或者省略这三者。
- class是创建类的关键字。
- 类名是所要创建类的名称，必须写在class关键字之后，在类的名称后面必须跟上一对大括号。
- 类体是类的成员，类体必须放在类名后面的大括号"{"和"}"之间。

类名的定义与变量名和函数名的命名规则类似，如果由多个单词组成，习惯上每个单词的首字母要大写，并且类名应该有一定的意义。

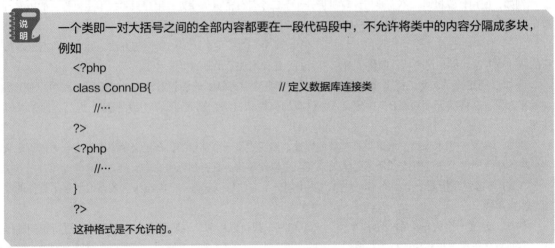

说明　一个类即一对大括号之间的全部内容都要在一段代码段中，不允许将类中的内容分隔成多块，例如

```php
<?php
class ConnDB{                          // 定义数据库连接类
    //…
?>
<?php
    //…
}
?>
```
这种格式是不允许的。

12.2.2　成员属性

在类中直接声明的变量称为成员属性（也可以称为成员变量），可以在类中声明多个变量，即对象中有多个成员属性，每个变量都存储对象不同的属性信息。

成员属性的类型可以是PHP中的标量类型和复合类型，但是使用资源和空类型是没有意义的。

成员属性的声明必须用关键字来修饰，如public、protected、private等，这是一些具有特定意义的关键字。如果不需要有特定的意义，那么可以使用var关键字来修饰。还有就是在声明成员属性时，没有必要赋初值。

下面创建ConnDB类并在类中声明一些成员属性，代码如下。

```php
class ConnDB{                          // 定义类
    var $dbtype;                       // 声明成员属性
    var $host;                         // 声明成员属性
    var $user;                         // 声明成员属性
    var $pwd;                          // 声明成员属性
    var $dbname;                       // 声明成员属性
    var $debug;                        // 声明成员属性
    var $conn;                         // 声明成员属性
}
```

12.2.3　成员常量

既然有成员变量，当然也会有成员常量。成员常量就是不会改变的量，是一个恒值。例如，圆周率就是众所周知的一个常量。在类中定义常量，使用关键字const。例如，定义一个圆周率常量：

```
const PI= 3.14159;
```

常量的输出不需要实例化对象，直接由类名+常量名调用即可。常量输出的格式如下。

```
类名::常量名
```

类名和常量名之间的两个冒号"::"称为作用域操作符，使用这个操作符可以在不创建对象的情况下调用类中的常量、变量和方法。关于作用域操作符，将在12.5.2节中进行介绍。

12.2.4　成员方法

在类中声明的函数称为成员方法。一个类中可以声明多个函数，即对象中可以有多个成员方法。成员方法的声明和函数的声明相同，唯一特殊之处是成员方法可以有关键字来对它进行修饰，控制成员方法的权限，提高代码的逻辑性和安全性。声明成员方法的代码如下。

```
class ConnDB{                              // 定义类
    function ConnDB(){                     // 声明构造方法
                                           // 方法体

    }
    function GetConnId(){                  // 声明数据库连接方法
                                           // 方法体

    }
    function CloseConnId(){                // 声明数据库关闭方法
        $this->conn->Disconnect();         // 方法体，执行关闭的操作
    }
}
```

在类中成员属性和成员方法的声明都是可选的，可以同时存在，也可以单独存在，具体应该根据实际的需求而定。

12.3　类的实例化

12.3.1　对象的创建

对象的创建

对类定义完成后并不能直接使用，还需要对类进行实例化，即创建对象。PHP中使用关键字new创建一个对象。类的实例化格式如下。

```
$变量名=new 类名称([参数]);
```

- 变量名：类实例化返回的对象名称，用于引用类中的方法。
- new：关键字，表明要创建一个新的对象。
- 类名称：表示新对象的类型。
- 参数：指定类的构造方法用于初始化对象的值。如果类中没有定义构造方法，PHP会自动创建一个不带参数的默认构造方法。

例如，这里对上面创建的ConnDB类进行实例化，代码如下。

```
class ConnDB{                              // 定义类
    function ConnDB(){                     // 声明构造方法
                                           // 方法体

    }
```

```
        function GetConnId(){                             // 声明数据库连接方法
                                                          // 方法体

        }
        function CloseConnId(){                           // 声明数据库关闭方法
                $this->conn->Disconnect();                // 方法体，执行关闭的操作
        }
}
$connobj1=new ConnDB();                                   // 类的实例化
$connobj2=new ConnDB();                                   // 类的实例化
$connobj3=new ConnDB();                                   // 类的实例化
```

一个类可以实例化多个对象，每个对象都是独立的。如果上面的ConnDB类
实例化了3个对象，就相当于在内存中开辟了3个空间存放对象。同一个类声明的
多个对象之间没有任何联系，只能说明它们是同一个类型。就像是3个人，都有自
己的姓名、身高、体重，都可以进行吃饭、睡觉、学习等活动。

访问类中的成员

12.3.2　访问类中的成员

类中包括成员属性和成员方法，访问类中的成员包括对成员属性和方法的
访问。在对类进行实例化后可以通过对象的引用来访问类中的公有属性和公有方
法，即被关键字public修饰的属性和方法。其中还要用到一个特殊的运算符号"->"。访问类中成员的语法
格式如下。

```
$变量名=new 类名称([参数]);                              // 类的实例化
$变量名->成员属性=值;                                    // 为成员属性赋值
$变量名->成员属性;                                       // 直接获取成员属性值
$变量名->成员方法;                                       // 访问对象中指定的方法
```

从上述代码可以发现，PHP调用类的属性和方法使用符号"->"而非"."。其他一些面向对象的编程
语言，如Java和C#等一般采用点。初学者应该注意，不要混淆。

【例12-1】创建Student类，对类进行实例化，并访问类中的成员属性和成员方法。代码如下。

```php
<?php
class Student{
    public $type="学生";                                //定义类的属性
    public $name="小明";
    public $age="15";
    public function getNameAndAge(){                     //定义类的成员方法
        return $this->name."今年".$this->age."周岁";
    }
}
$student = new Student();                                //类的实例化
echo $student->type;                                     //调用类的成员属性
echo $student->getNameAndAge();                          //调用类的成员方法
?>
```

本实例的运行结果如图12-5所示。

图12-5　访问类中的成员

12.3.3 "$this"操作符

"$this"
操作符

例12-1中使用了一个特殊的对象引用方法"$this"。它表示什么意义呢？这里进行详细讲解。

PHP面向对象的编程方式中，在对象中的方法执行时会自动定义一个$this变量，这个变量表示对对象本身的引用。使用$this变量可以引用该对象的其他方法和属性，并使用"->"作为连接符，如下所示。

```
$this->属性;                        /注意属性名前没有"$"
$this->方法;
```

在使用$this引用对象自身的方法时，直接加方法名并为方法指定参数即可。如果引用的是类的属性，一定注意不要加"$"。

正如在例12-1中定义的那样，在getNameAndAge()方法中，直接通过$this->name和$this->age获取学生的名字和年龄。

12.3.4 构造方法和析构方法

构造方法
和析构方法

1. 构造方法

构造方法是对象创建完成后第一个被对象自动调用的方法。它存在于每个声明的类中，是一个特殊的成员方法。如果在类中没有直接声明构造方法，那么类中会默认生成一个没有任何参数且内容为空的构造方法。

构造方法多数是执行一些初始化的任务。在PHP中，构造方法的声明有两种情况：第一种在PHP 5以前的版本中，构造方法的名称必须与类名相同；第二种在PHP 5的版本中，构造方法的名称必须是以两个下划线开始的"__construct()"。虽然在PHP 5中构造方法的声明方法发生了变化，但是以前的方法还是可用的。

PHP 5中的这个变化是考虑到构造方法可以独立于类名，当类名发生变化时不需要修改相应的构造方法的名称。通过__construct()声明构造方法的语法格式如下。

```
function __construct([mixed args [,…]]){
                        //方法体
    }
```

在PHP中，一个类只能声明一个构造方法。在构造方法中可以使用默认参数，实现其他面向对象的编程语言中构造方法重载的功能。如果在构造方法中没有传入参数，那么将使用默认参数为成员变量进行初始化。

【例12-2】在数据库连接类Mysql中通过__construct()声明构造方法。代码如下。

```
<?php
/*
```

构造方法：当类被实例化后构造方法自动执行，所以如果用户希望在实例化的同时调用某个方法，可以把此方法通过this关键字调用。

```
*/
    class Mysql{                                            // 定义类名称
            var $localhost;                                 // 定义成员变量
            var $name;
            var $pwd;
            var $db;
            var $conn;
            public function __construct($localhost,$name,$pwd,$db = "db_database12"){// 构造方法
                    $this->localhost=$localhost;
                    $this->name=$name;
                    $this->pwd=$pwd;
                    $this->db=$db;
                    $this->connect();
            }
            public function connect(){                       //定义connect()方法
                    $this->conn=mysqli_connect($this->localhost,$this->name,$this->pwd,$this->db)or
die("CONNECT MYSQL FALSE");
                    mysqli_query($this->conn,"SET NAMES utf8");
            }
            public function GetId(){                          //定义GetId()方法
                    echo "MySQL服务器的用户名：".$this->name."<br>";
                    echo "MySQL服务器的密码：".$this->pwd;
            }
    }
    $msl=new Mysql("127.0.0.1","root","111");                 // 实例化对象
    $msl->GetId();                                            // 调用指定的方法
?>
```

运行结果如图12-6所示。

图12-6 通过_construct()声明构造方法

2. 析构方法

析构方法的作用和构造方法正好相反，是对象被销毁之前最后一个被对象自动调用的方法。它是PHP 5中新添加的内容，实现在销毁一个对象之前执行一些特定的操作，如关闭文件、释放内存等。

析构方法的声明格式与构造方法类似，都是以两个下划线开头的"__destruct"，析构函数没有任何参

数。其语法格式如下。

```
function __destruct(){
        // 方法体，通常是完成一些在对象销毁前的清理任务
}
```

在PHP中，有一种"垃圾回收"机制，可以自动清除不再使用的对象，释放内存。而析构方法就是在这个垃圾回收程序执行之前被调用的方法。在PHP中，它属于类中的可选内容。

12.4 面向对象的封装

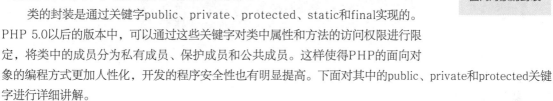

面向对象的封装

面向对象编程的特点之一是封装性，将类中的成员属性和方法结合成一个独立的相同单位，并尽可能地隐藏对象的内容细节。

类的封装是通过关键字public、private、protected、static和final实现的。PHP 5.0以后的版本中，可以通过这些关键字对类中属性和方法的访问权限进行限定，将类中的成员分为私有成员、保护成员和公共成员。这样使得PHP的面向对象的编程方式更加人性化，开发的程序安全性也有明显提高。下面对其中的public、private和protected关键字进行详细讲解。

12.4.1 公共成员关键字public

顾名思义，公共成员就是可以公开的、没有必要隐藏的数据信息，可以在程序的任何地点（类内、类外）被其他的类和对象调用。子类可以继承和使用父类中所有的公共成员。

在本章的前半部分，所有的变量都被声明为public，而所有的方法在默认的状态下也是public。所以对变量和方法的调用可以在类外部执行。

12.4.2 私有成员关键字private

被private关键字修饰的变量和方法，只能在所属类的内部被调用和修改，不可以在类外被访问，即使是子类也不可以。

【例12-3】通过调用成员方法对私有变量$bookName进行修改和访问；如果直接调用私有变量，将会发生错误。代码如下。

```php
<?php
    class Book{
            private $bookName="PHP从入门到实践";          //定义私有变量并赋值
            public function setName($bookName){           //定义setName()方法设置变量值
                    $this->bookName=$bookName;
            }
            public function getName(){                    //定义getName()方法返回变量值
                    return $this->bookName;
            }
    }
    $book=new Book();                                     //对类实例化
    $book->setName("PHP自学视频教程");                     //执行setName()方法修改私有变量的值
```

```
echo "正确操作私有变量：";
echo $book->getName();                              //执行getName()方法输出变量的值
echo "<br>错误操作私有变量：";
echo $book->bookName;                               //直接访问私有变量出现错误
?>
```

运行结果如图12-7所示。

图12-7　用private关键字修饰变量

 说明 对于成员方法，如果没有写关键字，那么默认是public。从本节开始，以后所有的方法及变量都会带上关键字，这是程序员的一种良好的编程习惯。

12.4.3　保护成员关键字protected

private关键字可以将数据完全隐藏起来，除了在本类外，其他地方都不可以调用，子类也不可以。对于有些变量希望子类能够调用，但对另外的类来说，还要做到封装。这时，就可以使用protected。被protected修饰的类成员，可以在本类和子类中被调用，其他地方则不可以被调用。

【例12-4】首先声明一个protected变量，然后使用子类中的方法调用，最后在类外直接调用一次。代码如下。

```
<?php
    class Car{                                      //定义轿车类
        protected $carName="奥迪系列";              //定义保护变量
    }
    class SmallCar extends Car{                     //定义小轿车类继承轿车类
        public function say(){                       //定义say方法
            echo "调用父类中的属性：".$this->carName;  //输出父类变量
        }
    }
    $car=new SmallCar();                            //实例化对象
    $car->say();                                    //调用say方法
    echo $car->carName;                             //直接访问保护变量出现错误
?>
```

运行结果如图12-8所示。

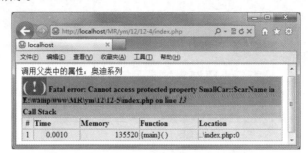

图12-8 用protected关键字修饰变量

 说明

虽然PHP中没有对修饰变量的关键字做强制性的规定和要求，但从面向对象的特征和设计方面考虑，一般使用private或protected关键字修饰变量，以防止变量在类外被直接修改和调用。

12.5 面向对象的继承

面向对象编程的特点之二是继承性，使一个类继承并拥有另一个已存在类的成员属性和成员方法，其中被继承的类称为父类，继承的类称为子类。通过继承能够提高代码的重用性和可维护性。

继承关键字
extends

12.5.1 继承关键字extends

类的继承是类与类之间的一种关系的体现。子类不仅有自己的属性和方法，而且拥有父类的所有属性和方法，即所谓子承父业。

在PHP中，类的继承通过关键字extends实现，语法格式如下。

```
class 子类名称 extends 父类名称{
                                              // 子类成员变量列表
    function 成员方法(){                        // 子类成员方法
                                              // 方法体
    }
                                              // 省略其他方法
}
```

【例12-5】创建一个水果父类，在另一个水果子类中通过extends关键字继承水果父类中的成员属性和方法，最后对水果子类进行实例化操作。代码如下。

```php
<?php
    class Fruit{
            var $apple="苹果";                  // 定义变量
            var $banana="香蕉";
            var $orange="橘子";
    }
    class FruitType extends Fruit{             // 类之间继承
            var $grape="葡萄";                  // 定义子类变量
    }
```

```
    $fruit=new FruitType();                              // 实例化对象
    echo $fruit->apple.", ".$fruit->banana.", ".$fruit->orange.", ".$fruit->grape;
?>
```

运行结果如图12-9所示。

图12-9　类的继承

12.5.2　"::"操作符

相比$this引用只能在类的内部使用，操作符"::"才是真正的强大。操作符"::"可以在没有声明任何实例的情况下访问类中的成员。操作符"::"的语法格式如下。

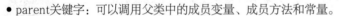

关键字::变量名/常量名/方法名

这里的关键字分为以下3种情况。

"::"操作符

- parent关键字：可以调用父类中的成员变量、成员方法和常量。
- self关键字：可以调用当前类中的静态成员和常量。
- 类名：可以调用本类中的变量、常量和方法。

【例12-6】依次使用类名、parent关键字和self关键字调用常量和方法。代码如下。

```php
<?php
    class Car{
            const NAME="别克系列";                        //定义常量
            public function bigType(){                   //定义成员方法
                    echo "父类：".Car::NAME;  //调用常量
            }
    }
    class SmallCar extends Car{                          //子类继承父类
            const NAME="别克君威";                         //定义常量
            public function smallType(){                 //定义子类成员方法
                    echo parent::bigType()."\t";         //调用父类方法
                    echo "子类：".self::NAME;             //调用当前类常量
            }
    }
    $car=new SmallCar();                                 //实例化对象
    $car->smallType();                                   //调用smallType方法
?>
```

本实例运行结果如图12-10所示。

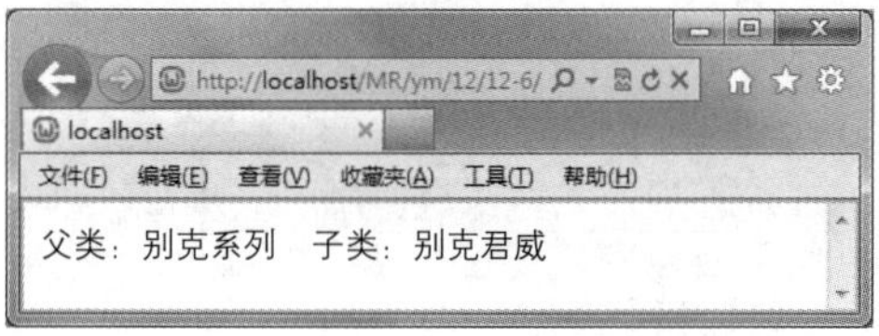

图12-10 操作符 "::" 的使用

12.5.3 覆盖父类方法

覆盖父类方法

所谓覆盖父类方法，也就是使用子类中的方法将从父类中继承的方法进行替换，也叫方法的重写。

覆盖父类方法的关键就是在子类中创建与父类中相同的方法，包括方法名称、参数和返回值类型。

> **【例12-7】** 在子类中创建一个与父类方法同名的方法，就实现了方法的重写。其关键代码如下。

```php
<?php
    class Car{                                        // 定义轿车类
            protected $wheel;                         // 定义保护变量
            protected $steer;
            protected $speed;
            public function say_type(){               // 定义轿车类型方法
                    $this->wheel="45.9cm";            // 定义车轮直径长度
                    $this->steer="15.7cm";            // 定义方向盘直径长度
                    $this->speed="120m/s";            // 定义车速
            }
    }
    class SmallCar extends Car{                        // 定义小型轿车类继承轿车类
            public function say_type(){               // 定义与父类方法同名的方法
                    $this->wheel="50.9cm";            // 定义车轮直径长度
                    $this->steer="20cm";              // 定义方向盘直径长度
                    $this->speed="160m/s";            // 定义车速
            }
            public function say_show(){               // 定义输出方法
                    $this->say_type();                // 调用本类中方法
                    echo "Q7轿车轮胎尺寸：".$this->wheel."<br>";// 输出本类中定义的车轮直径长度
                    echo "Q7轿车方向盘尺寸：".$this->steer."<br>";// 输出本类中定义的方向盘直径长度
                    echo "Q7轿车最高时速：".$this->speed;  // 输出本类中定义的最高时速
            }
    }
    $car=new SmallCar();                              // 实例化小轿车类
    $car->say_show();                                 // 调用say_show()方法
?>
```

本实例运行效果如图12-11所示。

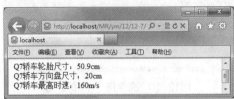

图12-11　重写方法

说明

如果父类和子类中都定义了构造方法，当子类的对象被创建后，将调用子类的构造方法，而不会调用父类的构造方法。

12.6　static关键字

在PHP中，通过static关键字修饰的成员属性和成员方法称为静态属性和静态方法。静态属性和静态方法不需要对象而使用类名就可以直接访问。

static关键字

12.6.1　静态属性

静态属性就是使用关键字static修饰的成员属性，它属于类本身而不属于类的任何实例。它相当于存储在类中的全局变量，可以在任何位置通过类名访问。静态属性访问的语法如下。

类名称::$静态属性名称

其中的符号"::"称为范围解析操作符，用于访问静态成员、静态方法和常量，还可以用于覆盖类中的成员和方法。

如果要在类内部的成员方法中访问静态属性，那么在静态属性的名称前加上操作符"self::"即可。

12.6.2　静态方法

静态方法就是通过关键字static修改的成员方法。由于它不受任何对象的限制，所以可以不通过类的实例化直接引用类中的静态方法。静态方法引用的语法如下。

类名称::静态方法名称([参数1,参数2,……])

同样，如果要在类内部的成员方法中引用静态方法，那么也是在静态方法的名称前加上操作符"self::"。

静态方法在对象不存在的情况下可以使用类名来访问。在静态方法中只能访问静态成员，而在非静态方法中可以使用类名或self关键字访问静态成员。

使用静态成员，除了可以不需要实例化对象，另一个作用就是在对象被销毁后，仍然保存被修改的静态数据，以便下次继续使用。

【例12-8】　首先，声明一个静态属性和一个静态方法，在方法的内部调用静态属性并给属性值加1。然后，通过两种不同的方式调用类中的静态方法。代码如下。

```php
<?php
    class Web{
        static $num="1";                                    //定义静态属性
```

```
                static function change(){                              //定义change方法
                        echo "您是本站第".self::$num."位访客.\t";        //输出静态属性的值
                        self::$num++;                                  //静态属性做自增运算
                }
        }
    $wcb-ncw Web(),                                                    //实例化对象
    echo "第一次通过对象调用: <br>";
    $web->change();                                                    //通过对象调用
    $web->change();
    $web->change();
    echo "<br>第二次通过类名调用: <br>";
    Web::change();                                                     //通过类名调用
    Web::change();
?>
```

运行结果如图12-12所示。

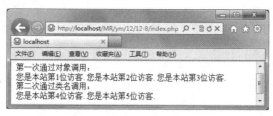

图12-12　静态成员的使用

如果将程序代码中的静态属性改为普通属性，如"private $num = 0;"，那么结果就不一样了。读者可以动手试一试。

12.7　抽象类和接口

抽象类（Abstract）和接口（Interface）都是不能被实例化的特殊类。它们都是配合面向对象的多态性一起使用的。下面讲解它们的声明和使用方法。

12.7.1　抽象类

抽象类是一种不能被实例化的类，只能作为其他类的父类使用。抽象类使用abstract关键字来声明，其语法格式如下。

抽象类和接口

```
abstract class 抽象类名称{
    //抽象类的成员变量列表
    abstract function 成员方法1(参数);                               // 定义抽象方法
    abstract function 成员方法2(参数);                               // 定义成员方法
}
```

抽象类和普通类相似，包含成员变量、成员方法。两者的区别在于，抽象类至少要包含一个抽象方法；抽象方法没有方法体，其功能的实现只能在子类中完成。抽象方法也是使用abstract关键字来修饰的。

注意 抽象方法后面要有分号 " ; "。

抽象类和抽象方法主要应用于复杂的层次关系中，这种层次关系要求每一个子类都包含并重写某些特定的方法。

例如，中国的美食是多种多样的，有吉菜、鲁菜、川菜、粤菜等。每种菜系使用的都是煎、炒、烹、炸等手法，只是在具体的步骤上，各有各的不同。如果把中国美食当作一个大类Cate，下面的各大菜系就是Cate的子类，而煎、炒、烹、炸则是每个类中都有的方法。每个方法在子类中的实现都是不同的，在父类中无法规定。为了统一规范，不同子类的方法要有一个相同的方法名：decoct（煎）、stir_fry（炒）、cook（烹）和fry（炸）。

> 【例12-9】 根据中国的美食，创建一个抽象类Cate，在抽象类中定义4个抽象方法：decocts（煎）、stir_frys（炒）、cooks（烹）、frys（炸）。创建吉、鲁、川、粤4个菜系子类，继承Cate类，并在子类中重写父类的抽象方法：decocts（煎）、stir_frys（炒）、cooks（烹）、frys（炸）。最后，实例化吉菜子类。

关键代码如下。

```php
<?php
    abstract class cate{                                // 定义抽象类
        abstract function decocts($a,$b);               // 定义抽象方法煎
        abstract function stir_frys($a,$b);             // 定义抽象方法炒
        abstract function cooks($a,$b);                 // 定义抽象方法烹
        abstract function frys($a,$b);                  // 定义抽象方法炸
    }
    class JL_Cate extends cate{                         // 定义吉菜子类并继承父类
        public function decocts($a,$b){                 // 定义煎方法
            echo "您点的菜是："."$a."<br>";             // 输出菜名
            echo "价格是："."$b."<br>";                 // 输出价格
        }
        public function stir_frys($a,$b){               // 定义炒方法
            echo "您点的菜是："."$a."<br>";             // 输出菜名
            echo "价格是："."$b."<br>";                 // 输出价格
        }
        public function cooks($a,$b){                   // 定义烹方法
            echo "您点的菜是："."$a."<br>";             // 输出菜名
            echo "价格是："."$b."<br>";                 // 输出价格
        }
        public function frys($a,$b){                    // 定义炸方法
            echo "您点的菜是："."$a."<br>";             // 输出菜名
            echo "价格是："."$b."<br>";                 // 输出价格
        }
    }
    // 省略了部分代码
    $jl=new JL_Cate();                                  // 实例化吉菜系
```

```
    $jl->decocts("小鸡炖粉条", "39元");                              // 调用煎方法
?>
```

运行结果如图12-13所示。

图12-13　抽象类的应用

12.7.2　接口

继承特性简化了对象、类的创建，增加了代码的可重性。但PHP只支持单继承。如果想实现多重继承，就要使用接口。PHP可以实现多个接口。

1. 接口的声明

接口类通过interface关键字来声明，接口中声明的方法必须是抽象方法，接口中不能声明变量，只能使用const关键字声明为常量的成员属性，并且接口中所有成员都必须具备public的访问权限。接口声明的语法格式如下。

```
interface 接口名称{                                          // 使用interface关键字声明接口
    // 常量成员                                              // 接口中成员只能是常量
    // 抽象方法;                                             // 成员方法必须是抽象方法
}
```

不要用public以外的关键字修饰接口中的类成员。对于方法，不写关键字也可以。这是由接口类自身的天性决定的。

接口和抽象类相同，都不能进行实例化的操作，也需要通过子类来实现。但是接口可以直接使用接口名称在接口外获取常量成员的值。

例如，下面声明一个One接口，在接口外获取常量的值，代码如下。

```
<?php
interface One{                                              // 声明接口
    const CONSTANT='CONSTANT value';                        // 声明常量成员属性
    function FunOne();                                      // 声明抽象方法
}
echo One::CONSTANT;                                         //输出常量的值，运行结果为CONSTANT value
?>
```

接口之间也可以实现继承，同样需要使用extends关键字。

例如：下面声明一个Two接口，通过extends关键字继承One，代码如下。

```
interface Two extends One{                                  // 声明接口，并实现接口之间的继承
    function FunTwo();                                      // 声明抽象方法
}
```

2. 接口的应用

因为接口不能进行实例化的操作，所以要使用接口中的成员，就必须借助子类。在子类中，继承接口使用implements关键字。如果要实现多个接口的继承，那么每个接口之间使用逗号"，"连接。

> 既然通过子类继承了接口中的方法，那么接口中的所有方法必须都在子类中实现，否则PHP将抛出错误信息。

下面看一个接口的实际应用。

【例12-10】 首先声明两个接口Person和Popedom。然后在子类Member中继承接口并声明在接口中定义的方法。最后实例化子类，调用子类中的方法输出数据。代码如下。

```php
<?php
    interface Person{                            // 定义Person接口
        public function say();                   // 定义接口方法
    }
    interface Popedom{                           // 定义Popedom接口
        public function money();                 // 定义接口方法
    }
    class Member implements Person,Popedom{      // 类Member继承接口Person和Popedom
        public function say(){                    // 定义say方法
            echo "我只是一名普通员工，";          // 输出信息
        }
        public function money(){                  // 定义方法money
            echo "我一个月的薪水是10000元";       // 输出信息
        }
    }
    $man=new Member ();                           // 实例化对象
    $man->say();                                  // 调用say方法
    $man->money();                                // 调用money方法
?>
```

运行结果如图12-14所示。

图12-14　应用接口

12.8　面向对象实现多态

面向对象编程的一个特点是多态性，是指一段程序能够处理多种类型对象的能力。例如，在介绍面向对象特点时举的火车和汽车的例子，虽然火车和汽车都可以移动，但是它们的行为是不同的，火车要在铁轨上行驶，而汽车则在公路上行驶。

面向对象
实现多态

在PHP中，多态有两种实现方法：通过继承实现多态和通过接口实现多态。

12.8.1 通过继承实现多态

继承性已经在前面讲解过，这里直接给出一个实例，展示通过继承实现多态的方法。

【例12-11】首先创建一个抽象类Type，用于表示各种交通方法，然后让子类继承这个Type类。代码如下。

```php
<?php
    abstract class Type{                                // 定义抽象类Type
            abstract function go_Type();                // 定义抽象方法go_Type()
    }
    class Type_car extends Type{                        // 小轿车类继承Type抽象类
            public function go_Type(){                  // 重写抽象方法
                    echo "我开着小轿车去拉萨";          // 输出信息
            }
    }
    class Type_bus extends Type{                        // 定义巴士类继承Type类
            public function go_Type(){                  // 重写抽象方法
                    echo "我坐巴士去拉萨";
            }
    }
    function change($obj){                              // 自定义方法根据传入对象不同调用不同类中方法
            if($obj instanceof Type){
                    $obj->go_Type();
            }else{
                    echo "传入的参数不是一个对象";      // 输出信息
            }
    }
    echo "实例化Type_car：";
    change(new Type_car());                             // 实例化Type_car类
    echo "<br>";
    echo "实例化Type_bus：";
    change(new Type_bus);                               // 实例化Type_bus类
?>
```

运行结果如图12-15所示。

图12-15 通过继承实现多态

在上述实例中，对于抽象类Type而言，Type_car类和Type_bus类就是其多态性的体现。

12.8.2 通过接口实现多态

下面通过实例讲解如何通过接口实现多态。

【例12-12】首先定义接口Type，并定义一个空方法go_Type()。然后定义Type_car和Type_bus子类继承接口Type。最后通过instanceof关键字检查对象是否属于接口Type。代码如下。

```php
<?php
    interface Type{                                // 定义Type接口
            public function go_Type();              // 定义接口方法
    }
    class Type_car implements Type{                // Type_car类实现Type接口
            public function go_Type(){              // 定义go_Type方法
                    echo "我开着小轿车去拉萨";       // 输出信息
            }
    }
    class Type_bus implements Type{                // Type_bus实现Type接口
            public function go_Type(){              // 定义go_Type方法
                    echo "我坐巴士去拉萨";           // 输出信息
            }
    }
    function change($obj){                         // 自定义方法
            if($obj instanceof Type){
                    $obj->go_Type();
            }else{
                    echo "传入的参数不是一个对象";   // 输出信息
            }
    }
    echo "实例化Type_car：";
    change(new Type_car);                          // 实例化对象
    echo "<br>";
    echo "实例化Type_bus：";
    change(new Type_bus);
?>
```

其运行结果与例12-11是相同的。

12.9 面向对象的其他关键字

12.9.1 final关键字

final的中文含义是最终的、最后的。被final修饰过的类和方法就是"最终的版本"。如果有一个类的格式为：

面向对象的
其他关键字

```
final class class_name{
//…
}
```

说明该类不可以再被继承，也不能再有子类。

如果有一个方法的格式为：

```
final function method_name()
```

说明该方法在子类中不可以进行重写，也不可以被覆盖。

这就是final关键字的作用。

12.9.2　clone关键字

1. 克隆对象

对象的克隆可以通过关键字clone实现。使用clone克隆的对象与原对象没有任何关系，它是将原对象从当前位置重新复制了一份，也就是相当于在内存中新开辟了一块空间。用clone关键字克隆对象的语法格式如下。

```
$克隆对象名称=clone $原对象名称;
```

对象克隆成功后，它们中的成员方法、属性以及值是完全相同的。如果要为克隆后的副本对象在克隆时重新为成员属性赋初始值，就要使用下面将要介绍的魔术方法"__clone()"。

2. 克隆副本对象的初始化

魔术方法"__clone()"可以为克隆后的副本对象重新初始化。它不需要任何参数，其中自动包含$this和$that两个对象的引用，$this是副本对象的引用，$that则是原本对象的引用。

【例12-13】在对象$book1中创建__clone()方法，将变量$object_type的默认值从book修改为computer。使用对象$book1克隆出对象$book2，输出$book1和$book2的$object_type值。代码如下。

```php
<?php
class Book{                                    // 定义类Book
    private $object_type = 'book';             // 声明私有变量$object_type，并赋初值book
    public function setType($type){            // 声明成员方法setType，为变量$object_type赋值
        $this -> object_type = $type;
    }
    public function getType(){                 // 声明成员方法getType，返回变量$object_type的值
        return $this -> object_type;
    }
    public function __clone(){                 // 声明__clone()方法
        $this ->object_type = 'computer';      // 将变量$object_type的值修改为computer}
}
$book1 = new Book();                           // 实例化对象$book1
$book2 = clone $book1;                         // 克隆对象
echo '对象$book1的变量值为：'.$book1 -> getType();   // 输出对象的变量值
echo '<br>';
echo '对象$book2的变量值为：'.$book2 -> getType();   //输出克隆后对象的变量值
?>
```

运行结果如图12-16所示。

图12-16　clone()方法

对象$book2克隆了对象$book1的全部行为及属性，而且还拥有属于自己的成员变量值。

12.9.3　instanceof关键字

instanceof操作符可以检测当前对象属于哪个类。其语法格式如下。

ObjectName instanceof ClassName

具体实例可以参考12.8节。

12.10　面向对象的常用魔术方法

ＰＨＰ中有很多以两个下划线开头的方法，如前面已经介绍过的__construct()、__destruct()和__clone()，这些方法称为魔术方法。

面向对象的
常用魔术方法

12.10.1　__set()和__get()方法

__set()和__get()方法用于对私有成员进行赋值或者获取值的操作。

● __set()方法：在程序运行过程中为私有的成员属性设置值，它不需要任何返回值。__set()方法包含两个参数，分别表示变量名称和变量值。两个参数不可省略。这个方法不需要主动调用，可以在方法前加上private关键字修饰，防止用户直接调用。

● __get()方法：在程序运行过程中，在对象的外部获取私有成员属性的值。它有一个必要参数，即私有成员属性名。它返回一个允许对象在外部使用的值。这个方法同样不需要主动调用，可以在方法前加上private关键字，防止用户直接调用。

12.10.2　__isset()和__unset()方法

对于__isset()和__unset()方法，如果不看它们前面的"__"符号，一定会想到isset()和unset()函数。

isset()函数用于检测变量是否存在，如果存在，则返回true，否则返回false。而在面向对象中，通过isset()函数可以对公有的成员属性进行检测；但是对于私有的成员属性，这个函数就不起作用了。魔术方法__isset()的作用就是帮助isset()函数检测私有成员属性。

如果对象中存在"__isset()"方法，当在类的外部使用isset()函数检测对象中的私有成员属性时，就会自动调用类中的"__isset()"方法完成对私有成员属性的检测操作。

其语法如下。

bool__isset(string name)　　　　　　　　// 传入对象中的成员属性名，返回值为测定结果

unset()函数的作用是删除指定的变量，参数为要删除的变量名称。在面向对象中，通过unset()函数可以对公有的成员属性进行删除操作；但是对于私有的成员属性，就必须有__unset()方法的帮助才能够完成。

__unset()方法帮助unset()函数在类的外部删除指定的私有成员属性。其语法格式如下。

void__unset(string name)　　　　　　　　// 传入对象中的成员属性名，执行将私有成员属性删除的操作

12.10.3 __call()方法

__call()方法的作用是当程序试图调用不存在或不可见的成员方法时，PHP会先调用__call()方法来存储方法名及其参数。__call()方法包含两个参数，即方法名和方法参数。其中，方法参数是以数组形式存在的。

【例12-14】声明一个类MrSoft，包含两个方法：MingRi()和__call()。类实例化后，调用一个不存在的方法MingR()，看魔术方法__call()的妙用。代码如下。

```php
<?php
class MrSoft{
    public function MingRi(){                        // 方法MingRi()
            echo '调用的方法存在，直接执行此方法。<p>';
    }
    public function __call($method, $parameter) {    // __call()方法
            echo '如果方法不存在，则执行__call()方法。<br>';
            echo '方法名为：'.$method.'<br>';          // 输出第一个参数，即方法名
            echo '参数有：';
            var_dump($parameter);                      // 输出第二个参数，是一个参数数组
    }
}
$mrsoft = new MrSoft();                                // 实例化对象$mrsoft
$mrsoft -> MingRi();                                   // 调用存在的方法MingRi()
$mrsoft -> MingR('how','what','why');                 // 调用不存在的方法MingR()
?>
```

运行结果如图12-17所示。

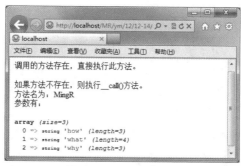

图12-17 __call()方法

12.10.4 __toString()方法

魔术方法__toString()的作用是当使用echo或print输出对象时，将对象转化为字符串。

【例12-15】定义People类，应用__toString()方法输出People类的实例化对象$peo。代码如下。

```php
<?php
    class People{
            public function __toString(){             //定义__toString()方法
                    return "我是toString的方法体";     //返回字符串
            }
```

```
        }
    $peo=new People();                          //实例化对象
    echo $peo;                                   //输出对象，即输出__toString()方法定义的字符串
?>
```

运行结果如下。

我是toString的方法体

（1）如果没有__toString()方法，直接输出对象将会发生致命错误（fatal error）。
（2）输出对象时应注意，echo或print函数后面直接跟要输出的对象，中间不要加多余的字符。否则，__toString()方法不会被执行。如echo '字串'.$myComputer、echo ' '.$myComputer等都不可以，一定要注意。

12.10.5　__autoload()方法

将一个独立、完整的类保存到一个PHP页中，并且文件名和类名保持一致，这是每个开发人员都需要养成的良好习惯。这样，在下次重复使用某个类时就可以很轻松地找到它。但还有一个让开发人员头疼不已的问题：如果要在一个页面中引进很多的类，需要使用include_once()函数或require_once()函数一个一个地引入。

在PHP 5中应用__autoload()方法解决了这个问题。应用__autoload()方法可以自动实例化需要使用的类。当程序要用到一个类，但该类还没有被实例化时，PHP 5将使用__autoload()方法，在指定的路径下自动查找和该类名称相同的文件，如果找到，则继续执行，否则报告错误。

【例12-16】首先创建一个类文件inc.php，该文件包含类People。然后创建index.php文件，在文件中创建__autolaod()方法，判断类文件是否存在，如果存在，则使用include_once()函数将文件动态引入，否则输出提示信息。

类文件inc.php的代码如下。

```php
<?php
    class People{                                //定义类
            public function __toString(){        //定义__toString（）方法
                    return"自动加载类";
            }
    }
?>
```

index.php文件的代码如下。

```php
<?php
    function __autoload($class_name){            //创建__autoload()方法
            $class_path = $class_name.'/inc.php';    //类文件路径
            if(file_exists($class_path)){        //判断类文件是否存在
                    include_once($class_path);    //动态包含类文件
            }else
                    echo '类路径错误。';
    }
```

```
        $mrsoft = new People();                          //实例化对象
        echo $mrsoft;                                    //输出类内容
    ?>
```

运行结果如下。

自动加载类

小 结

　　本章主要对面向对象的基本概念和类的特性进行了阐述，并详细介绍了类的创建方式及常用关键字的使用方法。通过本章的学习，读者能够具有PHP面向对象的编程思想，并具备编写程序中的基本类的能力。如果读者能够在此基础上进一步学习，定能使自己的编程能力有新的突破和提高。

上机指导

　　在PHP的Web程序开发中，连接MySQL数据库是一件非常平常的事情。无论开发一个什么样的Web程序，都会涉及数据库的操作。下面应用面向对象的方式，封装一个数据库连接类和操作类，并输出数据库中的数据，运行结果如图12-18所示。

图12-18　用面向对象输出数据

实现步骤如下。

　　（1）封装数据库连接类ConnDB，定义连接数据库相关的私有变量，定义构造方法，将外部传入的参数变量转换为类内部变量。编写connect()方法，通过mysqli_connect()函数连接MySQL服务器。

　　（2）封装AdminDB类，定义executeSQL()方法，在该方法中通过substr()函数截取SQL语句中的前6字节，通过这6字节判断SQL语句的类型，通过mysqli_query()函数执行SQL语句。

　　如果SQL语句的类型是select，则通过mysqli_fetch_array()函数获取结果集，并通过while()循环语句把结果集存储在二维数组中；如果结果集为真，则返回结果集，如果无结果集，则返回false；如果SQL的类型是update、delete或者insert，直接返回mysqli_query()函数的返回值。

　　（3）分别实例化数据库连接类和操作类，执行连接数据库的方法connect()，查询tb_book数据表中的数据并循环输出bookname字段的值。

　　完整代码如下。

```php
<?php
    class ConnDB{                                   // 创建名称为ConnDB的类
        private $localhost;                         // 定义连接数据库的服务器主机名
        private $username;                          // 数据库用户名
```

```
            private $pwd;                                    // 数据库密码
            private $dbname;                                 // 数据库名称
            private $conn;                                   // 连接标识符
            private $code;                                   // 编码格式
            function __construct($localhost,$username,$pwd,$dbname,$code){//定义构造方法
                    $this->localhost=$localhost;
                    $this->username=$username;
                    $this->pwd=$pwd;
                    $this->dbname=$dbname;
                    $this->code=$code;
            }
            function connect(){                              //定义连接数据库方法
                    $this->conn=mysqli_connect($this->localhost,$this->username,$this->pwd,$this->dbname)or
die("Connect MySQL False");                                 //建立连接
                    mysqli_query($this->conn,"set names $this->code");//设置数据库编码格式
                    return $this->conn;                      //返回数据库连接对象
            }
    }
    class AdminDB{                                           // 创建名称为AdminDB的类
    function executeSQL ($sql, $conn){                       //定义执行SQL语句的方法
        $sqlType = strtolower(substr(trim($sql), 0, 6));     //提取SQL语句的类型
        $rs = mysqli_query($conn,$sql);                      //执行SQL语句
        if ($sqlType == 'select') {                          //如果是select查询
        while($array=mysqli_fetch_array($rs)){               //将查询结果集返回为数组
                $arrayData[]=$array;                         //将数组$array存储在二维数组$arrayData中
                }
        if (count($arrayData) == 0 || $rs == false) {        //如果没查询到或发生错误
                return false;                                //返回false
            } else {                                         //否则
              return $arrayData;                             //返回记录集
            }
        } elseif ($sqlType == 'insert' || $sqlType == 'update' || $sqlType == 'delete') {  //如果执行插入、更新或删除
语句
        return $rs;                                          //返回语句执行状态，即成功时返回true，失败
时返回false
        } else {
        return false;                                        //如果不是上述查询，则返回false
        }
    }
    }
```

```
$conndb=new ConnDB("localhost","root","111","db_database12","gbk");   //实例化数据库连接类
        $conn=$conndb->connect();                    //返回连接标识
        $admindb=new AdminDB();                       //数据库操作类实例化
$res=$admindb->executeSQL ("select * from tb_book",$conn);  //调用数据库操作类中方法执行查询语句
for($i=0;$i<count($res);$i++){                        //循环输出数据
    echo $res[$i]['bookname'];                        //输出bookname字段的值
    echo "<br>";                                      //输出换行符
}
?>
```

习 题

12-1 如何声明一个名为"myclass"的没有方法和属性的类？

12-2 请说出public、protected和private3种权限修饰符之间的区别。

12-3 PHP中类成员属性和方法默认的权限修饰符是什么？

12-4 列举PHP 5中的面向对象关键字并指明它们的用途。

12-5 写出PHP 5中常用的魔术方法。

第13章

Ajax技术

本章要点

Ajax概述 ■
Ajax技术的组成 ■
Ajax与PHP的交互 ■
Ajax开发注意事项 ■

■ Ajax是一种创建灵活、交互性强的Web应用技术，使用Ajax可以实现响应迅速、无刷新的Web应用。Ajax集成了目前浏览器中通过JavaScript脚本可以实现的所有功能，并以一种崭新的方式使用这些技术，使得B/S结构的Web开发变得更加灵活。本章将深入浅出地剖析Ajax的各个方面，并通过具体应用使读者掌握Ajax技术的使用方法。

13.1 Ajax概述

随着Web 2.0时代的到来，Ajax技术产生并逐渐成为主流的Web应用。相对于传统的Web应用开发，Ajax运用的是更加先进、更加标准化、更加高效的Web开发技术体系。由于Ajax是客户端技术，其编译和执行由浏览器完成，所以无论哪种Web语言都可以使用Ajax技术开发前台应用和页面特效。本章主要介绍Ajax技术及如何在PHP中应用Ajax技术。

Ajax概述

13.1.1 什么是Ajax

Ajax是JavaScript、XML、CSS、DOM等多种已有技术的组合，可以实现客户端的异步请求操作，这样可以实现在不需要刷新页面的情况下与服务器进行通信，从而减少了用户的等待时间。Ajax（Asynchronous JavaScript And XML，异步JavaScript和XML技术）是由Jesse James Garrett创造的。可以说，Ajax是"增强的JavaScript"，是一种可以调用后台服务器获得数据的客户端JavaScript技术，支持更新部分页面的内容而不重载整个页面。

13.1.2 Ajax的开发模式

传统的Web应用模式中，页面中用户的每一次操作都将触发一次返回Web服务器的HTTP请求，服务器进行相应的处理后，返回一个HTML页面给客户端浏览器。Ajax中，页面中用户的操作将通过Ajax引擎与服务器端进行通信，然后将返回结果提交给客户端页面的Ajax引擎，再由Ajax引擎决定将这些数据插入页面的指定位置。一个典型的Ajax应用如图13-1所示。

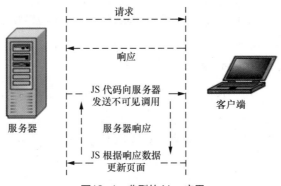

图13-1　典型的Ajax应用

13.1.3 Ajax的优点

Ajax在用户与服务器之间引入了Ajax引擎作为中间媒介，Web页面不用打断交互流程就可以重新加载，实现动态更新，从而可以消除网络交互过程中"处理—等待—处理—等待"的缺点。也就是说，不需要刷新客户端浏览器就可以实现重新向服务器发出请求。

使用Ajax的优点具体表现在以下几方面。

● 无刷新更新页面。Ajax使用XMLHttpRequest对象向服务器发送请求并得到服务器响应，在不需要重新载入整个页面的情况下，即可根据服务器端返回的请求更改页面内容。使用Ajax技术可以有效减少用户等待页面刷新的时间。

● 可以把一部分以前由服务器负担的工作转移到客户端，利用客户端闲置的资源进行处理，减轻服务器和带宽的负担，节约空间和宽带租用成本。

● 减轻服务器的负担。Ajax的原则是"按需求获取数据"，可以最大程度地减少冗余请求和响应对服务器造成的负担。

● 可以调用XML等外部数据，进一步促进Web页面显示和数据的分离。

● Ajax是基于标准化并被广泛支持的技术，不需要下载插件或者小程序。

13.2 Ajax技术的组成

Ajax技术并不是一种新型的语言，而是多种已有的Web技术的整合，主要包括JavaScript、XML语言、DOM和CSS等。

13.2.1 JavaScript脚本语言

JavaScript
脚本语言

JavaScript是一种解释型的、基于对象的脚本语言，其核心已经嵌入目前主流的Web浏览器中。虽然平时应用最多的是通过JavaScript实现一些网页特效及表单数据验证等功能，但JavaScript可以实现的功能远不止这些。JavaScript是一种具有丰富的面向对象特性的程序设计语言，利用它能执行许多复杂的任务。例如，Ajax就是利用JavaScript将DOM、XHTML（或HTML）、XML以及CSS等技术综合起来，并控制它们的行为。因此，要开发一个复杂高效的Ajax应用程序，就必须对JavaScript有深入的了解。

JavaScript不是Java语言的精简版，并且只能在某个解释器或"宿主"上运行，如ASP、PHP、JSP、Internet浏览器或者Windows脚本宿主。

JavaScript是一种宽松类型的语言，宽松类型意味着不必显式定义变量的数据类型。此外，在大多数情况下，JavaScript将根据需要自动进行转换。例如，如果将一个数值添加到由文本组成的某项（一个字符串），该数值将被转换为文本。

13.2.2 XMLHttpRequest对象

XMLHttpRequest是Ajax中最核心的技术，它是一个具有应用程序接口的JavaScript对象，能够使用超文本传输协议（HTTP）连接一个服务器，是微软公司为了满足开发者的需要，于1999年在IE 5.0浏览器中率先推出的。现在许多浏览器都对其提供了支持，不过实现方式与IE有所不同。使用XMLHttpRequest对象，Ajax可以像桌面应用程序一样只同服务器进行数据层面的交换，而不用每次都刷新页面，也不用每次都将数据处理的工作交给服务器来做，这样既减轻了服务器负担，又加快了响应速度，缩短了用户等待的时间。

使用XMLHttpRequest对象发送请求和处理响应之前，首先需要初始化该对象。由于XMLHttpRequest不是一个W3C标准，所以对于不同的浏览器，初始化的方法也是不同的。

● IE浏览器

IE浏览器把XMLHttpRequest实例化为一个ActiveX对象。具体方法如下。

```
var http_request = new ActiveXObject("Msxml2.XMLHTTP");
```

或者

```
var http_request = new ActiveXObject("Microsoft.XMLHTTP");
```

上面语法中的Msxml2.XMLHTTP和Microsoft.XMLHTTP是针对IE浏览器的不同版本进行设置的，目前比较常用的是这两种。

● Mozilla、Safari等其他浏览器

Mozilla、Safari等其他浏览器把它实例化为一个本地JavaScript对象。具体方法如下。

```
var http_request = new XMLHttpRequest();
```

为了提高程序的兼容性，可以创建一个跨浏览器的XMLHttpRequest对象。方法很简单，只需要判断一下不同浏览器的实现方式，如果浏览器提供了XMLHttpRequest类，则直接创建一个实例，否则使用IE的ActiveX控件。具体代码如下。

```
if (window.XMLHttpRequest) {                              //Mozilla、Safari等浏览器
    http_request = new XMLHttpRequest();
}
else if (window.ActiveXObject) {                          //IE浏览器
    try {
            http_request = new ActiveXObject("Msxml2.XMLHTTP");
    } catch (e) {
      try {
            http_request = new ActiveXObject("Microsoft.XMLHTTP");
      } catch (e) {}
    }
}
```

由于JavaScript具有动态类型特性，而且XMLHttpRequest对象在不同浏览器上的实例是兼容的，所以可以用同样的方式访问XMLHttpRequest实例的属性和方法，不需要考虑创建该实例的方法。下面介绍XMLHttpRequest对象的常用方法和属性。

1. XMLHttpRequest对象的常用方法

（1）open()方法

open()方法用于设置进行异步请求目标的URL、请求方法以及其他参数信息，具体语法如下。

XMLHttpRequest
对象的常用方法

```
open("method","URL"[,asyncFlag[,"userName"[, "password"]]])
```

在上面的语法中，method用于指定请求的类型，一般为get或post；URL用于指定请求地址，可以使用绝对地址或者相对地址，并且可以传递查询字符串；asyncFlag为可选参数，用于指定请求方式，同步请求为true，异步请求为false，默认为true；userName为可选参数，用于指定用户名，没有时可省略；password为可选参数，用于指定请求密码，没有时可省略。

（2）send()方法

send()方法用于向服务器发送请求。如果请求声明为异步，该方法将立即返回，否则将等到接收到响应为止。具体语法格式如下。

```
send(content)
```

在上面的语法中，content用于指定发送的数据，可以是DOM对象的实例、输入流或字符串。如果没有参数需要传递，可以设置为null。

（3）setRequestHeader()方法

setRequestHeader()方法为请求的HTTP头设置值。具体语法格式如下。

```
setRequestHeader("label", "value")
```

在上面的语法中，label用于指定HTTP头，value用于为指定的HTTP头设置值。

> setRequestHeader()方法必须在调用open()方法之后才能调用。

（4）abort()方法

abort()方法用于停止当前异步请求。

（5）getAllResponseHeaders()方法

getAllResponseHeaders()方法用于以字符串形式返回完整的HTTP头信息，当存在参数时，表示以字符串形式返回由该参数指定的HTTP头信息。

XMLHttpRequest
对象的常用属性

2. XMLHttpRequest对象的常用属性

XMLHttpRequest对象的常用属性如表13-1所示。

表13-1 XMLHttpRequest对象的常用属性

属 性	说 明
onreadystatechange	每次状态改变都会触发这个事件处理器，通常会调用一个JavaScript函数
really State	请求的状态。有以下5个取值： 0=未初始化 1=正在加载 2=已加载 3=交互中 4=完成
responseText	服务器的响应，表示为字符串
responseXML	服务器的响应，表示为XML。这个对象可以解析为一个DOM对象
status	返回服务器的HTTP状态码，如 200="成功" 202="请求被接受，但尚未成功" 400="错误的请求" 404="文件未找到" 500="内部服务器错误"
status Text	返回ＨＴＴＰ状态码对应的文本

3. XMLHttpRequest对象与服务器交互

XMLHttpRequest对象最大的用途就是不需要刷新页面就可以与服务器进行交互。可以将Ajax与服务器的交互分为以下3个步骤。

（1）初始化XMLHttpRequest对象，关键代码如下。

XMLHttpRequest
对象与服务器交互

```
var xmlHttp = false;                        //定义XMLHttpRequest对象
try {
        //如果浏览器支持XMLHttpRequest对象，创建ActiveXObject对象
    xmlHttp = new ActiveXObject("Msxml2.XMLHTTP");
} catch (e) {
    try {
        xmlHttp = new ActiveXObject("Microsoft.XMLHTTP");
    } catch (e2) {}
}
```

```
if (!xmlHttp && typeof XMLHttpRequest != "undefined") {
    try{
        xmlHttp = new XMLHttpRequest();
    }catch(e3){ xmlHttp = false;}
}
```

（2）设置请求状态和返回处理函数，语法格式如下。

```
xmlobj.onreadystatechange=function_name;
```

其中，xmlobj是XMLHttpRequest的对象；function_name是用来处理请求状态和返回码的函数名 （回调函数）。

（3）发送HTTP请求，语法格式如下。

```
xmlobj.open(send_method,url,flag);
```

其中，xmlobj是XMLHttpRequest的对象；send_method是发送方法，可以是GET或者POST，对应表单使用的方法；url是页面要调用的地址；flag是一个标记，如果为true，则表示在等待被调用页面响应的时间内可以继续执行页面代码，反之为false。

【例13-1】 通过XMLHttpRequest对象读取HTML文件，并输出读取结果。关键代码如下。

```
<script langurage="javascript">
var xmlHttp;                                    //定义XMLHttpRequest对象
function createXmlHttpRequestObject(){
    if(window.ActiveXObject){
            try{
                xmlHttp=new ActiveXObject("Microsoft.XMLHTTP");
            }catch(e){
                    xmlHttp=false;
            }
    }else{                                     //如果在Mozilla或其他的浏览器下运行
            try{
                    xmlHttp=new XMLHttpRequest();
            }catch(e){
                xmlHttp=false;
            }
    }
    if(!xmlHttp)
        alert("返回创建的对象或显示错误信息");
    else
        return xmlHttp;
}
function ReqHtml(){
    createXmlHttpRequestObject();
    xmlHttp.onreadystatechange=StatHandler;    //判断URL调用的状态值并处理
    xmlHttp.open("GET","text.html",true);      //调用text.html
    xmlHttp.send(null);
```

```
        }
    function StatHandler(){
        if(xmlHttp.readyState==4 && xmlHttp.status==200){
                document.getElementById("webpage").innerHTML=xmlHttp.responseText;
        }
    }
    </script>
    <!--创建超链接-->
    <a href="#" onclick="ReqHtml();">通过XMLHttpRequest对象请求HTML文件</a>
    <!--通过div标签输出请求内容-->
    <div id="webpage"></div>
```

本实例通过DIV标签输出请求的HTML页面。在JavaScript脚本中，应用document.getElementById()方法获得页面元素。运行本实例，单击"通过XMLHttpRequest对象请求HTML文件"超链接，将输出如图13-2所示的页面。

图13-2　通过XMLHttpRequest对象读取HTML文件

通过XMLHttpRequest对象不但可以读取HTML文件，还可以读取文本文件、XML文件。其实现交互的方法与读取HTML文件类似，这里不再举例。

13.2.3　XML、DOM和CSS

1. XML

XML（eXtensible Markup Language，可扩展的标记语言）提供了用于描述结构化数据的格式。XMLHttpRequest对象与服务器交换的数据通常采用XML格式，但也可以是基于文本的其他格式。

XML、DOM
和CSS

2. DOM

DOM（Document Object Model，文档对象模型）为XML文档的解析定义了一组接口。解析器读入整个文档，然后构建一个驻留内存的树结构，最后通过DOM可以遍历树以获取来自不同位置的数据，可以添加、修改、删除、查询和重新排列树及其分支。另外，还可以根据不同类型的数据源创建XML文档。在Ajax应用中，通过JavaScript操作DOM，可以达到在不刷新页面的情况下实时修改用户界面的目的。

3. CSS

CSS（Cascading Style Sheet，层叠样式表）是用于控制网页样式并允许将样式信息与网页内容分离的一种标记性语言。在Ajax中，通常使用CSS进行页面布局，并通过改变文档对象的CSS属性控制页面的外观和行为。CSS是一种Ajax开发人员所需要的重要武器，提供了从内容中分离应用样式和设计的机制。虽然CSS在Ajax应用中扮演至关重要的角色，但它也是构建创建跨浏览器应用的一大阻碍，因为不同的浏览器厂商支持不同的CSS级别。

13.3　Ajax与PHP的交互

在13.2节中介绍XMLHttpRequest对象时讲解了如何实现Ajax与HTML的交互。这里介绍XMLHttpRequest对象与PHP的交互。通过XMLHttpRequest对象请求PHP页面有两种方式，一种是GET方式，另一种是POST方式。具体使用哪一种方式与PHP进行交互，取决于PHP页面中变量值的传递方法，如果使用POST方法传递变量值，则使用POST方式进行交互操作，否则使用GET方式进行交互操作。

13.3.1　通过GET方式与PHP进行交互

下面通过一个具体的实例讲解如何通过GET方式与PHP进行交互。

【例13-2】应用GET方式，通过XMLHttpRequest对象与PHP进行交互，操作步骤如下。

通过GET方式与
PHP进行交互

（1）创建index.php文件，编写JavaScript脚本，通过Ajax请求searchrst.php文件，执行查询操作，将查询结果定义到DIV标签中；创建form表单，提交查询的关键字，通过DIV标签输出查询结果，代码如下。

```
<script>
var xmlHttp;                                  //定义XMLHttpRequest对象
function createXmlHttpRequestObject(){
    if(window.ActiveXObject){                 //如果在Internet Explorer下运行
        try{
            xmlHttp=new ActiveXObject("Microsoft.XMLHTTP");
        }catch(e){
            xmlHttp=false;
        }
    }else{                                     //如果在Mozilla或其他的浏览器下运行
        try{
            xmlHttp=new XMLHttpRequest();
            }catch(e){
            xmlHttp=false;
        }
    }
    if(!xmlHttp)                               //返回创建的对象或显示错误信息
        alert("返回创建的对象或显示错误信息");
        else
        return xmlHttp;
}
```

```
function showsimple(){
    createXmlHttpRequestObject();
    var cont = document.getElementById("searchtxt").value;
    if(cont==" "){
            alert('查询关键字不能为空！');
            return false;
    }
    xmlHttp.onreadystatechange=StatHandler;                //判断URL调用的状态值并处理
    xmlHttp.open("GET",'searchrst.php?cont='+cont,false);
    xmlHttp.send(null);
}
function StatHandler(){
    if(xmlHttp.readyState==4 && xmlHttp.status==200){
            document.getElementById("webpage").innerHTML=xmlHttp.responseText;
    }
}
</script>
<form id="searchform" name="searchform" method="get" action="#">
<tr>
<td height="40"> </td>
    <td align="center">请输入关键字： 
            <input name="searchtxt" type="text" id="searchtxt" size="30" />
            <input id="s_search" name="s_search" type="button" value="查询" onclick="return showsimple()"
/>
</td>
</tr>
</form>
<tr>
    <td align="center" valign="top"><div id="webpage"></div></td>
</tr>
```

（2）创建searchrst.php文件，在该文件中首先定义页面的编码格式，然后连接数据库，最后根据Ajax
中传递的值执行查询操作，返回查询结果，代码如下。

```
<?php
    header('Content-type: text/html;charset=GB2312');      //指定发送数据的编码格式
    include_once 'conn/conn.php';                          //连接数据库
    $cont = $_GET['cont'];                                 //获取Ajax传递的查询关键字
    if(!empty($_GET['cont'])){                             //判断如果关键字不为空
            $sql = "select * from tb_administrator where explains like '%".$cont."%'";      //定义SQL语句
            $result=mysqli_query($conn,$sql);              //执行模糊查询
            if(mysqli_num_rows($result)>0){                //获取查询结果
                    echo "<table width='500' border='1' cellpadding='1' cellspacing='1'
```

```
bordercolor='#FFFFCC' bgcolor='#666666'>";
                    echo "<tr><td height='30' align='center' bgcolor='#FFFFFF'>ID</td><td
align='center' bgcolor='#FFFFFF'>名称</td><td align='center' bgcolor='#FFFFFF'>编号</td><td align='center'
bgcolor='#FFFFFF'>描述</td></tr>";
                    while($myrow=mysqli_fetch_array($result)){        //循环输出查询结果
                    echo "<tr><td height='22' bgcolor='#FFFFFF' >".$myrow['id']."</td>";
                        echo "<td bgcolor='#FFFFFF'>".$myrow['user']."</td>";
                        echo "<td bgcolor='#FFFFFF'>".$myrow['number']." </td>";
                        echo "<td bgcolor='#FFFFFF'>".$myrow['explains']." </td>";
                        echo "</tr>";
                    }
                    echo "</table>";
            }else{

                echo "没有符合条件的数据";

            }

        }
    ?>
```

运行本实例，在查询的文本框中输入关键字"PHP"，单击"查询"按钮，在当前页中将输出如图13-3所示的页面。

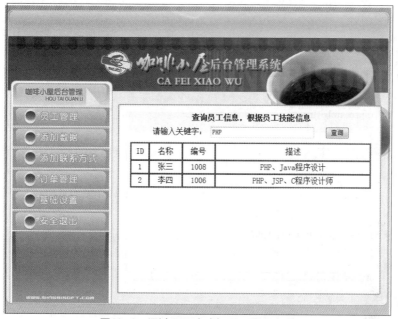

图13-3　通过GET方式与PHP进行交互

13.3.2　通过POST方式与PHP进行交互

通过POST方式进行交互，主要针对的是PHP页面中通过POST方法提交的数据。下面的实例是应用Ajax技术实现无刷新向数据库中添加数据。

【例13-3】应用POST方式，通过XMLHttpRequest对象与PHP进行交

通过POST方式
与PHP进行交互

互。将表单中的数据无刷新添加到指定的数据表中，添加成功后输出数据表中的数据，操作步骤如下。

（1）创建index.php文件，编写JavaScript脚本。在JavaScript脚本中，首先定义Ajax对象初始化函数createXmlHttpRequestObject()，然后定义Ajax对象处理函数showsimple()，通过POST方式与searchrst.php进行交互，最后定义数据处理函数StatHandler()，数据添加成功后，将数据库中的数据定义到DIV标签中，代码如下。

```
<script>
var xmlHttp;                                         //定义XMLHttpRequest对象
function createXmlHttpRequestObject(){
    if(window.ActiveXObject){                        //如果在Internet Explorer下运行
        try{
                xmlHttp=new ActiveXObject("Microsoft.XMLHTTP");
            }catch(e){
                xmlHttp=false;
            }
        }else{
        try{                                         //如果在Mozilla或其他的浏览器下运行
            xmlHttp=new XMLHttpRequest();
        }catch(e){
            xmlHttp=false;
        }
    }
    if(!xmlHttp)                                      //返回创建的对象或显示错误信息
        alert("返回创建的对象或显示错误信息");
    else
            return xmlHttp;
}
function showsimple(){                                //创建主控制函数
    createXmlHttpRequestObject();
    var us = document.getElementById("user").value;  //获取表单提交的值
    var nu = document.getElementById("number").value;
    var ex = document.getElementById("explains").value;
    if(us==" " && nu==" " && ex==" "){               //判断表单提交的值（不能为空）
            alert('添加的数据不能为空！');
            return false;
    }
    var post_method="users="+us+"&numbers="+nu+"&explaines="+ex; //构造URL参数
    xmlHttp.open("POST","searchrst.php",true);                   //调用指定的添加文件
    xmlHttp.setRequestHeader("Content-Type","application/x-www-form-urlencoded;"); //设置请求头信息
    xmlHttp.onreadystatechange=StatHandler;                      //判断URL调用的状态值并处理
    xmlHttp.send(post_method);                                   //将数据发送给服务器
}
```

```
function StatHandler(){                                          //定义处理函数
    if(xmlHttp.readyState==4 && xmlHttp.status==200){            //如果执行成功，则输出下面内容
            if(xmlHttp.responseText!=" "){
                    alert("数据添加成功！");
                    //将服务器返回的数据定义到DIV中
                    document.getElementById("webpage").innerHTML=xmlHttp.responseText;
            }else{
                    alert("添加失败！");              //如果返回值为空
            }
    }
}
</script>
<form id="searchform" name="searchform" method="post" action="#">
<input name="user" type="text" id="user" size="25" />
<input type="button" name="Submit" value="提交" onclick="showsimple();" />
</form>
<td colspan="2" align="center" valign="top"><div id="webpage"></div></td>
```

（2）创建searchrst.php文件，获取Ajax中POST方法传递的数据，执行insert语句，将数据添加到数据表中，添加成功后，查询出数据表中的所有数据，代码如下。

```
<?php
    header('Content-type: text/html;charset=GB2312');        //指定发送数据的编码格式
    include_once 'conn/conn.php';                             //连接数据库
    $user =iconv('UTF-8','gb2312',$_POST['users']);          //获取Ajax传递的值，并实现字符编码转换
    $number = iconv('UTF-8','gb2312',$_POST['numbers']);     //获取Ajax传递的值，并实现字符编码转换
    $explains = iconv('UTF-8','gb2312',$_POST['explaines']); //获取Ajax传递的值，并实现字符编码转换
    $sql="insert into tb_administrator(user,number,explains)values('$user','$number','$explains')";
    $result=mysqli_query($conn,$sql);                        //执行添加语句
    if($result){
        $sqles="select * from tb_administrator ";
        $results=mysqli_query($conn,$sqles);
        echo "<table width='500' border='1' cellpadding='1' cellspacing='1' bordercolor='#FFFFCC' bgcolor='#666666'>";
            echo "<tr><td height='30' align='center' bgcolor='#FFFFFF'>ID</td><td align='center' bgcolor='#FFFFFF'>名称</td><td align='center' bgcolor='#FFFFFF'>编号</td><td align='center' bgcolor='#FFFFFF'>描述</td></tr>";
            while($myrow=mysqli_fetch_array($results)){       //循环输出查询结果
                echo "<tr><td height='22' bgcolor='#FFFFFF'>".$myrow['id']."</td>";
                echo "<td bgcolor=' #FFFFFF' >".$myrow[ 'user' ]."</td>";
```

```
            echo "<td bgcolor='#FFFFFF'>".$myrow['number']."</td>";
            echo "<td bgcolor='#FFFFFF'>".$myrow['explains']."</td>";
            echo "</tr>";
        }
        echo "</table>";
    }
?>
```

运行本实例，无刷新添加员工信息后，将在当前页中输出数据表中的所有员工信息，运行结果如图13-4所示。

图13-4　通过POST方式与PHP进行交互

本实例中，在获取Ajax中POST提交的数据时，需要对数据的编码格式进行转换，才能将中文字符串添加到数据表中。因为Ajax中的数据使用的是UTF-8格式的编码，如果要将该数据添加到编码格式为GB2312的数据表中，就需要使用iconv()函数将UTF-8编码转换为GB2312编码。

13.3.3　在电子商务平台网中应用Ajax技术检测用户名

【例13-4】在用户注册页面中，经常会使用Ajax技术对用户录入信息进行校验，这样不仅可以制作出各种动态效果，而且可以降低服务器的负载。在电子商务平台网的用户注册中就是应用Ajax技术检测用户输入的昵称是否被占用。运行结果如图13-5所示。在用户昵称文本框中输入用户名，然后单击"查看昵称是否已用"按钮，在不刷新页面的情况下即可弹出该用户名是否被占用的提示信息。

在电子商务平台网中应用Ajax技术检测用户名

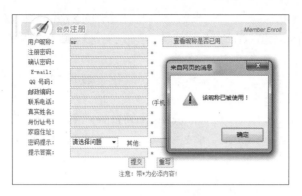

图13-5　检测用户名是否被占用

操作步骤如下。

（1）建立注册页面reg.php，在页面中创建注册表单，然后使用Ajax技术通过GET方法向chkusernc.php文件中发送注册表单中在用户昵称文本框中所录入的用户名，并根据返回值判断该用户名是否被其他用户占用。关键代码如下。

```
function chknc(nc){
    var xmlhttp;
    if(window.ActiveXObject){
        xmlhttp=new ActiveXObject('Microsoft.XMLHTTP');
    }else{
        xmlhttp=new XMLHttpRequest();
    }
    xmlhttp.open(" GET " ," chkusernc.php?nc="+nc,true);
    xmlhttp.onreadystatechange=function(){
        if(xmlhttp.readystate==4 && xmlhttp.status==200){
                var msg=xmlhttp.responseText;
                if(msg==0){
                        alert("请输入昵称! ");
                }else if(msg==1){
                        alert("该昵称已被使用! ");
                }else{
                        .alert("该昵称可以使用! ");
                    }
            }
        }
    xmlhttp.send(null);
}
```

（2）建立chkusernc.php文件，在文件中首先定义页面的编码格式，然后连接数据库，最后根据Ajax中传递的值执行查询操作，根据查询结果输出不同的值。代码如下。

```
<?php
header ( "Content-type: text/html; charset=gb2312" ); //设置文件编码格式
```

```
include("conn/conn.php");                                    //包含数据库连接文件
$nc=trim(isset($_GET['nc'])?$_GET['nc']:" ");                //获取通过GET方法传递的值
if($nc==" "){                                                 //如果值为空
    echo 0;                                                  //输出0
}else{
    $sql=mysqli_query($conn,"select * from tb_user where name=' ".$nc." ' ");  //执行查询
    $info=mysqli_fetch_array($sql);                          //将查询结果返回为数组
    if($info==true){                                         //如果查询结果为真
        echo 1;                                              //输出1
    }else{
        echo 2;                                              //输出2
    }
}
?>
```

13.4 Ajax开发注意事项

Ajax在开发过程中需要注意以下几个问题。

1. 浏览器兼容性

Ajax开发
注意事项

Ajax使用了大量的JavaScript和Ajax引擎，而这些内容需要浏览器提供足够的
支持。目前提供这些支持的浏览器有IE 5.0及以上版本、Mozilla 1.0、NetScape 7
及以上版本。Mozilla虽然也支持Ajax，但是提供XMLHttpRequest对象的方式不
一样。所以，使用Ajax的程序必须测试其针对各个浏览器的兼容性。

2. XMLHttpRequest对象封装

Ajax技术的实现主要依赖于XMLHttpRequest对象，但是在调用其进行异步数据传输时，由于
XMLHttpRequest对象的实例在处理事件完成后就会被销毁，所以如果不对该对象进行封装处理，在下次需要
调用它时就得重新构建，而且每次调用都需要写一大段的代码，使用起来很不方便。不过，现在很多开源的
Ajax框架都提供了对XMLHttpRequest对象的封装方案。其详细内容这里不做介绍，读者可参考相关资料。

3. 性能问题

Ajax将大量的计算从服务器移到了客户端，这就意味着浏览器将承受更大的负担，而不再是只负
责简单的文档显示。由于Ajax的核心语言是JavaScript，而JavaScript并不是以高性能而知名，另外，
JavaScript对象也不是轻量级的，特别是DOM元素耗费了大量的内存，因此，如何提高JavaScript代码的性
能对于Ajax开发者来说尤为重要。下面介绍3种优化Ajax应用执行速度的方法。

- 优化for循环。
- 将DOM节点附加到文档上。
- 尽量减少点操作符号"."的使用。

小 结

本章从Ajax技术的基本概念开始，采用循序渐进的方式介绍了Ajax技术的开发模式、特性及
其组成部分，并重点介绍了Ajax技术的核心——XMLHttpRequest对象，以及编写基本的Ajax程
序的步骤和思路。

上机指导

在对数据库中的数据进行插入、查询、修改和删除等操作时，也可以应用Ajax技术。在本上机指导中，使用Ajax技术删除图书管理系统中的数据。在浏览器中运行index.php文件将输出数据库中的图书信息，效果如图13-6所示。单击"删除"超链接即可将相应的图书信息删除，效果如图13-7所示。

	id	书名	价格	出版时间	类别	操作
	34	自学手册	50.00	2010-10-10	php	删除
	35	php范例宝典	78	2009-10-10	php	删除
	36	php网络编程	69	2010-10-27	php	删除

图13-6　输出图书信息　　　　　　　　　　图13-7　提示删除成功

实现步骤如下。

（1）在根目录下新建一个文件夹conn，在conn文件夹下创建conn.php文件，用来建立与MySQL数据库的连接，选择数据库并设置字符集。conn.php文件的代码如下。

```php
<?php
    $conn = mysqli_connect("localhost","root", "111","db_database13") or die("连接数据库服务器失败！".mysqli_error());                                      //连接MySQL服务器
    mysqli_query($conn,"set names utf8");            //设置数据库编码格式utf8
?>
```

（2）在根目录下创建index.php脚本文件，首先在文件中载入数据库的连接文件conn.php，然后查询数据库中的数据并应用while语句循环输出查询的结果。代码如下。

```php
<table width="798" border="0" cellpadding="0" cellspacing="0">
  <tr>
    <td height="112" background="images/banner.jpg"> </td>
  </tr>
</table>
<?php
include_once("conn/conn.php");                      //载入数据库连接文件
?>
<table width="780" border="0" cellpadding="0" cellspacing="0">
<form name="form1" id="form1" method="post" action="deletes.php">
  <tr>
    <td height="20" width="5%" class="top"> </td>
    <td width="5%" class="top">id</td>
    <td width="30%" class="top">书名</td>
    <td width="10%" class="top">价格</td>
```

```
      <td width="20%" class="top">出版时间</td>
      <td width="10%" class="top">类别</td>
        <td width="10%" class="top">操作</td>
    </tr>
  <?php
      $sqlstr1 = "select * from tb_demo02 order by id";              //按id的升序查询表tb_demo02的数据
      $result = mysqli_query($conn,$sqlstr1);                        //执行查询语句
      while ($rows = mysqli_fetch_array($result)){                  //循环输出查询结果
  ?>
    <tr>
    <td height="25" align="center" class="m_td">
      <input type=checkbox name="chk[]" id="chk" value=".$rows['id'].">
      </td>
      <td height="25" align="center" class="m_td"><?php echo $rows['id'];?></td>
      <td height="25" align="center" class="m_td"><?php echo $rows['bookname'];?></td>
    <td height="25" align="center" class="m_td"><?php echo $rows['price'];?></td>
      <td height="25" align="center" class="m_td"><?php echo $rows['f_time'];?></td>
      <td height="25" align="center" class="m_td"><?php echo $rows['type'];?></td>
      <td class="m_td"><a href="#" onClick="del(<?php echo $rows['id'];?>)">删除</a></td>
    </tr>
  <?php
        }
  ?>
    <tr>
      <td height="25" colspan="7" class="m_td" align="left">  </td>
    </tr>
    </form>
    </table>
    <table width="798" border="0" cellpadding="0" cellspacing="0">
      <tr>
      <td height="48" background="images/bottom.jpg"> </td>
      </tr>
    </table>
```

（3）建立index.js脚本文件，该文件中的代码用于使用Ajax技术通过GET方法向del.php文件中发送图书的id号，并根据发送的id号进行相应的删除操作，然后根据返回值判断图书是否删除成功。代码如下。

```
    function del(id){
        var xml;
        if(window.ActiveXObject){                    //如果浏览器支持ActiveXObjext对象，则创建
ActiveXObject对象
```

```
        xml=new ActiveXObject('Microsoft.XMLHTTP');
    }else if(window.XMLHttpRequest){          //如果浏览器支持XMLHttpRequest对象，则创建XMLHttpRequest对象
     xml=new XMLHttpRequest();
    }
    xml.open("GET","del.php?id="+id,true);     //使用GET方法调用del.php并传递参数的值
    xml.onreadystatechange=function(){         //当服务器准备就绪，执行回调函数
     if(xml.readystate==4 && xml.status==200){  //如果服务器已经传回信息并未发生错误
            var msg=xml.responseText;          //把服务器传回的值赋给变量msg
            if(msg==1){                        //如果服务器传回的值为1，则提示删除成功
             alert("删除成功！");
       location.reload();
            }else{                             //否则提示删除失败
             alert("删除失败！");
             return false;
            }
         }
    }
    xml.send(null);                            //不发送任何数据，因为数据已经使用请求URL通过GET方法发送
}
```

（4）建立del.php文件，该文件中的代码用于执行对指定图书的删除操作，如果删除成功，则返回"1"，失败则返回"0"。代码如下。

```
<?php
    include_once("conn/conn.php");             //包含数据库连接文件
    $id=$_GET['id'];                           //把传过来的参数值赋给变量$i
    $sql=mysqli_query($conn,"delete from tb_demo02 where id=".$id);   //根据参数值执行相应的删除操作
    if($sql){                                  //如果操作的返回值为true
     $reback=1;                                //把变量$reback的值设为1
    }else{
     $reback=0;                                //否则，变量$reback的值设为0
    }
    echo $reback;                              //输出变量$reback的值
?>
```

习　题

13-1　简述使用Ajax的优点主要体现在哪些方面。

13-2　通过XMLHttpRequest对象请求PHP页面有哪两种方式？

13-3　简述XMLHttpRequest对象与服务器进行交互的过程。

PART 14

第14章
综合案例——电子商务平台网

本章要点

■ 电子商务（Electronic Commerce，EC），顾名思义，其内容包含两方面：一是电子方式，二是商贸活动。

EC（电子商务）指的是利用简单、快捷、低成本的电子通信方式，买卖双方不谋面而在网上开展的各种商贸活动。在全球知识经济和信息化高速发展的今天，信息化是决定企业成败的关键因素，信息的有效利用成为新经济模式中企业增强竞争力的重要手段。

电子商务作为一种崭新的商务运作模式，越来越受到企业的重视。电子商务的魅力在于它能打碎现存的一切链条结构，让产品群、客户群、技术群、物流群等重新排队、优化组合，为企业业务的重新组合提供无限商机，开辟新的竞争领域，形成新的利益分配格局。本章通过开发一个流行的电子商务网站——电子商务平台网，快速开发一个电子商务平台。

14.1　开发背景

随着我国网络经济的快速发展，互联网用户数逐日增多，有过网络购物经历的用户达到3.7亿人以上，其中有一半人数已经习惯网上购物，而且这个数目正在快速增长。以商品销售为主的某商城目前正面临竞争和效益下降的压力，每天的内部工作流程都需要花费大量成本。为了不受传统方式的约束，减少过多成本和人员的开销，增强企业的竞争力，该商城决定采用电子商务模式，向多元化发展，借助Internet在国内的快速发展，在建立企业宣传网络的同时，也逐步扩大企业自身的网络销售渠道，聚集部分资金投入网站建设，以网上交易为主要形式，进行网络交易的过渡，带动商城的快速发展，快速提高企业的经济效益。企业通过建立自己独有的网上交易平台，为消费者提供安全、便捷的购物方式，为商家提供交易处理和丰富的管理功能。现需要委托某单位开发一套完整的电子商务管理平台，从而能以低成本为消费者提供更快更好的服务。

电子商务平台网
使用说明

14.2　系统分析

在开发一个项目之前，首先要对所开发的项目进行需求分析、可行性分析，以使项目开发人员了解和掌握网站的前期策划和网站开发流程。

14.2.1　需求分析

随着Internet的发展，电子商务将成为21世纪网络发展的主流，网上购物将成为一种购物时尚，为人们提供网络购物的方便性，使顾客足不出户就可以购买商品。现在流行的电子商务有B2B、B2C、C2C、G2C等类型。电子商务平台网是建立在企业与消费者（B2B类型）之间的商务交易网站，它可以使顾客通过浏览商品、网络购物、查询订单、打印订单和查看公告等功能购买自己所需的商品。通过对一些典型电子商城网站的考察、分析，并结合企业要求以及实际的市场调查，要求本系统具有以下功能。

- 网站设计页面要求美观大方、个性化，能够展示企业形象。
- 网站页面具有banner广告，树立企业良好的口碑宣传。
- 完全从网络营销的角度设计，不花钱就可以被世界各大搜索引擎收录。
- 企业所有的商品数据都在电子商务平台中展示。
- 规范、完善的基础信息设置。
- 商品分类详尽，可按不同类别查看商品信息。
- 按商品大类及商品名称、订单进行模糊查询。
- 实现选购商品→订购商品→收银结账→打印订单功能。
- 实现各种查询，如模糊查询、高级查询等。
- 管理员对用户订单进行管理。
- 提供交互式的销售渠道，使商家能及时得到顾客反馈信息，了解顾客需求，改进本身的工作。

14.2.2　可行性分析

可行性分析的目的就是要用最小的代价在尽可能短的时间内确定问题是否能够解决，当然不能靠主观猜想，而是要靠客观分析。必须分析解法的利弊，从而判定系统目标和规模是否现实，系统完成后所能带来的效益是否大到值得去投资开发这个系统的程度。因此，可行性分析实质上是要进行依次大大压缩简化了的系统分析和设计的过程，也就是在较高层次以较抽象的方式进行的系统分析和设计的过程。

　　该软件项目可行性研究报告是对项目课题的全面通盘考虑，是项目分析员进一步工作的前提，是软件开发人员正确成功地开发项目的前提与基础。编写可行性研究报告可以使软件开发团体尽可能早地估计研制课题的可行性，可以在定义阶段较早地认识到系统方案的缺陷，从而节约开发时间和精力、节省资金，并且避免许多专业方面的困难。所以特意编写该软件项目可行性研究报告，意在起到事半功倍的效果。

　　电子商务平台网的可行性可从以下两点考虑。

　　● 经济可行性分析。电子商务网站的宗旨是根据用户需求和市场形势，提供商品的详细信息，并对商品进行详细分类，方便用户查找和购买所需的商品。

　　● 技术可行性分析。电子商务网站提供购物车和收银台功能，用户可以选择商品并在线提交订单；信息管理系统实现对商品信息、用户信息、订单信息以及交易制度等的管理，使网站具有友好的交易界面和良好的管理平台。

14.3　系统设计

14.3.1　系统目标

　　目前Internet网上商家不少，但由于缺乏相应的安全保障、管理机制、操作便捷和可维护性，造成重复建设和资源浪费。一个网上购物网站，尤其是数据流量比较大的网络管理系统，必须满足使用方便、操作灵活等设计需求。根据需求分析的描述以及与用户的沟通，本系统在设计时应该满足以下几个目标。

　　● 系统采用人机对话方式，界面设计美观大方、方便、快捷、准确，数据存储安全可靠。

　　● 全面展示商城内所有商品，并可以展示最新商品、推荐商品、热门商品。

　　● 实现各种查询，如模糊查询、高级查询等。

　　● 查看商城内的公告信息。

　　● 灵活快速地填写供求信息，使信息传递更快捷。

　　● 为充分展现网站的交互性，本系统实现"网上用户订购→支付→发货"一条链路。

　　● 实现订单打印功能。

　　● 对用户输入的数据，系统进行严格的数据检验，尽可能排除人为的错误。

　　● 支持友情链接功能。

　　● 网站最大限度地实现易维护性和易操作性。

　　● 系统运行稳定、安全可靠。

14.3.2　系统功能结构

　　为了使读者能够更清楚地了解网站的结构，下面给出电子商务网站的前台功能模块结构图和后台功能模块结构图。

　　电子商务平台网前台管理系统的功能设计如图14-1所示。

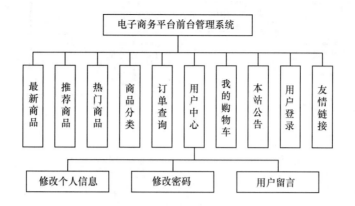

图14-1　前台功能模块结构图

电子商务平台网后台管理系统的功能设计如图14-2所示。

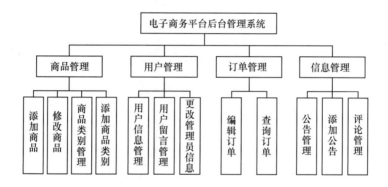

图14-2　后台功能模块结构图

14.3.3　购物流程图

所谓电子商务，其实质就是建立一个虚拟的购物超市。当在超市选购商品时，首先应将商品放到购物车中，待挑选好所有商品之后就可以到收银台去开收货单，根据收货单据付款。制作电子商务系统的原理与在超市购物的原理是一样的。首先客户应该在网页中选购自己需要的商品并将商品放入购物车中，当然也可以改变购买商品的数量或清空购物车中的商品。选购好商品后就可以到收银台，进行填写收货人信息、提交收货人信息、查看账单等操作。

由于系统的定位是一个网上的购物系统，是一个电子商务类网站，传统的C/S（客户机/服务器）已经不适应了。作为Internet上的Web应用，需要的是B/S（浏览器/服务器）架构。根据上面的分析，笔者将采用PHP这种相对流行且安全性较高的Web开发语言，同时使用PHP的黄金搭档MySQL作为后台数据库。电子商务平台的购物流程如图14-3所示。

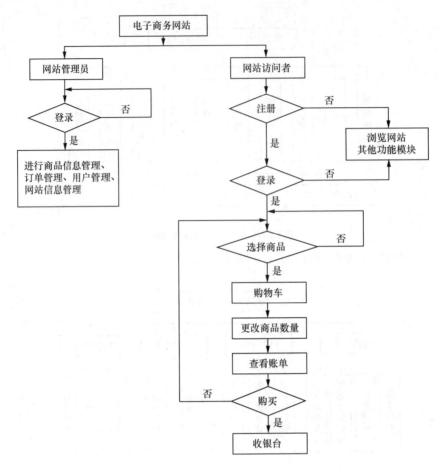

图14-3　电子商务平台的购物流程图

14.3.4　系统预览

电子商务平台网由多个程序页面组成。下面仅列出几个典型页面，其他页面参见配套资源中的源程序。

前台首页如图14-4所示。该页面用于实现商品信息展示、用户登录、公告信息、友情链接、商品信息查询等功能。后台首页如图14-5所示，该页面用于实现查看订单、执行订单、删除订单、打印订单等功能。

图14-4　前台首页

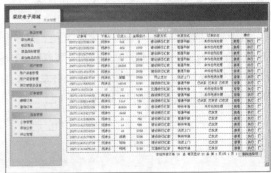

图14-5　后台首页

会员信息管理页面如图14-6所示。该页面用于实现修改个人信息、修改密码、用户留言、用户注销等功能。购物车列表页面如图14-7所示。该页面用于实现查看购物车、移除购物商品、修改商品数量、清空购物车、收银台结账、生成订单等功能。

图14-6　会员信息管理

图14-7　购物车列表

用户订单查询页面如图14-8所示。该页面用于实现按下单人或订单号进行订单信息查询功能。管理员登录页面如图14-9所示。该页面用于实现对管理员登录的用户名和密码进行验证等功能。

图14-8　用户订单查询

图14-9　管理员登录

14.3.5　开发环境

在开发电子商务平台网时，该项目使用的软件开发环境如下。

1. 服务器端

- 操作系统：Windows Server 2008/Linux（推荐）。
- PHP服务器：WampServer 2.5（Apache 2.4.9+ PHP 5.5.12+ MySQL 5.6.17）。
- MySQL图形化管理软件：phpMyAdmin-4.1.14。
- 开发工具：Dreamweaver CS 6。
- 浏览器：IE 6.0及以上版本。
- 分辨率：最佳效果1 024×768像素。

2. 客户端

- 浏览器：IE 6.0及以上版本。
- 分辨率：最佳效果1 024×768像素。

14.3.6　文件夹组织结构

在进行网站开发前，首先要规划网站的架构。也就是说，建立多个文件夹，对各个功能模块进行划分，实现统一管理，这样做易于网站的开发、管理和维护。本案例的站点管理规划如图14-10所示。

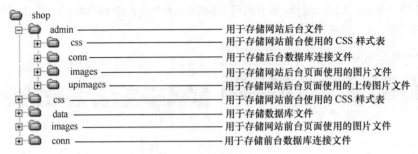

图14-10　文件夹组织结构

14.4　数据库设计

电子商务平台网是一个数据库开发应用程序。本节针对电子商务平台网的数据库设计进行详细介绍。

14.4.1　数据库分析

由于本系统是为中小型的图书馆开发的程序，需要充分考虑到成本问题及用于需求（如跨平台）等问题。MySQL是世界上最为流行的开放源码的数据库，是完全网络化的跨平台的关系型数据库系统，这正好满足了中小型企业的需求，所以本系统采用MySQL数据库。作为PHP的黄金搭档，MySQL数据库不仅存储和管理功能强大，而且它是完全免费提供的，很多网站都可以下载到它，这样可以为企业节省很大一部分开支。PHP中也提供了强大的支持MySQL数据库的函数，phpMyAdmin为MySQL数据库提供了图形化界面。

14.4.2　数据库概念设计

根据以上各节对系统所做的需求分析、系统设计，规划出电子商务平台的实体关系E-R图。实体关系E-R图是用来描述实体之间关系的图表。构成E-R图的基本要素是实体型、属性和联系，其表示方法如下。

- 实体型：用矩形表示，矩形框内标注实体名。
- 属性：用椭圆形表示，并用无向边将其与相应的实体连接起来。
- 联系：用菱形表示，菱形框内标注联系名，并用无向边分别与有关实体连接起来，同时在无向边旁标上联系的类型（$1:1$、$1:n$或$m:n$）。

本系统中使用的数据库实体分别为商品信息实体、商品类型实体、用户信息实体、用户订单实体、用户留言实体、商品评价实体、管理员信息实体、公告信息实体和友情链接实体。

电子商务平台网完整的E-R图如图14-11所示。

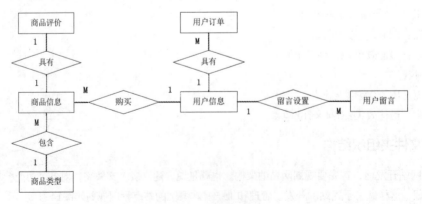

图14-11　完整E-R图

下面介绍几个关键实体的E-R图。

1. 商品信息实体

商品信息实体包括编号、名称、价格、上市时间、等级、型号、图片路径、数量、购买次数、是否推荐、商品类型、会员价、市场价、商品品牌等属性。商品信息实体的E-R图如图14-12所示。

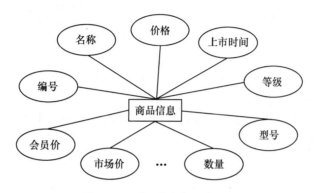

图14-12　商品信息实体E-R图

2. 用户订单实体

用户订单实体包括编号、订单号、商品串、数量串、收货人姓名、收件人性别、送货地址、邮编、联系电话、E-mail、收货方式、支付方式、用户留言、下单时间、下单人姓名、订单状态、价格总计等属性。用户订单实体的E-R图如图14-13所示。

图14-13　用户订单实体E-R图

3. 用户信息实体

用户信息实体包括编号、用户名、加密密码、冻结标记、E-mail、身份证号、联系电话、QQ号、密码提示、密码答案、邮编、注册时间、真实姓名、密码等属性。用户信息实体的E-R图如图14-14所示。

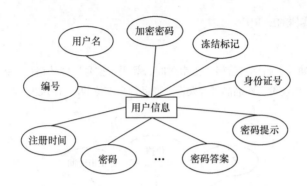

图14-14　用户信息实体E-R图

4. 商品评价实体

商品评价实体包括编号、用户编号、商品编号、评价主题、评价内容、评价时间等属性。商品评价实体的E-R图如图14-15所示。

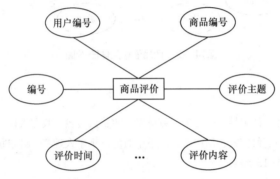

图14-15　商品评价实体E-R图

14.4.3　创建数据库及数据表

结合实际情况及对用户需求的分析，电子商务系统db_shop数据库主要包含9个数据表，如图14-16所示。

服务器: localhost ▶ 数据库: db_shop			
表	**类型**	**整理**	**说明**
tb_admin	MyISAM	gb2312_chinese_ci	管理员信息表
tb_dingdan	MyISAM	gb2312_chinese_ci	订单信息表
tb_gonggao	MyISAM	gb2312_chinese_ci	公告信息表
tb_leaveword	MyISAM	gb2312_chinese_ci	用户留言信息表
tb_links	MyISAM	gb2312_chinese_ci	友情链接信息表
tb_pingjia	MyISAM	gb2312_chinese_ci	商品评价信息表
tb_shangpin	MyISAM	gb2312_chinese_ci	商品信息表
tb_type	MyISAM	gb2312_chinese_ci	商品类型信息表
tb_user	MyISAM	gb2312_chinese_ci	用户信息表

图14-16　电子商务系统数据表

数据表的设计结构如图14-17~图14-22所示。

1. tb_shangpin（商品信息表）

商品信息表主要用于存储商品的基础信息。该数据表结构如图14-17所示。

服务器: localhost ▸ 数据库: db_shop ▸ 表 : tb_shangpin

字段	类型	整理	Null	默认	额外	说明
id	int(4)		否		auto_increment	自动编号id
mingcheng	varchar(25)	gb2312_chinese_ci	是	NULL		商品名称
jianjie	mediumtext	gb2312_chinese_ci	是	NULL		商品价格
addtime	varchar(25)	gb2312_chinese_ci	是	NULL		入市时间
dengji	varchar(5)	gb2312_chinese_ci	是	NULL		商品等级
xinghao	varchar(25)	gb2312_chinese_ci	是	NULL		商品型号
tupian	varchar(200)	gb2312_chinese_ci	是	NULL		图片路径
shuliang	int(4)		是	NULL		商品数量
cishu	int(4)		是	NULL		购买次数
tuijian	int(4)		是	NULL		是否推荐
typeid	int(4)		是	NULL		类型id
huiyuanjia	varchar(25)	gb2312_chinese_ci	是	NULL		会员价
shichangjia	varchar(25)	gb2312_chinese_ci	是	NULL		市场价
pinpai	varchar(25)	gb2312_chinese_ci	是	NULL		商品品牌

图14-17　商品信息表

2. tb_dingdan（用户订单表）

用户订单表主要用于存储用户的订单信息。该数据表结构如图14-18所示。

服务器: localhost ▸ 数据库: db_shop ▸ 表 : tb_dingdan

字段	类型	整理	Null	默认	额外	说明
id	int(4)		否		auto_increment	自动编号id
dingdanhao	varchar(125)	gb2312_chinese_ci	是	NULL		订单号
spc	varchar(125)	gb2312_chinese_ci	是	NULL		商品串
slc	varchar(125)	gb2312_chinese_ci	是	NULL		数量串
shouhuoren	varchar(25)	gb2312_chinese_ci	是	NULL		收货人姓名
sex	varchar(2)	gb2312_chinese_ci	是	NULL		收件人性别
dizhi	varchar(125)	gb2312_chinese_ci	是	NULL		送货地址
youbian	varchar(10)	gb2312_chinese_ci	是	NULL		邮编
tel	varchar(25)	gb2312_chinese_ci	是	NULL		联系电话
email	varchar(25)	gb2312_chinese_ci	是	NULL		E-mail
shff	varchar(25)	gb2312_chinese_ci	是	NULL		收货方式
zfff	varchar(25)	gb2312_chinese_ci	是	NULL		支付方式
leaveword	mediumtext	gb2312_chinese_ci	是	NULL		用户留言
time	varchar(25)	gb2312_chinese_ci	是	NULL		下单时间
xiadanren	varchar(25)	gb2312_chinese_ci	是	NULL		下单人姓名
zt	varchar(50)	gb2312_chinese_ci	是	NULL		订单状态
total	varchar(25)	gb2312_chinese_ci	是	NULL		价格总计

图14-18　用户订单表

3.tb_admin（管理员信息表）

管理员信息表主要用于存储管理员的信息。该数据表结构如图14-19所示。

字段	类型	整理	Null	默认	额外	说明
服务器: localhost ▶		**数据库**: db_shop ▶		**表 : tb_admin**		
id	int(4)		否		auto_increment	自动编号id
name	varchar(13)	gb2312_chinese_ci	是	NULL		管理员名
pwd	varchar(50)	gb2312_chinese_ci	是	NULL		管理员密码

图14-19　管理员信息表

4.tb_user（用户信息表）

用户信息表主要用于存储用户的基础信息。该数据表结构如图14-20所示。

字段	类型	整理	Null	默认	额外	说明
服务器: localhost ▶		**数据库**: db_shop ▶		**表 : tb_user**		
id	int(4)		否		auto_increment	自动编号id
name	varchar(25)	gb2312_chinese_ci	是	NULL		用户名
pwd	varchar(50)	gb2312_chinese_ci	是	NULL		用户密码
dongjie	int(4)		是	NULL		标记用户是否被冻结
email	varchar(25)	gb2312_chinese_ci	是	NULL		用户E-mail地址
sfzh	varchar(25)	gb2312_chinese_ci	是	NULL		用户身份证号
tel	varchar(25)	gb2312_chinese_ci	是	NULL		联系电话
tishi	varchar(50)	gb2312_chinese_ci	是	NULL		密码找回提示
huida	varchar(50)	gb2312_chinese_ci	是	NULL		密码找回答案
dizhi	varchar(100)	gb2312_chinese_ci	是	NULL		用户联系地址
youbian	varchar(25)	gb2312_chinese_ci	是	NULL		用户邮编
regtime	varchar(25)	gb2312_chinese_ci	是	NULL		用户注册时间
truename	varchar(25)	gb2312_chinese_ci	是	NULL		用户真实姓名
pwd1	varchar(50)	gb2312_chinese_ci	是	NULL		未加密的用户密码
qq	varchar(25)	gb2312_chinese_ci	是	NULL		用户QQ号码

图14-20　用户信息表

5.tb_leaveword（用户留言信息表）

用户留言信息表主要用于存储用户留言的相关信息。该数据表结构如图14-21所示。

字段	类型	整理	Null	默认	额外	说明
服务器: localhost ▶		**数据库**: db_shop ▶		**表 : tb_leaveword**		
id	int(4)		否		auto_increment	自动编号id
userid	int(4)		是	NULL		用户id
title	varchar(100)	gb2312_chinese_ci	是	NULL		留言主题
content	text	gb2312_chinese_ci	是	NULL		留言时间
time	varchar(25)	gb2312_chinese_ci	是	NULL		留言内容

图14-21　用户留言信息表

6.tb_pingjia（商品评价信息表）

商品评价信息表主要用于存储用户对商品的评论信息。该数据表结构如图14-22所示。

字段	类型	整理	Null	默认	额外	说明
id	int(4)		否		auto_increment	自动编号id
userid	int(4)		是	*NULL*		用户id
spid	int(4)		是	*NULL*		商品id
title	varchar(100)	gb2312_chinese_ci	是	*NULL*		评价主题
content	text	gb2312_chinese_ci	是	*NULL*		评价内容
time	varchar(25)	gb2312_chinese_ci	是	*NULL*		评价时间

图14-22　商品评价信息表

 说明 限于篇幅，笔者在此只给出较重要的数据表，其他数据表参见本书的配套资源。

14.5　公共模块设计

14.5.1　数据库连接文件

这里进行的第一项内容就是建立与数据库的连接文件conn.php。数据库连接文件在以后的其他动态页中均要涉及，所以笔者把涉及的脚本文件放在这里进行重点介绍。以后再涉及数据库连接文件时就不再赘述了。conn.php文件的代码如下。

```php
<?php
    $conn=mysqli_connect("localhost","root","111","db_shop") or die("数据库服务器连接错误".mysqli_error());
                                                              //连接到MySQL服务器
    mysqli_query($conn,"set names gb2312");                   //设置编码格式
?>
```

如果某个页面中需要进行数据库的操作，在页面的前台直接包含该文件即可，代码如下。

```php
<?php
    include ("conn/conn.php");                                //包含数据库文件
?>
```

14.5.2　CSS样式表文件

CSS（Cascading Style Sheets，层叠样式表单）是一种简单、灵活、易学的工具，可使任何浏览器都听从指令、知道该如何显示元素及其内容。掌握CSS样式表不仅能更好、更快地完成网页设计，使页面具有动态效果，还有助于统一网站的整体风格。

在网页中使用CSS的方法如下。

● 把CSS文档放到<head></head>标记中。

```html
<head>
<style type="text/css"> … </style>
```

</head>

- 把CSS样式表写在HTML行内，代码如下。

`<p style="font-size：14pt；color：blue">蓝色14号文字</p>`

这是采用<style=" ">的格式把样式写在HTML中的任意行内，这种方法比较方便灵活。

- 把编辑好的CSS文档保存成扩展名为 ".CSS" 的外部文件，然后在<head>标记中调用该文件，调用方法的代码如下。

```
<head>
<link rel=stylesheet type="text/css" href=".css文档的相对路径"> …
</head>
```

这种方式能使多个文档同时使用相同的样式，从而能够减少大量的冗余代码。

电子商务平台采用<link>将扩展名为 ".css" 的外部文件嵌入网页中，代码如下。

`<link href="css/font.css" rel="stylesheet">`

14.6　前台首页设计

在无数个相互竞争的网页中，特别是对电子商务网站来说，首页极为重要。它必须展现网站的特性，并积极地加以表现。首页设计的好坏将直接影响顾客的购买欲望和情绪。在电子商城的首页设计中，首先必须把商城推出的最新商品、推荐商品、热门商品、最新公告等商城的特色和动态信息展现给顾客，然后提供查看订单、购物车、商品分类查询等业务。

14.6.1　前台首页概述

网站首页是关于网站的建设及形象宣传，它对网站生存和发展起着非常重要的作用。首页设计的好坏将直接影响顾客的购买欲望。同时，首页也是一个信息含量较高、内容丰富的宣传平台，用户不但可以第一时间掌握商城最新商品、热门商品、推荐商品，还可以实现商品搜索、订单查询等功能。电子商务平台前台首页主要包含以下内容。

- 网站菜单导航：主要包括最新商品、推荐商品、热门商品、商品分类、用户中心、订单查询、我的购物车。
- 商品信息的快速搜索及高级搜索引擎。
- 最新商品模块：主要按时间先后顺序展示最新商品及详细信息查看。
- 推荐商品模块：主要展示商城重点推荐的商品及详细信息查看。
- 热门商品模块：主要用于展示销量最高的商品及详细信息查看。
- 会员登录模块：主要用于会员登录，登录后可以购买商品、查询提交的订单、查看个人消费情况。
- 用户中心模块：主要用于在用户登录后，对个人资料的修改、对登录密码的修改、用户留言和评论信息。
- 站内公告模块：主要用于发布网站提供部分商品信息以及购买商品的优惠制度等信息。
- 友情链接模块：主要用于企业链接的广告信息。
- 电子商务平台前台首页分为网站导航、版权信息、左分栏、内容分栏4部分。下面看一下本案例中提供的商城前台首页，该首页在本书配套资源中的路径为 "源代码\MR\ym\14\shop\index.php"，如图14-23所示。

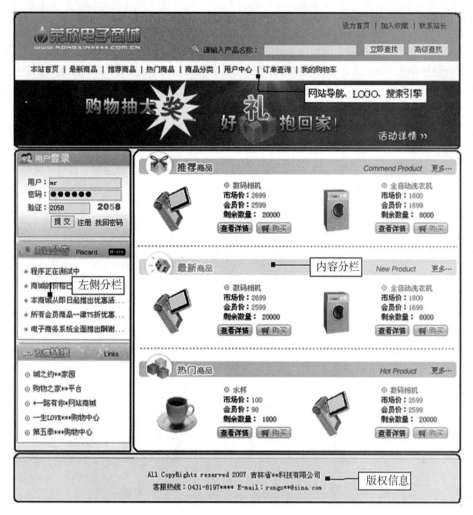

图14-23　电子商务平台前台首页

电子商务网站的设计是展现企业形象、介绍商品和服务、体现企业发展战略的重要途径，这也是开发网站的根本目的，因此必须明确用户的需求，从而做出切实可行的设计计划。要根据消费者的需求、市场的状况、企业自身的情况等进行综合分析，牢记以"消费者（customer）"为中心，而不是以"美术"为中心进行设计规划。不同的产品网站所要表达的信息类型也不一样，要用适合表达其产品特点的风格和色彩的设计。

电子商务平台采用二分栏结构布局，页面具有简练、大气、个性鲜明等特点，从而体现电子商务网站的特色和个性化，示意图如图14-24所示。

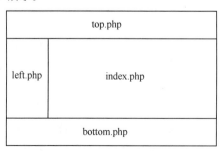

图14-24　电子商务网站示意图

14.6.2　前台首页技术分析

为了保证页面的整洁和增强页面的可维护性，在前台首页中使用引用语句来包含主要的功能页面，各个功能模块分别保存在单独的文件中。这样做的目的是使系统具有统一的风格，并且如果对某项功能进行维护，只需要修改top.php、left.php、index.php或bottom.php页即可，不需要每页都进行改动，这样可以很大程度地提高网站开发效率，并且维护起来也是非常方便的。

14.6.3　前台首页的实现过程

在一个网站中，前台首页被访问的次数是比较多的。为了加快页面的运行速度、提高访问量，本案例前台首页使用include语句包含主要功能模块，代码如下。

```html
<table width="766" border="0" cellspacing="0" cellpadding="0">
 <tr>
  <td colspan="2">
     <?php  include("top.php");?>
</td>
 </tr>
 <tr>
  <td width="209">
     <?php  include("left.php");?>
</td>
     <!—商品展示模块的代码部分-->
  <td>
           …                                //商品展示模块代码部分略
</td>
 </tr>
 <tr>
     <!-- ------------------------------------ -->
 <td colspan="2">
     <?php  include("bottom.php"); ?>
</td>
 </tr>
</table>
```

14.7　商品展示模块设计

本系统在前台为用户提供了不同的商品展示方式，从而便于消费者了解市场行情，能够使消费者有目的地选购一些商品。

14.7.1　商品展示模块概述

商品展示模块属于电子商务平台的子页，主要显示电子商务平台的商品信息。商品信息主要为用户提供信息资源，是用户购买商品的主要因素，因此商品展示模块对电子商务平台来说尤为重要。商品展示模块主要实现以下功能。

- 商品的分类信息展示。
- 分页显示相应类别的商品信息。
- 用户可直接进行商品的购买。
- 显示重点推荐商品、最新商品及热门商品信息。

14.7.2 商品展示模块技术分析

在电子商务平台中，考虑到商品的种类会非常多，因此采取分页的方式进行显示。本购物系统中很多模块采用了这种技术。读者只要熟悉商品分类模块的分页实现方法，就可以将该方法应用到他处，触类旁通。

单击商品分类超链接，即可以分页的形式查看该类别下所有商品的详细信息，代码如下：

```php
<?php
    $sql=mysqli_query($conn,"select count(*) as total from tb_shangpin where typeid=' ".$id." ' order by addtime desc ");
    $info=mysqli_fetch_array($sql);                //检索指定商品类别下的所有商品信息
    $total=$info['total'];                         //计算该类别下所有商品的总和
    if($total==0) {                                //如果商品总和为0，说明该类暂无商品，给出相关提示
     echo "<div align='center'>本站暂无该类产品!</div>";
    }
    else {                                         //否则，以分页形式输出商品信息
     $pagesize=3;                                  //每页显示3条商品信息
     if ($total<=$pagesize){                       //如果商品总数小于每页最多显示的页数，则总页数应为1
       $pagecount=1;
       }
       //如果总商品数不能整除每页最多显示的商品数，则总页数应该比两者整除之商多1
       if(($total%$pagesize)!=0){
         $pagecount=intval($total/$pagesize)+1;
       }else{                                      //如果总商品数能整除每页最多显示的商品数，则总页数
应为两者之商
         $pagecount=$total/$pagesize;
       }
       if(!isset($_GET['page'])){                  //如果$_GET[page]的值为空，则使默认显示的页为第一页
         $page=1;
       }else{                                      //否则，使当前显示的页码为获取的$page的值
         $page=intval($_GET['page']);
       }
       $sql1=mysqli_query($conn,"select * from tb_shangpin where typeid=".$id." order by addtime desc limit ".($page-1)*$pagesize.",$pagesize ");    //实现分页显示
       while($info1=mysqli_fetch_array($sql1)) {   //应用while循环语句输出商品的详细信息
    ?>
    …                                              //商品详细信息展示的代码略
    <table width="550" height="25" border="0" align="center" cellpadding="0" cellspacing="0">
      <tr>
```

```
        <td><div align="right"> 本站共有该类商品 
        <?php
          echo $total;                                //输出该类别下的商品总数量
           ?>
      件 每页显示 <?php echo $pagesize;?> 件 第 <?php echo $page;?> 
页/共 <?php echo $pagecount; ?> 页
        <?php
          if($page>=2){                              //如果当前页码大于等于2，则显示首页及前一页链接
           ?>
      <a href="showfenlei.php?id=<?php echo $id;?>&page=1" title="首页"><font face="webdings"> 9 </font></
a>
        <a href="showfenlei.php?id=<?php echo $id;?>&page=<?php echo $page-1;?>" title="前一页"><font
face="webdings"> 7 </font></a>
      <?php
       }
        if($pagecount<=4){                           //如果总页数小于或等于4，则显示所有页的链接
          for($i=1;$i<=$pagecount;$i++){
        ?>
      <a href="showfenlei.php?id=<?php echo $id;?>&page=<?php echo $i;?>"><?php echo $i;?></a>
      <?php
          }
        }else{                                       //如果总页数大于4，则只显示前4页链接，并显示尾页和后一页链接
          for($i=1;$i<=4;$i++){
        ?>
     <a href="showfenlei.php?id=<?php echo $id;?>&page=<?php echo $i;?>"><?php echo $i;?></a>
     <?php }?>
        <a href="showfenlei.php?id=<?php echo $id;?>&page=<?php echo $page-1;?>" title="后一页"><font
face="webdings"> 8 </font></a>
        <a href="showfenlei.php?id=<?php echo $id;?>&page=<?php echo $pagecount;?>" title="尾页"><font
face="webdings"> : </font></a>
     <?php
       }
     ?>
```

 说明 为了加强网页的可操作性，商品展示页面实现了分页功能，并通过设计文字的特殊字体webdings
输出首页、前一页、下一页、尾页的图标（在指定的标准页范围显示，详见代码注释）。

14.7.3　商品分类展示的实现过程

在电子商务平台首页中，设置商品分类展示不仅可使电子商务平台的所有商品分门别类地显示出来，而
且为用户选择商品提供了很大的方便。

在网站功能导航栏中单击"商品分类"超链接，进入商品分类展示页面。在该页面中，系统自动检索出所有的商品分类超链接，单击"家居日用"超链接，将输出该类别下的所有商品信息，运行结果如图14-25所示。

图14-25 商品分类展示页面的运行结果

首先建立一个单独的tb_type表用来存储商品大类，然后通过do...while循环语句把这些记录的typename字段（商品类别名称）都显示出来，并且每个商品类别名称都设有超链接。单击该超链接，用户可以查看该类别下所有商品的详细信息。代码如下。

```php
<?php
$sql=mysqli_query($conn,"select * from tb_type order by id desc");
    $info=mysqli_fetch_object($sql);                     //查询商品类别信息表中的信息
    if($info==false){                                    //如果查询结果为假，则弹出相关的提示信息
     echo "本站暂无商品!";
    }
    else {                                               //否则，输出商品类别信息
      do {                                               //应用循环语句为商品类别名称添加超链接
        echo "<a href='showfenlei.php?id=".$info->id."'>".$info->typename." </a>";
      }while($info=mysqli_fetch_object($sql));
    }
?>
```

14.7.4 最新商品展示的实现过程

在网站功能导航栏中单击"最新商品"超链接，进入最新商品展示页面。在该页面中，系统显示按管理员发布商品的时间降序排列的前4件商品，运行结果如图14-26所示。

图14-26 最新商品展示页面的运行结果

在商品信息表tb_shangpin中开辟一个addtime字段，应用该字段记录商品的添加时间，在前台显示商品时只需应用这个字段将所有商品降序排列，然后应用do...while循环语句将排好序的记录中的前4条记录输出到浏览器，代码如下。

```php
<?php
$sql=mysqli_query($conn,"select * from tb_shangpin order by addtime desc limit 0,4");   //查询最新的4件商品
$info=mysqli_fetch_array($sql);
if($info==false){                                              //如果$info的值为空，则说明商品表中无商品
 echo "本站暂无最新产品!";
 }
else{                                                         //如果$info的值不为空，显示所有商品信息
 do{                                                        //应用do...while循环语句显示所有的商品信息
?>
 <tr>
 <td width="89" rowspan="6"><div align="center">
<?php
 if($info['tupian']==" "){                                 //如果图片为空，则给出相应的提示信息
  echo "暂无图片!";
  }
 else{                                                      //否则，输出图片信息
 ?>
 <a href="lookinfo.php?id=<?php echo $info['id'];?>"> <img border="0" src="<?php echo $info['tupian'];?>" width="80"
height="80"></a>
 <?php
```

```
    }
    ?>
    </div></td>
    <td width="93" height="20"><div align="center" style="color: #000000">商品名称：</div></td>
     <td colspan="5"><div align="left"><a href="lookinfo.php?id=<?php echo $info['id'];?>" ><?php echo
$info['mingcheng'];?></a></div></td>
    </tr>
    …                                                  //商品详细信息部分代码略
<?php
    }while($info=mysqli_fetch_array($sql));
    }
    ?>
```

14.7.5 查看商品详细信息的实现过程

为了能让客户全面了解某件商品，本购物系统设置了查看商品详细信息模块。在网站首页商品展示区，单击相应商品中的"查看详情"按钮（或在商品信息展示页面，单击相应的商品名称超链接），即可进入"查看商品详细信息"页面。商品详细信息展示页面的运行结果如图14-27所示。

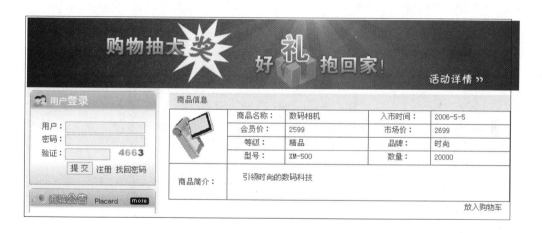

图14-27　商品详细信息展示页面的运行结果

在该模块中，用户不仅可以全面了解商品信息，而且网站会员还可以发表用户个人评论。根据用户的评论，管理人员可以对商品做一些调整，如增加一些口碑较好的商品、删除一些评价相对较差的商品。限于篇幅，对于用户评论的功能，本章不做重点讲解，详细代码请读者参见本书配套资源。

在网站首页商品展示区，添加"查看详情"按钮的代码如下。

```
<a href="lookinfo.php?id=<?php echo $info['id'];?>"><img src="images/xiangxi_btn.gif" width="60" height="18"
border="0"></a>
```

单击相应商品中的"查看详情"按钮，提交商品id到数据处理页lookinfo.php页，通过GET方法接收提交的商品的id值，然后应用mysqli_query()函数检索该商品id所对应的商品信息，最后在设计好的表格中通过echo()语句输出该商品的详细信息。代码如下。

```php
<?php
include("conn/conn.php");                          //连接数据库文件
$sql=mysqli_query($conn, "select * from tb_shangpin where id=".$_GET['id']." ");
$info=mysqli_fetch_object($sql);                   //从商品表中获取商品信息
?>
<tr>
  <td width="89" height="80" rowspan="4" align="center" valign="middle" bgcolor="#FFFFFF"><div align="center">
  <?php
    if($info->tupian==" "){                        //如果该商品没有图片，则弹出"暂无图片"
            echo "暂无图片";
    }
    else{                                          //如果该商品有图片，则以固定尺寸显示
?>
  <a href="<?php echo $info->tupian;?>" target="_blank"><img src="<?php echo $info->tupian;?>" alt="查看大图" width="80" height="80" border="0"></a>
  <?php
    }
?>
  </div></td>
  <td width="92" height="20" align="left" bgcolor="#FFFFFF" >商品名称：</td>
  <td width="134" bgcolor="#FFFFFF">  <?php echo $info->mingcheng;?> </td>
  <td width="100" bgcolor="#FFFFFF">入市时间：</td>
  <td width="129" bgcolor="#FFFFFF"> <?php echo $info->addtime;?> </td>
</tr>
… //部分商品信息显示代码略
</table>
```

 说明 单击图片超链接，将以原始尺寸显示图片资源。

14.8 购物车模块设计

14.8.1 网站购物车概述

购物车在电子商务平台里是前台用户端程序中非常关键的一个功能模块，帮助用户完成商品的选购，并把商品交给服务台进行结算。购物车的管理框架如图14-28所示。

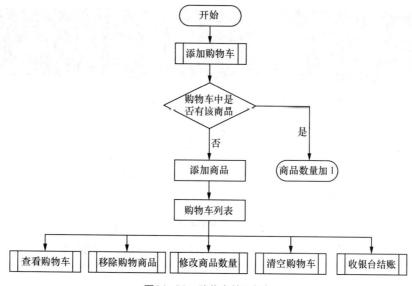

图14-28　购物车管理框架

14.8.2　网站购物车技术分析

在电子商务平台开发过程中，相对较困难且重点的部分是购物车的实现过程。购物车的作用是临时储存用户的购物信息，用户可以修改购物车中的商品数量、移除购物车中的某件商品、清空购物车等。开发一个购物车的方法有两种：一种是将购物信息存储到数据表中；另一种是将购物信息存储到Session变量中。

如果在后台数据库中单独开辟一个数据表来存储购物车中的内容，也能够实现购物车的制作，但这会大大浪费数据库服务器的硬盘空间，并且这些信息对用户和管理者来说都是没有价值的，毕竟购物车中的商品不是用户确定要购买的商品，所以购物车应该是临时存储用户打算购买商品的地方，并且购物车中的商品也应该随着用户的退出而清空。

考虑到以上因素，笔者联想到Session，购物车的实现和数据存储可以依赖Session实现。为了便于理解，可以把购物车和超市联想起来。首先应该为每位光临的顾客分配一个购物车，当用户成功登录后，为用户分配一个\$producelist变量和一个\$quatity变量，分别用来存储用户放入购物车中商品的id和该商品对应的数量，并且\$producelist初始值为空，而变量\$quatity初始值为1。

用户如果选择某件商品并打算将其放入购物车中，只要用该\$producelist变量原来的值加上新放入购物车中的id值再加上字符@，同时变量\$quatity应在原来的基础上加1再加@，这样就能实现将商品添加到购物车并使该商品初始数量为1。

如果用户打算修改某件商品的数量，只需用explode()函数提取该商品的id值和该商品此时的数量值，并将该id对应的存储在变量\$quatity中的该商品数量赋予新值即可。如果用户打算将购物车中某件商品移除，只需将该商品对应的id值赋予空值，并将该商品对应的数量赋予空值。要清空购物车，只要将变量\$producelist和变量\$quatity同时赋予空串即可。

14.8.3　添加至购物车的实现过程

在网站商品展示区，单击相应商品中的"购买"按钮（或在商品详细信息页面，单击"放入购物车"超链接），即可进入"添加至购物车"页面。添加至购物车页面的运行结果如图14-29所示。

图14-29 添加至购物车页面的运行结果

当用户进入商城后，一旦选购了商品，系统就会为每一个用户分配一辆购物车供用户使用，并为每个用户分配两个session变量：$_SESSION['producelist']和$_SESSION['quatity']，分别用来存储用户放入购物车中的商品id和这些商品的数量。当然，一个变量同一时刻只能有一个值。那么如何将多个id值同时保存在一个$_SESSION['producelist']变量中呢？首先将id 转变成字符型变量，并且这些变量用字符"@"进行连接，比如用户分别将id为1、3、5的商品放入购物车中，这时session变量$_SESSION['producelist']的值应该为"1@3@5@"。

当用户不断单击商品旁边的"购买"按钮时，系统将会不停地帮用户把商品放入给用户分配的购物车中。对于相同的商品，系统会自动将购物车中该商品的数量加1。添加至购物车的代码如下。

```php
<?php
session_start();
include("conn/conn.php");                        //连接数据库文件
if(!isset($_SESSION['username'])) {              //判断用户是否已经登录
  echo "<script>alert('请先登录后购物!');history.back();</script>";  //如果用户还没登录，则提示用户先登录并返回原来页面
  exit;                                          //用exit语句停止循环的继续执行
 }
$id=strval($_GET['id']);                          //获取商品id值
$sql=mysqli_query($conn,"select * from tb_shangpin where id=' ".$id." ' ");
$info=mysqli_fetch_array($sql);
if($info['shuliang']<=0) {                        //如果商品数量小于0，则提示用户商品已售完
  echo "<script>alert('该商品已经售完!');history.back();</script>";
  exit;
 }
$array=explode( "@" , isset($_SESSION['producelist'])?$_SESSION['producelist']:" ");
if(count($array)==1){
    $_SESSION['producelist']=$_SESSION['producelist'].$id."@";
    $_SESSION['quatity']=$_SESSION['quatity']."1@";
}
if(count($array)!=1){
```

```
if(!in_array($id,$array)){
    $_SESSION['producelist']=$_SESSION['producelist'].$id."@";
        $_SESSION['quatity']=$_SESSION['quatity']."1@";
}else{
        $arrayquatity=explode("@",$_SESSION['quatity']);
        $key=array_search($id,$array);
        $arrayquatity[$key]=$arrayquatity[$key]+1;
        $_SESSION['quatity']=implode("@",$arrayquatity);
    }
}


header("location:gouwu1.php");          //添加成功后，重新定位到gouwu1.php页面显示购物车中的内容
?>
```

 说明 上面说到的id指的是tb_shangpin表中的id字段。

14.8.4 查看购物车的实现过程

在购物的过程中，用户购买完商品或单击"我的购物车"超链接后，即可在购物车列表页面查看当前用户所购商品的详细情况。该页面可以对选购的商品进行移除、数量更新、结账或者清空购物车等操作。查看购物车页面的运行结果如图14-30所示。

图14-30 查看购物车页面的运行结果

在查看购物车页面中，将$_SESSION['producelist']用@进行分隔，从而将购物车中现有商品id的值存放到数组$arraygwuc中，将session变量$_SESSION['quatity']中的内容用字符@进行分隔，并将结果保存在数组$arrayquatity中，然后应用for循环语句输出购物车中的商品。代码如下。

```php
<?php
session_start();                                 //session变量初始化
    if(!isset($_SESSION['username'])){           //如果用户名为空，则提示用户先登录
        echo "<script>alert('请先登录，后购物!');history.back();</script>";
        exit;                                     //如果用户没登录，则停止程序继续执行
    }
```

```php
?>
<table width="500" border="0" align="center" cellpadding="0" cellspacing="1">
  <form name="form1" method="post" action="gouwu1.php">
<?php
  /*判断用GET方法提交的qk的值为yes，则将producelist和quatity的值设为空串，从而实现清空购物车的目的*/
  if(isset($_GET['qk']) && $_GET['qk']=="yes"){
    $_SESSION['producelist']=" ";
      $_SESSION['quatity']=" ";
  }
  /* ******************************************************************** */
  //将$_SESSION['producelist']用@进行分隔，从而将购物车中现有商品id的值存放到数组$arraygwuc中
    $arraygwc=explode("@",isset($_SESSION['producelist'])?$_SESSION['producelist']:" ");
  $s=0;                                            //用$s保存购物车中商品id的总和
  for($i=0;$i<count($arraygwc);$i++){
      $s+=intval($arraygwc[$i]);
  }
  if($s==0 ){                                      //如果$s的值为空，说明购物车中无商品
    echo "<tr>";
    echo" <td height='25' colspan='6' bgcolor='#FFFFFF' align='center'>您的购物车为空!</td>";
    echo"</tr>";
    }
  else{                                            //否则，显示购物车中的所有商品信息
?>
  <tr>
    <td width="125" height="25" bgcolor="#FFFFFF"><div align="center">商品名称</div></td>
    ...                                            //显示购物标题名称HTML标记部分略
  </tr>
  <?php
  $total=0;
  //将session变量$_SESSION['producelist']中的内容用字符@进行分隔
  $array=explode("@",$_SESSION['producelist']);
  //将session变量$_SESSION['quatity']中的内容用字符@进行分隔
    $arrayquatity=explode("@",$_SESSION['quatity']);
  $_SESSION['quatity']=implode("@",$arrayquatity);
    for($i=0;$i<count($array)-1;$i++){
      $id=$array[$i];
      $num=$arrayquatity[$i];
    /***********如果$id不为空，则从商品信息表中获取指定商品id的信息*********/
    if($id!=" "){
            $sql=mysqli_query($conn,"select * from tb_shangpin where id=' ".$id." ' ");
            $info=mysqli_fetch_array($sql);
```

```
                $total1=$num*$info['huiyuanjia'];          //商品金额=选购数量×会员价
                $total+=$total1;                           //累计购物车中的商品金额
                $_SESSION["total"]=$total;                 //购物车中的商品的累计金额
        /*************************************************************/
         ?>
         <!-- ---------------------显示购物商品的相关信息-------------- --->
       <tr>
       <td height="25"><?php echo $info['mingcheng'];?> </td>
         <td height="25"><input type="text" name="<?php echo $info[ 'id' ];?>" size="2" class="inputcss"
value=<?php echo $num;?>> </td>
       <td height="25" ><?php echo $info['shichangjia'];?>元</td>
       <td height="25"><?php echo $info['huiyuanjia'];?>元</td>
                <td height="25"><?php echo @(ceil(($info['huiyuanjia']/$info['shichangjia'])*100))."%";?> </td>
       <td height="25"><?php echo $info['huiyuanjia']*$num."元";?></td>
       <td height="25"><a href="removegwc.php?id=<?php echo $info['id']?>">移除</a></td>
       </tr>
         <!-- ------------------------------------------------- -->
       <?php
          }
             }
         ?>
       <tr>
                <td width="125">总计：<?php echo $total; ?> </td>
       </tr>
     </form>
     <?php
        }
     ?>
     </table>
```

14.8.5 从购物车中移去指定商品的实现过程

添加"移除"文字超链接，删除id指定的商品信息。

```
<a href="removegwc.php?id=<?php echo $info['id']?>">移除</a>
```

购物车的作用是临时储存用户的购物信息，因此此用户可以随时对购物车中的商品进行移除。在查看购物车页面中，单击对应商品后的"移除"超链接，即可将商品信息从购物车中删除。

该功能实现的基本思想是：首先用函数explode()将session变量$_SESSION['producelist']以@进行分隔，并把分隔出的子串存放到数组中，然后将用户打算移去商品对应的数组元素赋予空值，最后将数组元素重新组合成新串。代码如下。

```
<?php
session_start();                                //初始化session变量
$id=$_GET['id'];                                //获取用户打算移去商品的id
```

```
$arraysp=explode("@",$_SESSION['producelist']);        //将购物车中的商品id存储到数组$arraysp中
$arraysl=explode("@",$_SESSION['quatity']);            //将购物车中的商品的数量存放到数组$arraysl中
for($i=0;$i<count($arraysp);$i++) {
  if($arraysp[$i]==$id) {                               //通过循环寻找与id值相等的数组元素
    $arraysp[$i]=" ";
    $arraysl[$i]=" ";                                   //将与id值相等的数组元素赋予空值
  }
}
$_SESSION['producelist']=implode("@",$arraysp);
$_SESSION['quatity']=implode("@",$arraysl);            //应用implode()函数将数组元素重新组合成新串
header("location:gouwu1.php");                         //重新定位到gouwu1.php显示购物车中的商品信息
?>
```

 如果程序中应用了session变量，就需要对session变量进行初始化。在程序的首行添加
"session_start();"语句。如果没有对session变量进行初始化或者位置不是在首行，那么程
序在运行时会弹出相应的错误信息。

14.8.6　修改商品购买数量的实现过程

购物车中的商品默认购买数量是1件，如果用户打算购买多件相同的商品，就需要利用修改文本框中的
商品数量来实现。修改商品数量与从购物车中移去指定商品的原理类似，只不过从购物车中移去某件商品是
将该商品对应的数组元素赋予空值，而修改商品购买数量是将购物车中某件商品对应的数组元素赋予新值。
代码如下。

```
  while(list($name,$value)=each($_POST)) {   //提取表单中的商品id和新数量
for($i=0;$i<count($array)-1;$i++){
    if(($array[$i])==$name) {
    $arrayquatity[$i]=$value;                //获取购物车中每种商品的数量，并将数量保存到$arrayquatity数组中
    }
  }
  }
```

14.8.7　清空购物车的实现过程

在查看购物车页面添加"清空购物车"文字超链接，代码如下。

```
<a href="gouwu1.php?qk=yes">清空购物车</a>
```

当用户想重新选购商品时，需要清空购物车中所有商品，将session变量$_SESSION['producelist']和$_
SESSION['quatity']的值都赋予空串。代码如下。

```
if(isset($_GET['qk']) && $_GET['qk']=="yes"){    //判断用户是否单击"清空购物车"超链接
    $_SESSION['producelist']=" ";                //清空购物车中商品id
    $_SESSION['quatity']=" ";                    //清空购物车中商品数量
  }
```

14.8.8 收银台结账的实现过程

当用户选购完商品后，在购物车列表页面单击"去收银台"超链接，即可进入"收银台结账"页面，运行结果如图14-31所示。

图14-31 收银台结账页面的运行结果

在查看购物车页面添加"去收银台"超链接，实现所购买商品的金额结算功能，代码如下。

```
<a href="gouwu2.php">去收银台</a>
```

单击"去收银台"超链接，跳转到gouwu2.php页。该页面主要设计用户需要填写的订单结构。根据用户在购物车页面提交的商品信息，为用户提供填写订单的平台，然后将用户选购的商品信息（包括商品名称、商品数量等）以及订单信息存储在数据库中。

收银台页面涉及的HTML表单的重要元素如表14-1所示。

表14-1 收银台页面涉及的HTML表单的重要元素

名　称	元素类型	重　要　属　性	含　义
form1	form	method="post" action="savedd.php" onSubmit="return chkinput(this)"	订单表单

shff	select	`<option selected value="普通平邮">普通平邮</option>`
		`<option value="特快专递">特快专递</option>`
		`<option value="送货上门">送货上门</option>`
		`<option value="个人送货">个人送货</option>`
		`<option value="E-mail">E-mail</option>`
			商品的送货方式

zfff	select	`<option selected value="建设银行汇款">建设银行汇款</option>`
		`<option value="交通银行汇款">交通银行汇款</option>`
		`<option value="邮局汇款">邮局汇款</option>`
		`<option value="网上支付">网上支付</option>`
			货款的支付方式

submit2	submit	class="buttoncss"	"提交订单"按钮

用户确定要购买购物车中所有商品之后，就需要到收银台页面填写收货人信息。系统管理人员将通过该信息确定收货人地址、商品名称及数量等，系统同时会根据这些信息给出订单。具体实现代码如下。

```php
<?php
header ("Content-type: text/html; charset=gb2312"); //设置文件编码格式
session_start();                                    //初始化session变量
include("conn/conn.php");                           //连接数据库文件
$sql=mysqli_query($conn,"select * from tb_user where name='".$_SESSION['username']."' ");
$info=mysqli_fetch_array($sql);                     //检索用户数据表中的信息
$dingdanhao=date("YmjHis").$info['id'];             //订单号=当前日期时间+用户的id号
$spc=$_SESSION['producelist'];                      //将用户购买的商品名称串赋给变量$spc
$slc= $_SESSION['quatity'];                         //将用户购买的商品数量串赋给变量$slc
$shouhuoren=$_POST['name2'];                        //获取收货人姓名
$sex=$_POST['sex'];                                 //获取收货人性别
$dizhi=$_POST['dz'];                                //获取收货人地址
$youbian=$_POST['yb'];                              //获取收货人邮编
$tel=$_POST['tel'];                                 //获取收货人电话
$email=$_POST['email'];                             //获取收货人E-mail地址
$shff=$_POST['shff'];                               //获取送货方式
$zfff=$_POST['zfff'];                               //获取支付方式
if(trim($_POST['ly'])==" "){                        //如果用户留言为空
  $leaveword=" ";                                   //则将$leaveword变量设为空
}
else{                                               //否则获取用户的留言信息
  $leaveword=$_POST['ly'];
}
$xiadanren=$_SESSION['username'];                   //获取下单人名称，即当前用户
$time=date("Y-m-j H:i:s");                          //获取系统当前时间
$zt=" 未作任何处理";
$total=$_SESSION['total'];                          //获取购物车内所有商品的累计金额
 mysqli_query($conn,"insert into tb_dingdan(dingdanhao,spc,slc,shouhuoren,sex,dizhi,youbian,tel,email,
shff,zfff,leaveword,time,xiadanren,zt,total) values ('$dingdanhao','$spc','$slc','$shouhuoren','$sex','$dizhi','$youbia
n','$tel','$email','$shff','$zfff','$leaveword','$time','$xiadanren', '$zt','$total')");
//将信息添加到tb_dingdan表
   header("location:gouwu2.php?dingdanhao=$dingdanhao");//重新定位到收银台
?>
```

 说明 上述代码中，mysqli_query()函数的执行结果并没有具体地赋给某个变量，这是因为当用该函数执行insert、delete等SQL语句时并不需要回显结果，而执行select语句时一般都需要将结果显示在前台页面中，所以经常会将该函数的执行结果赋给某一个变量，以后用诸如mysqli_fetch_array()函数提取数据库中内容时会用到该变量。

14.8.9 生成商品订单的实现过程

在收银台结账页面，单击"提交订单"按钮，即可进入"生产商品订单"页面。该页面的运行结果如图14-32所示。

图14-32 生成商品订单页面的运行结果

提交表单信息到数据处理页，将商品及用户信息存储到订单信息表中，添加成功后将生成的订单号$dingdanhao传递到收银台页。代码如下。

```php
<?php
if(isset($_GET['dingdanhao']) && $_GET['dingdanhao']!=" "){      //如果订单号不为空
    $dd=$_GET['dingdanhao'];                                     //获取订单号
    session_start();                                            //初始化session变量
    $array=explode("@",$_SESSION['producelist']);//以子串@作为分隔符将字符串分隔开来，分隔后的一个或多个
子串以数组的形式返回
    $sum=count($array)*20+260;                                   //计算窗体的显示高度
    echo" <script language='javascript'>";                      //JavaScript脚本标识语句开始
    echo" window.open('showdd.php?dd='+' ".$dd." ','newframe','top=150,left=200,width=600,
height=".$sum.",menubar=no,toolbar=no,location=no,scrollbars=no,status=no ')";  //在新窗口showdd.php页中
输出订单信息
    echo "</script>";                                           //JavaScript脚本标识语句结束
    }
?>
```

应用Window对象的open方法打开一个新窗口showdd.php，用于显示商品订单的详细信息，将商品串以@子串进行分隔，返回数组$arraysp，将数量串以@子串进行分隔，返回数组$arraysl，然后应用for循环语句循环输出订单中的商品信息。代码如下。

```php
<?php
    session_start();                                            //初始化session变量
    include("conn/conn.php");                                   //连接数据库文件
```

```php
$dingdanhao=$_GET['dd'];                                    //获取订单号
$sql=mysqli_query($conn,"select * from tb_dingdan where dingdanhao='".$dingdanhao."' ");
$info=mysqli_fetch_array($sql);                             //查询订单号所对应的订单详细信息
$spc=$info['spc'];                                         //获取商品串
$slc=$info['slc'];                                         //获取数量串
$arraysp=explode("@",$spc);                                //将商品串以@子串进行分隔，返回数组
$arraysp
$arraysl=explode("@",$slc);                                //将数量串以@子串进行分隔，返回数组$arraysl
?>
...                                                         //省略部分HTML代码
<td height="20" bgcolor="#FFEDBF"><div align="center" class="style7">恭喜<?php echo $_
SESSION['username'];?>，您已成功的提交了此订单!详细信息如下:</div></td>
<td height="20" bgcolor="#FFFFFF"><div align="left"><span class="style5"> 订单号：</span><?php
echo $dingdanhao;?></div></td>
<?php
$total=0;
for($i=0;$i<count($arraysp)-1;$i++){                        //用for循环语句循环输出订单中的商品信息
    if($arraysp[$i]!=" "){                                 //如果商品不为空
    $sql1=mysqli_query($conn,"select * from tb_shangpin where id=' ".$arraysp[$i]."' ");
    $info1=mysqli_fetch_array($sql1);                      //检索指定商品的详细信息
            $total=$total+=$arraysl[$i]*$info1['huiyuanjia'];   //获取订单中的商品总计费用
?>
<!-- -------------------输出订单商品的详细信息 --------------- -->
  <tr bgcolor="#FFFFFF">
  <td height="20"><div align="center"><?php echo $info1['mingcheng'];?></div></td>
  <td height="20"><div align="center"><?php echo $info1['shichangjia'];?></div></td>
  <td height="20"><div align="center"><?php echo $info1['huiyuanjia'];?></div></td>
  <td height="20"><div align="center"><?php echo $arraysl[$i];?></div></td>
  <td height="20"><div align="center"><?php echo $arraysl[$i]*$info1['huiyuanjia'];?></div></td>
  </tr>
  <?php
  }
  }
?>
  <tr bgcolor="#FFFFFF">
  <td height="20" colspan="5">
    <div align="right"><span class="style5">总计费用:</span><?php echo $total;?> </div></td>
  </tr>
  ...                                                       //订单详细信息展示部分代码略
<!-- ------------------------------------------------------------------ -->
<?php
```

```
        $_SESSION['producelist']=" ";                      //清空购物车中的商品串
        $_SESSION['quatity']=" ";                           //清空购物车中的数量串

    ?>
```

14.9 后台首页设计

14.9.1 后台首页概述

后台首页承载并显示网站后台所包含的模块，使网站管理员能够清楚其管理权限。根据需求分析，确定电子商务平台网的后台系统包括以下功能模块。

- 商品信息管理模块：主要包括商品信息的添加、修改、删除和商品类别的添加。
- 用户信息管理模块：主要包括查询和显示用户注册信息、冻结用户、用户留言管理、更改管理员密码。
- 订单信息管理模块：主要包括查看所有用户提交的订单信息，并根据执行阶段对订单进行标记处理、删除订单和查询订单。
- 公告信息管理模块：主要包括站内公告信息的添加、修改、删除及用户评论信息的查看和删除。

电子商务平台网的后台首页分为网站Banner浮动框架、导航浮动框架、内容浮动框架3部分。下面看一下本案例中提供的商城后台首页，该首页在本书配套资源中的路径为“源代码\MR\ym\14\shop\admin\default.php”，如图14-33所示。

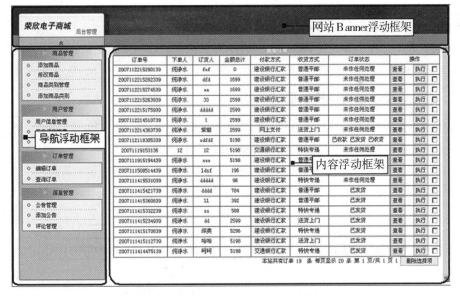

图14-33 电子商务平台网后台首页

14.9.2 后台首页技术分析

在网站后台管理系统的首页中使用浮动框架来规划页面布局。浮动框架的作用是把浏览器窗口划分成若干个区域，每个区域内可以显示不同的页面，并且各个页面之间不会受到任何影响，为框架内每个页面命名，作为彼此互动的依据。

在后台首页中先使用左右浮动框架进行页面布局。这样，就可以在页面顶端设置网站的Banner，在页面左侧设置网站的导航功能，在页面的右侧设置后台系统显示的主要信息内容。

浮动框架<iframe>是一种特殊的框架结构，它可以在浏览器窗口中嵌套另外的网页文件。其语法格式如下。

```
<iframe src="文件" name="框架名称" align="对齐方式" width="值" height="值" scrolling="值" frameborder="值"
marginwidth="值" marginheight="值">

</iframe>
```

14.9.3 后台首页的实现过程

网站Banner浮动框架的代码如下。

```
<IFRAME frameBorder=0 id=top name=top scrolling=no src="top.php"
    style="HEIGHT: 90px; VISIBILITY: inherit; WIDTH: 1003px; Z-INDEX: 3">
</IFRAME>
```

导航浮动框架的代码如下。

```
<IFRAME frameBorder=0 id=left name=left src="left.php"
    style="HEIGHT: 100%; VISIBILITY: inherit; WIDTH: 212px; Z-INDEX: 2">
</IFRAME>
```

内容浮动框架的代码如下。

```
<IFRAME frameBorder=0 id=main name=main scrolling=yes src="lookdd.php"
    style="HEIGHT: 100%; VISIBILITY: inherit; WIDTH: 778px; Z-INDEX: 1">
</IFRAME>
```

14.10 客户订单信息管理模块设计

系统管理员是根据用户订单发放货物的，因此客户信息管理模块在电子商务平台网中也起着非常重要的作用，它直接影响着商家的信誉和消费者的权益。

14.10.1 客户订单信息管理模块概述

客户订单信息管理模块作为后台核心的功能，主要用于执行订单已收款、已发货、已收货的过程，把订单交给服务器进行处理。客户订单信息的管理框架如图14-34所示。

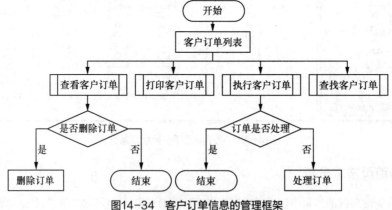

图14-34　客户订单信息的管理框架

为了商城的安全，即使是管理员，对于订单的管理也不能拥有过大的权限。管理员只可以查看订单并选择订单的执行状态，而不能对订单信息进行修改。

14.10.2 客户订单信息管理模块技术分析

客户订单信息管理模块的核心在于处理订单及打印订单。下面对打印客户订单进行技术剖析。本模块中的打印订单功能主要应用IE内置的WebBrowser控件实现客户订单的打印等功能。该控件的具体参数如下。

- document.all.WebBrowser.Execwb(7,1)：表示打印预览。
- document.all.WebBrowser.Execwb(6,1)：表示打印。
- document.all.WebBrowser.Execwb(6,6)：表示直接打印。
- document.all.WebBrowser.Execwb(8,1)：表示页面设置。
- document.all.WebBrowser.Execwb(1,1)：打开页面。
- document.all.WebBrowser.Execwb(2,1)：关闭所有打开的IE窗口。
- document.all.WebBrowser.Execwb(4,1)：保存网页。
- document.all.WebBrowser.Execwb(10,1)：查看页面属性。
- document.all.WebBrowser.Execwb(17,1)：全选。
- document.all.WebBrowser.Execwb(22,1)：刷新。
- document.all.WebBrowser.Execwb(45,1)：关闭窗体无提示。

在实现打印功能时，首页需要建立HTML的object标签，调用WebBrowser控件，代码如下。

```
<object id="WebBrowser" classid="CISID:8856F961-340A-11D0-A96B-00C04Fd705A2" width="0" height="0">

</object>
```

建立相关的打印超链接，并调用WebBrowser控件的相应参数实现打印预览、打印、直接打印、页面设置等常用功能。代码如下。

```
<a href="#" onClick=" 'document.all.WebBrowser.Execwb(7,1)">打印预览</a>

<a href="#" onClick="document.all.WebBrowser.Execwb(6,1)">打印</a>

<a href="#" onClick="document.all.WebBrowser.Execwb(6,6)">直接打印</a>

<a href="#" onClick="document.all.WebBrowser.Execwb(8,1)">页面设置</a>
```

14.10.3 查看客户订单信息的实现过程

管理员登录后台后，在功能导航浮动框架中单击"订单管理"/"编辑订单"菜单项，即可进入"查看客户订单信息"页面。该页面的运行结果如图14-35所示。

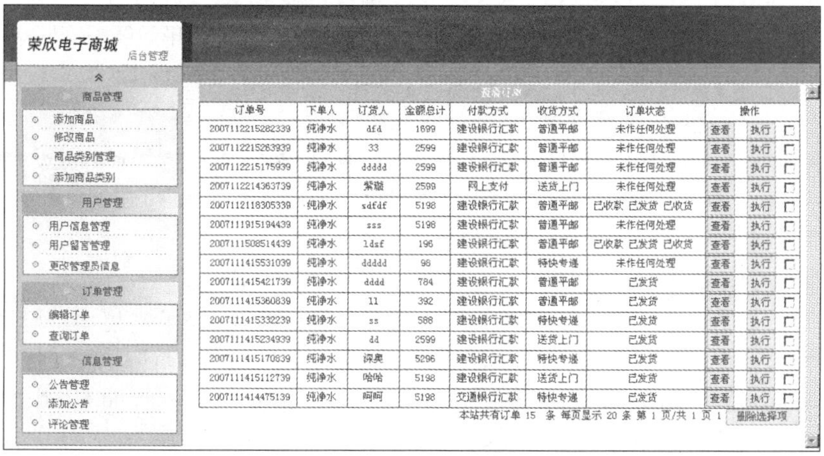

图14-35 查看客户订单信息页面的运行结果

当用户提交订单后，系统管理员就可以通过"订单管理"模块下的"编辑订单"功能查看用户已经提交的订单。在该页面中，管理员不仅可以同时查看多个用户的订单信息，而且可以同时删除多个订单。查看客户订单信息的代码如下。

```php
<table width="750" height="44" border="0" align="center" cellpadding="0" cellspacing="1">
 <tr>
    <td width="121" height="20" bgcolor="#FFFFFF"><div align="center">订单号</div></td>
          …                              <!—省略部分关于订单标题的HTML标记代码-->
    <td width="115" bgcolor="#FFFFFF"><div align="center">操作</div></td>
 </tr>
 <?php
        include("conn/conn.php");                      //连接数据库文件
     $sql=mysqli_query($conn,"select count(*) as total from tb_dingdan ");
     $info=mysqli_fetch_array($sql);                  //检索订单数据表信息
     $total=$info['total'];                            //计算用户订单数目
     if($total==0){                                   //如果订单数目为0，则弹出相关提示
       echo "本站暂无订单!";
     }
     else{                                            //如果订单数目不为空，则输出订单信息
            do{                                       //应用do...while循环语句输出订单信息
                    $array=explode("@",$info1['spc']);    //将记录商品串存放到数组$array中
                $sum=count($array)*20+260;                //设置弹出订单的高度
     ?>
            <!—以下代码用于显示商品信息-->
    <tr>
    <td height="21" bgcolor="#FFFFFF"><div align="center"><?php echo $info1['dingdanhao'];?></div></td>
    <td height="21" bgcolor="#FFFFFF"><div align="center"><?php echo $info1['xiadanren'];?></div></td>
    <td height="21" bgcolor="#FFFFFF"><div align="center"><?php echo $info1['shouhuoren'];?></div></td>
    <td height="21" bgcolor="#FFFFFF"><div align="center"><?php echo $info1['total'];?></div></td>
   <td height="21" bgcolor="#FFFFFF"><div align="center"><?php echo $info1['zfff'];?></div></td>
   <td height="21" bgcolor="#FFFFFF"><div align="center"><?php echo $info1['shff'];?></div></td>
   <td height="21" bgcolor="#FFFFFF"><div align="center"><?php echo $info1['zt'];?></div></td>
    <td height="21" bgcolor="#FFFFFF"><div align="center">
    <input name="button" type="button" class="buttoncss" id="button" onClick="javascript:window.open('showdd.
php?id=<?php echo $info1['id'];?>','newframe','width=600,height=<?php echo $sum;?>,left=100,top=100,menubar=no,to
olbar=no,location=no,scrollbars=no')" value="查看" >
                 
                <input name="button2" type="button" class="buttoncss" id="button2"
onClick="javascript:window.location='orderdd.php?id=<?php echo $info1['id'];?>';" value="执行">
        <input type="checkbox" name=<?php echo $info1['id'];?> value=<?php echo $info1['id'];?>></div></td>
    </tr>
 <?php
```

```
        }while($info1=mysqli_fetch_array($sql1));            //do…while循环语句结束
    }
?>
```

</table>

管理员具备删除订单的操作权限。由于订单是电子商务平台的主线，因此，订单一旦删除，将不能恢复。因此，管理员在操作时要谨慎。

选中欲删除的订单信息后面的复选框（支持单条和多条订单删除），单击"删除选择项"按钮，即可提交表单信息到数据处理页deletedd.php，删除指定的订单记录。代码如下。

```
<?php
    $page=intval($_POST['page_id']) ;                    //获取欲删除的订单号
    include("conn/conn.php");                            //连接数据库文件
    while(list($value,$name)=each($_POST)) {             //应用while循环语句，删除指定的订单信息
        mysqli_query($conn,"delete from tb_dingdan where id=' ".$value." ' ");
    }
    header("location:lookdd.php?page=".$page." ");       //重新定位到编辑订单页
?>
```

14.10.4 执行客户订单信息的实现过程

管理员登录后台后，在功能导航浮动框架中单击"订单管理"/"编辑订单"菜单项，即可进入"查看客户订单信息"页面。在该页面中单击欲执行订单后面的"执行"按钮，进入"执行客户订单信息"页面。该页面的运行结果如图14-36所示。

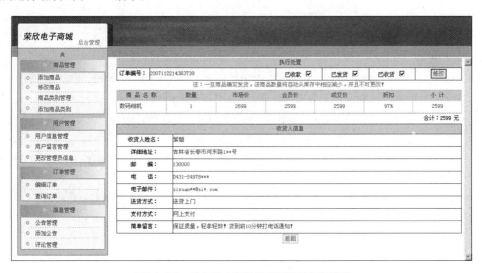

图14-36 执行客户订单信息页面的运行结果

执行客户订单是为了改变订单的当前状态，从而使管理员能够及时有效地处理每个用户的订单，并记录当前订单的处理状态。

在"查看客户订单信息"页面，单击"执行"按钮，应用JavaScript脚本中的window对象的location方法跳转到orderdd.php页，并将欲执行订单的id号一并传递到该页，代码如下。

```
<input name="button2" type="button" class="buttoncss" id="button2" onClick="javascript:window.
```

location='orderdd.php?id=<?php echo $info1['id'];?>' ;" value="执行">

　　获取从查看客户订单信息页传递过来的id值，应用mysqli_query()函数检索订单id所对应的详细信息。然后应用explode()函数将该订单中商品的id及这些商品的数量存放到数组中，最后通过for循环语句显示该订单中所有的商品信息，执行客户订单信息的代码如下。

```php
<?php
include("conn/conn.php");
$id=$_GET['id'];                          //获取订单id
$sql=mysqli_query($conn,"select * from tb_dingdan where id=' ".$id." ' ");
$info=mysqli_fetch_array($sql);           //从dingdan表中获取该订单的详细信息
?>
…                                         //省略了订单标题部分的HTML标记，请参看本书配套资源
<?php
$array=explode("@",$info['spc']);
$arraysl=explode("@",$info['slc']);       //将该订单中商品的id及这些商品的数量存放到数组中
$total=0;
for($i=0;$i<count($array)-1;$i++){        //通过循环显示该订单中所有的商品信息
if($array[$i]!=" "){
    $sql1=mysqli_query($conn,"select * from tb_shangpin where id=' ".$array[$i]." ' ");
             $info1=mysqli_fetch_array($sql1);
    $total=$total+$info1['huiyuanjia']*$arraysl[$i]; //计算订单中商品的总价格
?>
<!-- ---------------------动态显示订单信息---------------------- -->
<tr>
 <td height="25" bgcolor="#FFFFFF"> <?php echo $info1['mingcheng'];?> </td>
 <td height="25" bgcolor="#FFFFFF"><?php if($info1['shuliang']<0) echo "售完"; else echo $arraysl[$i];?> </td>
 <td height="25" bgcolor="#FFFFFF"><?php echo $info1['shichangjia'];?> </td>
 <td height="25" bgcolor="#FFFFFF"><?php echo $info1['huiyuanjia'];?> </td>
 <td height="25" bgcolor="#FFFFFF"><?php echo $info1['huiyuanjia'];?></td>
 <td height="25" bgcolor="#FFFFFF"><?php echo ceil(($info1['huiyuanjia']/$info1['shichangjia'])*100);?>% </td>
 <td height="25" bgcolor="#FFFFFF"><?php echo $info1['huiyuanjia']*$arraysl[$i];?> </td>
</tr>
<!-- ------------------------------------------------------------ -->
<?php
 }
 }
?>
…                                         <!--收货人信息显示部分代码略-->
```

　　选中"已收款""已发货""已收货"复选框，单击"修改"按钮，提交订单的处理状态到数据处理页saveorder.php，更新订单表的处理状态，并对商品信息表中的商品数量相应进行减少。限于篇幅，代码请参看本书配套资源。

14.10.5 打印客户订单信息的实现过程

管理员登录后台后，在功能导航浮动框架中单击"订单管理"/"编辑订单"菜单项，即可进入"查看客户订单信息"页面。在该页面中单击欲执行订单后面的"查看"按钮，进入"打印客户订单信息"页面。客户订单及打印预览页面的运行结果如图14-37和图14-38所示。

图14-37　客户订单页面的运行结果

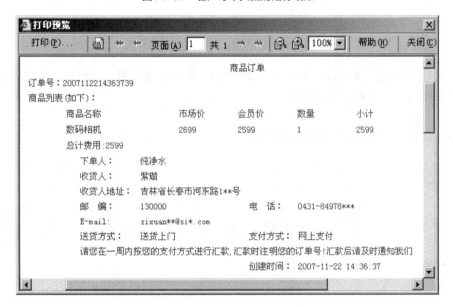

图14-38　客户订单打印预览页面的运行结果

在电子商务平台中加入打印客户订单的功能，不但可以使用户非常方便地操作程序、提高工作效率，而且更能使程序适应人性化的潮流。

在"查看客户订单信息"页面，单击"查看"按钮，应用JavaScript脚本中的window对象的open方法打开showdd.php页，并将欲打印订单的id号一并传递到该页，打印指定id的订单信息。代码如下。

```
<input name="button" type="button" class="buttoncss" id="button" onClick="javascript:window.open('showdd.
php?id=<?php echo $info1['id'];?>','newframe','width=600,height=<?php echo $sum;?>,left=100,top=100,menubar=
no,toolbar=no,location=no,scrollbars=no)" value="查看">
```

打印客户订单信息页面主要应用WebBrowser+CSS方法实现客户订单的打印。该方法简单、方便、快捷，在浏览网页的同时就可以实现打印及打印预览功能。实现客户订单信息打印及打印预览的方法如下。

```
<!—定义CSS样式-->
<style type="text/css">
  @media print{
div{display:none}
}
</style>
<div align="right">                             <!--添加div层-->
<script>
function prn(){                               //定义prn()函数调用ExecWB方法实现打印预览功能
 document.all.WebBrowser1.ExecWB(7,1)
}
</script>
 <object ID='WebBrowser1' WIDTH=0  HEIGHT=0
CLASSID='CLSID:8856F961-340A-11D0-A96B-00C04FD705A2'></object>
<input type="button" value="打印预览" class="buttoncss" onclick="prn()"> 
   <input type="button" value=“打印” class="buttoncss" onClick="window.print()">
</div>
```

 关闭窗口是通过调用window对象的close()方法实现的。如果用户浏览器禁用了Active组件，则打印预览功能可能无法实现。

14.10.6　查找客户订单信息的实现过程

管理员登录后台后，在功能导航浮动框架中单击"订单管理"/"查询订单"菜单项，即可进入"查找客户订单信息"页面。该页面的运行结果如图14-39所示。

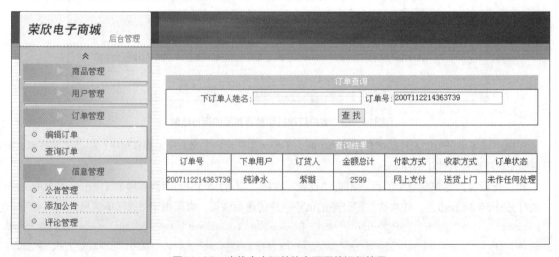

图14-39　查找客户订单信息页面的运行结果

为了便于系统管理员管理订单，该系统后台提供了管理员订单查找功能。管理员可按下订单人姓名或订单号查询订单的相关信息。

查找订单信息页面涉及的HTML表单的重要元素如表14-2所示。

表14-2　查找订单信息页面涉及的HTML表单的重要元素

名　称	元素类型	重要属性	含　义
form3	form	method="post" action="finddd.php" onSubmit="return chkinput3(this)"	查询订单表单
username	text	class="inputcss"	下订单人姓名
ddh	text	class="inputcss"	订单号
show_find	hidden	value="show_find"	隐藏域
button	submit	class="buttoncss"	"查找"按钮

输入查询条件，单击"查找"按钮，提交表单信息到数据处理页，对指定条件的订单信息进行检索。通过if条件语句进行判断，如果下订单人姓名为空，则按订单号查询；如果订单号为空，则按下订单人姓名查询；如果两者均不为空，则按以上两个条件同时查询。最后，应用do...while循环语句输出与查询条件匹配的订单信息。关键代码如下。

```php
<?php
if(isset($_POST['show_find']) && $_POST['show_find']!=" "){    //如果表单被提交，则开始查找订单信息
$username=trim($_POST['username']);              //获取下订单人姓名
$ddh=trim($_POST['ddh']);                        //获取订单号
if($username==" "){                              //如果下订单人姓名为空，则按订单号查询
   $sql=mysqli_query($conn,"select * from tb_dingdan where dingdanhao='".$ddh."' ");
 }
elseif($ddh==" "){                               //如果订单号为空，则按下订单人姓名查询
   $sql=mysqli_query($conn,"select * from tb_dingdan where xiadanren='".$username."' ");
 }
else{                                            //如果两者均不为空，则按以上两个条件同时查询
   $sql=mysqli_query($conn,"select * from tb_dingdan where xiadanren='".$username."' and dingdanhao='

}
$info=mysqli_fetch_array($sql);
if($info==false){                               //如果无记录，则弹出相关的提示信息
  echo "<div algin='center'>对不起,没有查找到该订单!</div>";
 }
 else{                                          //否则，按指定的查询条件输出订单信息
?>
    ...                                         //订单标题部分HTML标记代码略，请参见本书配套资源
<?php
do{                                             //应用do...while循环语句输出指定条件下的订单信息
?>
<tr>
```

```
<td height="25" bgcolor="#FFFFFF"><div align="center"><?php echo $info['dingdanhao'];?></div></td>
…                                              //显示订单详细内容部分代码略，请参见配套资源
</tr>
<?php
    }while($info=mysqli_fetch_array($sql));
  }
 }
?>
```

小 结

　　本章运用软件工程的设计思想，通过一个完整的电子商务平台网带领读者详细了解一个系统的开发流程。同时，在电子商务平台网的开发过程中采用了浮动框架技术，使整个系统的设计思路更加清晰。通过本章的学习，读者不仅可以了解一般网站的开发流程，而且可以熟悉购物车、订单及加密技术的开发思想。

第15章
课程设计——留言本

■ 本章通过构建一个适合中小型企业应用的留言本，全面介绍留言本的设计思路及流程。在介绍留言本的开发过程的同时，对PHP中一些常用函数及编程技巧也会详细介绍，最终使读者不仅对留言本的开发过程及思路有个全面掌握，而且可以学到许多PHP的编程技巧，从而全面提高个人的编程基础及能力。

15.1 留言本模块概述

无论是应用程序还是Web项目，开发人员只有提前做好规划并能够清楚地掌握项目的设计思路及流程，才能开发出高效、完善的项目。本节将通过留言本的功能阐述、功能结构等方面介绍留言本的设计思路及实现过程。

15.1.1 模块概述

开发一个适合个人或小规模企业使用的留言本，只需具有添加留言和删除留言功能即可。由于本章中的留言本以适用于中小型企业为出发点，使读者全面掌握留言本的设计流程及提高个人的编程能力为目的，所以本章所介绍的留言本除具有添加留言和删除留言的功能外，还具有用户注册、用户登录、编辑留言等功能。留言本运行效果如图15-1所示。

留言本使用说明

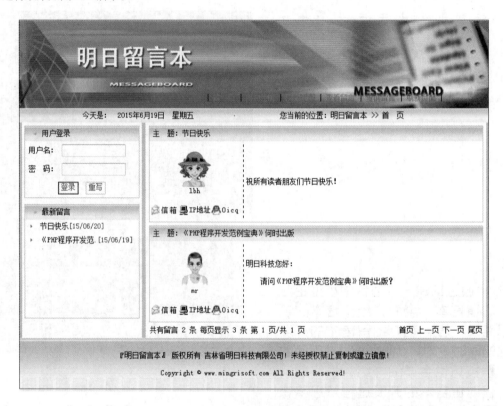

图15-1 留言本运行效果

15.1.2 功能结构

在开发程序前，先规划留言本模块的功能结构，这样做可以保证在开发程序时思路清晰。留言本模块的功能结构如图15-2所示。

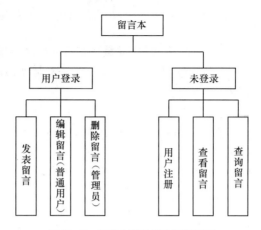

图15-2　留言本模块的功能结构图

15.2　数据库设计

15.2.1　数据库设计

留言本模块采用的是MySQL数据库，主要用于存储用户信息和留言信息。这里将数据库命名为db_messagebook，其中包含的数据表如图15-3所示。

表	操作	行数	类型	排序规则	大小	多余
tb_leaveword	浏览 结构 搜索 插入 清空 删除	2	MyISAM	gb2312_chinese_ci	2.5 KB	300字节
tb_user	浏览 结构 搜索 插入 清空 删除	6	MyISAM	gb2312_chinese_ci	2.9 KB	112字节
2 张表	总计	8	InnoDB	gb2312_chinese_ci	5.4 KB	412 字节

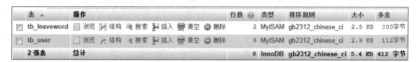

图15-3　数据库结构

15.2.2　数据表设计

数据库设计完成后，下面来看各个数据表的结构。

用户信息表tb_user主要用于存储用户信息，数据表字段设计如图15-4所示。

#	名字	类型	排序规则	属性	空	默认	额外
1	id	int(8)			否	无	AUTO_INCREMENT
2	usernc	varchar(50)	gb2312_chinese_ci		否	无	
3	truename	varchar(50)	gb2312_chinese_ci		否	无	
4	email	varchar(50)	gb2312_chinese_ci		否	无	
5	qq	varchar(20)	gb2312_chinese_ci		否	无	
6	tel	varchar(20)	gb2312_chinese_ci		否	无	
7	ip	varchar(10)	gb2312_chinese_ci		否	无	
8	address	varchar(250)	gb2312_chinese_ci		否	无	
9	face	varchar(50)	gb2312_chinese_ci		否	无	
10	regtime	datetime			否	无	
11	sex	varchar(2)	gb2312_chinese_ci		否	无	
12	usertype	int(2)			否	无	
13	userpwd	varchar(50)	gb2312_chinese_ci		否	无	

图15-4　用户信息表

#	名字	类型	排序规则	属性	空	默认	额外
1	id	int(8)			否	无	AUTO_INCREMENT
2	userid	int(8)			否	无	
3	createtime	datetime			否	无	
4	title	varchar(250)	gb2312_chinese_ci		否	无	
5	content	text	gb2312_chinese_ci		否	无	

图15-5　留言信息表

留言信息表tb_leaveword主要用于存储用户留言信息，数据表字段设计如图15-5所示。

15.2.3　连接数据库

由于模块大部分页面都需要使用数据库，如果每页都编写相同的数据库连接代码，会显得十分烦琐，所以本模块将数据库连接代码单独存入一个php文件conn.php中，在需要与数据库连接的页面中，使用包含语句包含conn.php文件。该模块实现与数据库连接的代码如下。

```php
<?php
$conn=mysqli_connect("localhost","root","111","db_messagebook");    //连接数据库服务器
mysqli_query($conn,"set names gb2312");                              //设置页面编码格式
?>
```

15.3　发表留言

15.3.1　发表留言概述

用户登录成功后，单击导航菜单中的"发表留言"超链接，进入发表留言页面，填写留言主题及留言内容，单击"发表"按钮，即可发表留言。发表留言页面的运行结果如图15-6所示。

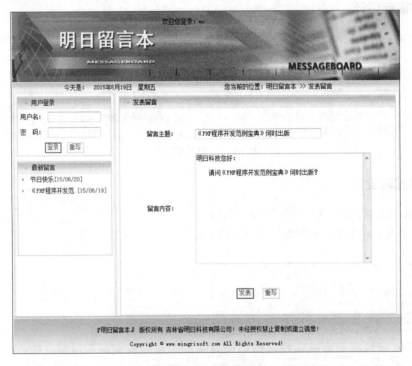

图15-6　发表留言页面

15.3.2　发表留言页面设计

一个优秀的Web程序不仅应具有合理的代码编写规则和较高的代码执行效率，合理的页面设计方式和美观的页面也是不可缺少的。为了保证整个留言本页面的一致性，在设计页面时，将留言本的头部内容存储在top.php文件中，将用于显示版权信息的尾部内容存储在bottom.php文件中。这样，在新建留言本的功能页面时，只需在页面最上方加上include_once("top.php")和在页面最下方加上include_once("bottom.php")即可。应用这种页面设计方式，还可以提高程序的开发效率和易维护性。

说明 为了提高网络的传输速度，尽量将页面图片存储为gif或jpg格式。另外，具有美观得体的页面也是开发人员必须考虑的因素之一。

发表留言页面设计的流程如下。

（1）应用include语句引用顶部banner广告头文件top.php页，代码如下。

```php
<?php include("top.php"); ?>
```

（2）应用include语句引用左侧功能导航文件left.php页，代码如下。

```php
<?php include("left.php"); ?>
```

（3）为了使页面效果更丰富多彩、更人性化，分别定义文本输入框和按钮的CSS样式来制作个性化的表单。文本输入框和按钮的CSS样式代码如下。

```css
<---------------------定义按钮的CSS样式--------------------->
buttoncss {
    font-family:"Tahoma"，"宋体";
    font-size: 9pt; color: #FCC42C;
    border: 1px #003399 solid;
    color:006699;
    BORDER-BOTTOM: #FCC42C 1px solid;
    BORDER-LEFT: #FCC42C 1px solid;
    BORDER-RIGHT: #FCC42C 1px solid;
    BORDER-TOP: #FCC42C 1px solid;
    background-color: #ffffff;
    CURSOR: hand;
    font-style: normal ;
}
<---------------------定义文本输入框的CSS样式--------------------->
.inputcss {
    font-size: 9pt;
    font-family: "宋体";
    font-style: normal;
}
```

发表留言页面涉及的HTML表单的重要元素如表15-1所示。

表15-1　发表留言页面涉及的HTML表单的重要元素

名　称	类　型	含　义	重　要　属　性
form1	form	表单	name="form1" method="post" action="saveleaveword.php" onsubmit="return chkinput(this)"
title	text	留言主题	type="text" name="title" size="40" class="inputcss"
content	textarea	留言内容	name="content" rows="15" cols="55" class="inputcss"
submit	submit	"发表" 按钮	type="submit" name="submit" value="发表" class="buttoncss"
reset	reset	"重写" 按钮	type="reset" name="reset" value="重写" class="buttoncss"

15.3.3 将用户留言内容保存到数据库中

实现发表留言功能，首先应建立用于填写留言信息的表单，然后通过PHP脚本获取表单提交的数据，将留言信息添加到指定的数据表中。在leaveword.php中完成填写留言信息表单的创建，在saveleaveword.php文件中获取表单提交的留言信息，并且将其添加到指定的数据表中，关键代码如下。

```php
<?php
session_start();                                    //初始化session变量
include_once("conn.php");                           //包含数据库连接文件
$sql=mysqli_query($conn,"select id from tb_user where usernc=' ".$_SESSION["unc"]."' ");    //执行查询语句
$info=mysqli_fetch_array($sql);                     //获取查询结果
$userid=$info['id'];                                //获取用户ID
$createtime=date("Y-m-d H:i:s");                    //获取系统当前时间
//执行添加语句
if(mysqli_query($conn,"insert into tb_leaveword(userid,createtime,title,content)values('$userid','$createtime','".$_POST['title']."','".$_POST['content']."')")){
    echo "<script>alert('留言发表成功！');history.back();</script>";
}else{
    echo "<script>alert('留言发表失败！');history.back();</script>";
}
?>
```

15.4 查看留言

15.4.1 查看留言概述

单击导航菜单中的"查看留言"超链接，即可进入查看留言页面，其运行结果如图15-7所示。该页面展示出留言主题、内容、发布者等信息。对当前登录用户的权限进行判断，如果当前用户是留言的发布者，那么还可以对留言进行编辑，否则只能查看留言内容。

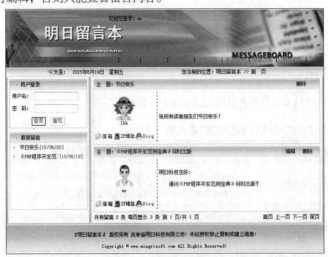

图15-7　查看留言页面

15.4.2 查看留言页面设计

为了使留言者和留言内容相互对应，在设计留言内容显示页面时，将留言者的常规信息动态显示在页面左侧，将留言内容显示在留言页面的右侧，并通过自定义函数对用户留言内容中的HTML标记进行过滤。查看留言页面设计的流程如下。

（1）在HTML标记中嵌入PHP代码动态地显示用户常规信息，代码如下。

```
<img src="images/email.gif" width="45" height="16" alt="<?php echo $info1['email'];?>"/>
<img src="images/ip.gif" width="55" height="16" alt="<?php echo $info1['ip '];?>"/>
<img src="images/qq.gif" width="45" height="16" alt="<?php echo $info1['qq'];?>"/>
```

（2）通过自定义函数unhtml()实现用户留言中的HTML标记原样输出，代码如下。

```
function unhtml($content){
    $content=htmlspecialchars($content,ENT_QUOTES,"gb2312");//将引号、小于号、大于号等原样输出
    $content=str_replace(chr(13),"<br>",$content);          //原样输出换行标记
    $content=str_replace(chr(32)," ",$content);         //原样输出空格
    return trim($content);
}
```

15.4.3 在页面中输出留言信息

在index.php文件中，通过while语句循环输出留言信息的内容，并且应用分页技术控制每页显示3条记录。关键代码如下。

```
<?php
    $sql=mysqli_query($conn,"select count(*) as total from tb_leaveword");
    $info=mysqli_fetch_array($sql);
    $total=$info['total'];                                   //获取总留言条数
    if($total==0){                                           //如果总留言条数为 0，则给出提示
            echo "<div align=center>对不起，暂无留言！</div>";
    }else{
    //判断查询字符串page的值是否为空，如果为空，则默认显示第一页
      if(!isset($_GET["page"]) || !is_numeric($_GET["page"])){
        $page=1;
      }else{
        $page=intval($_GET["page"]);
      }
            $pagesize=3;                                     //规定每页显示3条留言
      if($total%$pagesize==0){                               //获取总页数
        $pagecount=intval($total/$pagesize);
      }else{
        $pagecount=ceil($total/$pagesize);
      }
            $sql=mysqli_query($conn,"select * from tb_leaveword order by createtime desc limit ".($page-1)*$pagesize.",$pagesize");
```

```
                while($info=mysqli_fetch_array($sql)){                    //通过while循环显示所有留言
    ?>
    ......                                                        //显示用户信息和用户留言信息
    <?php
                $sqlu=mysqli_query($conn,"select usernc from tb_user where id=' ".$info["userid"]." ' ");
                $infou=mysqli_fetch_array($sqlu);
                if(isset($_SESSION["unc"]) && $infou["usernc"]==$_SESSION["unc"]){    //判断登录用户是
否为留言的发表者，如果是，则显示编辑按钮
    ?>
    ......                                                        //显示编辑按钮
    <?php
                }
    ?>
         
    <?php
                if(isset($_SESSION["unc"])){
                    $sqld=mysqli_query($conn,"select usertype from tb_user where usernc=' ".$_
SESSION["unc"]." ' ");
                    $infod=mysqli_fetch_array($sqld);
                    if($infod["usertype"]==1){        //判断当前登录用户是否为管理员，如果是，则
显示删除按钮
    ?>
                        <a href="deleteleaveword.php?id=<?php echo $info['id'];?>"
class="a1">删除</a>
        <?php
                    }
                }
    ?>
            ......                                                //显示用户信息及用户留言信息
    <?php
                }
        }
    ?>
```

 上述代码中，实现留言信息的分页显示是通过MySQL数据库的扩展关键字limit实现的，该关
键字后跟两个参数。其中，第一个参数用于指定要显示记录的起始位置，第二个参数用于指定
所要显示的记录个数。

15.4.4　将留言信息进行分页显示

用户发表完留言后，可以通过查看留言页面查看用户的所有留言内容。由于用户的留言数目较多，如果在同一页面中显示所有留言信息，则会给用户浏览带来很大的不便，所以通过分页的方式显示用户留言内容是不错的选择。在实现用户留言内容分页显示时，主要应用is_numeric()函数判断用户通过GET方法提交的数据是否为数值型，并通过ceil()函数对页码数据进行向上取整。下面对这两个函数进行介绍。

1.　is_numeric()函数

如果该函数的参数为数字或数字字符串，则返回true，否则返回false。其语法如下。

```
bool is_numeric ( mixed var )
```

参数var为要进行判断的数据。

2.　ceil()函数

ceil()函数用于对浮点数进行向上取整。其语法如下。

```
float ceil ( float value )
```

参数value为要进行向上取整的数据。

在显示用户留言时，根据传入当前页面查询字符串page的值，决定所要显示的记录范围。创建分页超链接的关键代码如下。

```
<table width="550" height="25" border="0" align="center" cellpadding="0" cellspacing="0">
    <tr>
        <td width="351"><div align="left">共有留言 <?php echo $total;?> 条 每页显示<?php echo $pagesize;?> 条 第 <?php echo $page;?> 页/共 <?php echo $pagecount;?> 页</div>
            </td>
        <td width="199"><div align="right">
                <a href="<?php echo $_SERVER['PHP_SELF']?>?page=1" class="a1">首页</a> 
                <a href="<?php echo $_SERVER["PHP_SELF"]?>?page=
<?php
    if($page>1)
        echo $page-1;
    else
        echo 1;
?>
                " class="a1">上一页</a> 
                <a href="<?php echo $_SERVER["PHP_SELF"]?>?page=
<?php
    if($page<$pagecount)
        echo $page+1;
    else
        echo $pagecount;
?>
                "class="a1">下一页</a> 
<a href="<?php echo $_SERVER['PHP_SELF'];?>?page=<?php echo $pagecount;?>"class="a1">尾页</a></div>
```

```
        </td>
    </tr>
</table>
```

15.5　修改留言

15.5.1　修改留言概述

为了保证留言者的留言信息不被他人随意修改，留言用户只能对个人的留言内容进行修改，无权修改他人的留言内容。编辑留言页面的运行结果如图15-8所示。单击"编辑"超链接，打开编辑留言窗口，修改留言内容后单击"编辑"按钮，即可完成修改留言操作。

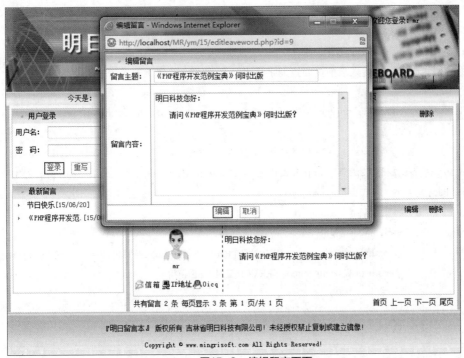

图15-8　编辑留言页面

15.5.2　修改留言页面设计

为了使用户能够查看原留言的内容，在设计编辑窗口时，采用一个弹出窗口作为编辑表单。编辑留言页面设计的流程如下。

（1）用户登录后，将数据库中保存的用户信息与用户的登录信息进行比较，如果二者相同，则在该条留言后显示编辑按钮，代码如下。

```php
<?php
    $sqlu=mysqli_query($conn,"select usernc from tb_user where id=' ".$info["userid"]." ' ");
    $infou=mysqli_fetch_array($sqlu);
    if(isset($_SESSION["unc"]) && $infou["usernc"]==$_SESSION["unc"]){
?>
```

```
                    <a href="javascript:openeditwindow(<?php echo $info['id'];?>)" class="a1">编辑</a>
    <?php
        }
    ?>
```

（2）当用户单击"编辑"按钮后，将通过自定义的openeditwindow()方法打开一个新编辑窗口来编辑用户留言，代码如下。

```
<script language="javascript">
function openeditwindow(x){                          //定义openeditwindow()方法打开编辑窗口
    window.open("editleaveword.php?id="+x,"newframe" , "top=100,left=200,width=450,height=280,menubar=no, location=no,scrollbars=no,status=no");
    }
</script>
```

编辑留言页面涉及的HTML表单的重要元素如表15-2所示。

表15-2　编辑留言页面涉及的HTML表单的重要元素

名　称	类　型	含　义	重 要 属 性
form1	form	表单	name="form1" method="post" action="<?php echo $_SERVER["PHP_SELF"];?>" onSubmit="return chkinput(this)"
title	text	发件人	name="title" type="text" class="inputcss" size="45" value="<?php echo $info[title];?>"
content	textarea	收件人	name="content" cols="52" rows="12" class="inputcss"
id	hidden	留言内容id	type="hidden" name="id" value="<?php echo $_GET[id];?>"
submit	submit	"编辑"按钮	type="submit" value="编辑" class="buttoncss" name="submit"
reset	reset	"取消"按钮	type="reset" name="reset" value="取消" class="buttoncss"

15.5.3　编辑留言内容功能实现

为了保证用户的留言内容不被他人私自更改，在具体实现该功能时，采用每个用户只能对自己的留言内容进行更改的方式。其实现原理如下：首先，将标识用户身份的session变量的值与数据库中该条留言对应的留言者进行比较，如果二者相同，则说明该条留言为当前登录用户所发表的，在该条留言后显示"编辑"按钮。当用户单击"编辑"按钮后，即可实现留言信息的更改，并且在关闭弹出窗口的瞬间，留言信息的显示页面也会自动进行刷新。

执行编辑留言操作的editleaveword.php文件的代码如下。

```
<?php
    include_once("conn.php");
    $id=isset($_GET["id"])?$_GET["id"]:" ";
    //判断是否单击"提交"按钮，如果是，则执行如下用于实现用户留言信息更改的代码，并刷新父窗口和关闭弹出窗口
    if(isset($_POST["submit"]) && $_POST["submit"]!=" "){
            if(mysqli_query($conn,"update tb_leaveword set title=' ".$_POST["title"]." ',content=' ".$_POST["content"]." ' where id=' ".$_POST["id"]." ' ")){
                    echo "<script>alert('留言更改成功！ ');window.opener.location.reload();window.
```

```
close();</script>";
                }else{
                        echo "<script>alert('留言更改失败！');history.back();</script>";
                }
                exit;
        }
        $sql=mysqli_query($conn,"select * from tb_leaveword where id=' ".$id." ' ");
        //如果用户未单击"编辑"按钮，则查询该用户的留言内容，并最终将未编辑的留言内容显示在表单中
        $info=mysqli_fetch_array($sql);
?>
```

编辑用户留言，用户实现关闭弹出窗口，自动刷新父窗口，是通过如下语句实现的。
window.opener.location.reload();
上述代码的实现原理是：在用window.close()语句关闭弹出窗口前，调用父窗口的reload()方法实现父窗口的刷新。

15.6 删除留言

15.6.1 删除留言概述

如果用户发表不法留言，留言本管理员有权对其进行删除。管理员登录后，将在每条留言后显示"删除"按钮。当管理员单击该按钮后，将弹出一个对话框提示管理员是否真正删除该条留言。如果用户单击对话框中的"确定"按钮，则该条留言将被删除，否则不做任何操作。

本模块的管理员用户名为mr，密码为mrsoft。

删除留言页面的运行结果如图15-9所示。

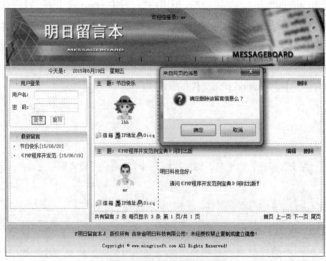

图15-9　删除留言页面

15.6.2 删除留言页面设计

判断当前登录用户是否为管理员，如果是，则显示"删除"按钮，代码如下。

```php
<?php
    if(isset($_SESSION["unc"])){                         //判断用户是否登录
            $sqld=mysqli_query($conn,"select usertype from tb_user where usernc=' ".$_SESSION["unc"]." '
");
            $infod=mysqli_fetch_array($sqld);
            if($infod["usertype"]==1){                   //判断登录用户是否为管理员
?>
                    <a href="javascript:if(window.confirm('确定删除该留言信息么？')==true)
{window.location.href='deleteleaveword.php?id=<?php echo $info['id'];?>';}" class="a1">删除</a>
                                                         //如果是，则显示删除按钮
<?php
            }
    }
?>
```

15.6.3 删除留言内容功能实现

当用户确认删除留言后，将进入留言删除处理页deleteleaveword.php文件中，根据超链接传递的ID值，执行删除操作。deleteleaveword.php的代码如下。

```php
<?php
    include_once("conn.php");                            //包含数据库连接文件
    if(mysqli_query($conn,"delete from tb_leaveword where id=' ".$_GET["id"]." ' ")){
      echo "<script>alert('留言删除成功！');history.back();</script>";
    }else{                                               //删除指定的留言，并给出提示
      echo "<script>alert('留言删除失败！');history.back();</script>";
    }
?>
```

15.7 查询留言

15.7.1 查询留言概述

随着留言本使用年限的增多，留言的数量会越来越多。为了方便浏览者浏览和快速定位到指定的留言，在制作留言本时，可以设计按留言主题和留言内容进行模糊查找，按留言者进行匹配查找的查询留言。

查询留言页面的运行结果如图15-10所示。

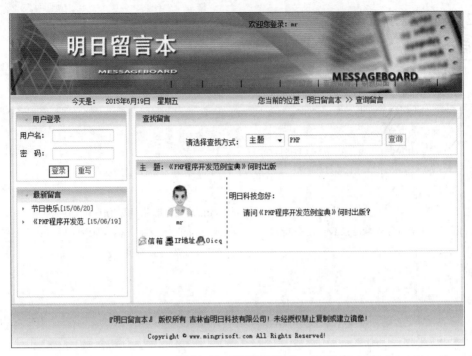

图15-10　查询留言页面

15.7.2　查询留言页面设计

为了方便用户，可以设计按多种方式进行查找的查询表单，代码如下。

```
<div align="center">请选择查找方式：
    <select name="type">
            <option value=" ">请选择</option>
            <option value="1">主题</option>
            <option value="2">内容</option>
            <option value="3">留言者</option>
    </select> <input type="text" name="keyword" size="25" class="inputcss"> 
    <input type="submit" value="查询" class="buttoncss" name="submit">
</div>
```

查询留言页面涉及的HTML表单的重要元素如表15-3所示。

表15-3　查询留言页面涉及的HTML表单的重要元素

名　称	类　型	含　义	重要属性
form1	form	表单	name="form1" method="post" action="<?php echo $_SERVER["PHP_SELF"];?>" onsubmit="return chkinput_search(this)"
type	select	查询类型	name="type"
keyword	text	查询关键字	type="text" name="keyword" size="25" class="inputcss"
submit	submit	"查询" 按钮	type="submit" value="查询" class="buttoncss" name="submit"

15.7.3 查询留言内容

当用户按要求添加完查找关键字，选择了查找方式后，单击"查询"按钮，数据将被提交到本页，在本页完成数据的查询操作，并且输出查询结果。searchword.php的关键代码如下。

```php
<?php
    if(isset($_POST["submit"]) && $_POST["submit"]!=" "){          //判断用户是否单击"查询"按钮，如果是，则
开始查询工作
        $type=$_POST["type"];
        $keyword=$_POST["keyword"];
            if($type==1){                                  //根据用户提交的查询类型，定义查询语句
              $sql=mysqli_query($conn,"select * from tb_leaveword where title like '%".$keyword."%' ");
            }elseif($type==2){
              $sql=mysqli_query($conn,"select * from tb_leaveword where content like '%".$keyword."%' ");
            }elseif($type==3){
              $sql0=mysqli_query($conn,"select id from tb_user where usernc=' ".$keyword." ' ");
              $info0=mysqli_fetch_array($sql0);
              $sql=mysqli_query($conn,"select * from tb_leaveword where userid=' ".$info0["id"]." ' ");
            }
            $info=mysqli_fetch_array($sql);
            if($info==false){                              //判断是否查找到相关内容，如果没查找到，则显示提示信息
              echo "<br><br><div align=center>对不起，没有查找到您要查找的内容! </div>";
            }else{
              do{                                          //通过循环显示查询结果
?>
                ……                                        //显示查找内容
<?php
              }while($info=mysqli_fetch_array($sql));
            }
    }
?>
```

15.8 技术提炼

15.8.1 将数据保存到数据库中

将用户发表的留言保存到MySQL数据库是通过SQL语言的insert语句实现的。PHP通过mysqli_query()函数向MySQL数据库中发送SQL命令，所以mysqli_query()函数在数据库编程过程中具有极其重要的作用。下面对该函数进行介绍。

mysqli_query()函数用于向与指定的连接标识符所关联的数据库服务器发送一条查询语句。其语法如下。

```
mixed mysqli_query( mysqli link, string query [, int resultmode] )
```

- link：必选参数，mysqli_connect()函数成功连接MySQL数据库服务器后所返回的连接标识。
- query：必选参数，所要执行的查询语句。

● resultmode：可选参数，其取值有MYSQLI_USE_RESULT和MYSQLI_STORE_RESULT。其中，MYSQLI_STORE_RESULT为该函数的默认值。如果返回大量数据可以应用MYSQLI_USE_RESULT，但应用该值时，以后的查询调用可能返回一个commands out of sync错误，解决办法是应用mysqli_free_result()函数释放内存。

15.8.2　通过JavaScript实现弹出窗口

通过JavaScript实现弹出窗口，主要是通过调用window对象的open()方法实现的，并将实现调用的代码封装到一个单独的自定义方法中，最后通过HTML元素的onclick()事件对该方法进行调用。

open()方法的语法如下。

```
open("url","name","features")
```

该方法参数说明如表15-4所示。

表15-4　open()方法参数说明

参 数 取 值	说 明
url	可选参数，用于指定弹出新窗口的url地址。如果省略该参数或它的值是一个空字符串，那么新窗口就不显示任何文档
name	新窗口的名字。如果这个名字是一个已经存在的窗口，那么open()方法就不再创建一个新窗口，而只是返回这个窗口的引用。在这种情况下，参数features将被忽略
features	该窗口主要是显示窗口的一些特征，该参数如果不设定，则显示这个窗口的所有特征。features的常用特征请参见表15-5

表15-5　参数features的常用特征

名 称	用 法
channelmode	指定窗口是否应该以频道的方式显示，取值有(yes/no或1/0)
fullscreen	指定窗口是否全屏显示，取值有(yes/no或1/0)
menubar	指定窗口是否有菜单栏，取值有(yes/no或1/0)
scrollbars	指定窗口是否有水平及竖直滚动条，取值有(yes/no或1/0)
status	指定窗口是否有状态栏，取值有(yes/no或1/0)
toolbar	指定窗口是否有工具栏，取值有(yes/no或1/0)
location	指定窗口是否有地址栏，取值有(yes/no或1/0)
directions	指定新建窗口是否有标准目录按扭，取值有(yes/no或1/0)
resizable	指定新窗口大小是否可以调整，取值有(yes/no或1/0)
top	以像素为单位指定新窗口上沿与屏幕上沿的距离
left	以像素为单位指定新窗口左沿与屏幕左沿的距离
width	以像素为单位指定新窗口的宽度
height	以像素为单位指定新窗口的高度

15.8.3　包含文件函数

在开发Web程序时，经常会在不同的页面中实现相同的功能或执行相同的代码。为了提高程序开发效率，可以将相同的代码存储到单独的文件中，然后用包含语句在页面中包含该文件。

include_once语句用于在脚本执行期间包含并运行指定的文件。其语法如下。

include_once(filename)

参数filename用于指定要包含的文件。

15.8.4　MySQL数据库的函数

PHP中提供了一组操作MySQL数据库的函数，应用这些函数可以方便地对MySQL数据库进行管理。

mysqli_fetch_array()函数用于获得数据库中满足函数mysqli_query()中的SQL语句的记录。其返回值是一个数组，该数组的下标可以是字段名，也可以是索引下标，数组元素的值是某个字段的内容。该函数会使记录指针自动向下移动，当移动到最后一行时将返回一个false值。其语法如下。

array mysqli_fetch_array (resource result [, int result_type])

- result：资源类型的参数，要传入的是由mysqli_query()函数返回的数据指针。
- result_type：可选项，设置结果集数组的表述方式。有以下3种取值：

  MYSQLI_ASSOC：返回一个关联数组。数组下标由表的字段名组成。

  MYSQLI_NUM：返回一个索引数组。数组下标由数字组成。

  MYSQLI_BOTH：返回一个同时包含关联和数字索引的数组。默认值是MYSQLI_BOTH。

与该函数功能类似的函数还有mysqli_fetch_rows()、mysqli_result()、mysqli_fetch_object()等。mysqli_fetch_rows()函数返回的数组的下标为数值索引下标。函数mysqli_result()有两个参数，第一个参数也是mysqli_query()的返回结果，第二个参数可以是字段的偏移量或者字段名。一定要注意，它返回的结果不是数组，而是MySQL结果集中一个单元的内容。函数mysqli_fetch_object()的返回结果是个对象，使用时只能通过字段名返回结果。

小　结

　　留言本的开发过程虽然较为简单，却涵盖了动态网站开发的大部分经典功能模块，所以只要熟练掌握本章的内容并能够灵活应用，就可以开发出大型的网上论坛、博客以及其他一些网络中较流行的网站。

附 录

单独安装PHP环境搭建

附1.1 搭建PHP开发环境的准备工作

附1.1.1 在Windows下搭建PHP开发环境的准备工作

在Windows下搭建PHP与安装其他的一些软件工具不同。PHP是从Linux移植过来的一种语言，不仅在开发环境上尽量保留Linux的特点（Apache是Linux下的Web服务器，地位就像Windows下的IIS；MySQL也是Linux系统中捆绑的数据库），在安装上也被烙上了Linux印记。除了正常的安装操作外，还需要在各自的配置文件（.ini、.conf）中进行专门的设置。

安装之前要准备的安装包有以下几种。

- Apache_1.2.8-win32-x86-no_ssl.msi。下载地址为http://httpd.Apache.org/download.cgi。
- php-5.2.5-Win32.zip。下载地址为http://www.php.net/downloads.php。
- mysql-essential-5.0.51a-win32.msi。下载地址为http://www.mysql.com/download/（下载MySQL需要注册一个账号）。

附1.1.2 在Linux下搭建PHP开发环境的准备工作

在Linux下搭建PHP环境比Windows下要复杂得多。除了Apache、PHP等软件外，还要安装一些相关工具，设置必要的参数。而且，要使用PHP扩展库，还要进行编译。如本书中用到的SOAP、MHASH等扩展库。这里给出在Linux下安装的必要步骤。如果用户在安装过程中遇到特殊的问题，还需要翻阅Linux相关的书籍、手册。

安装之前要准备的安装包有以下几种。

- httpd-1.2.8.tar.gz。下载地址为http://www.apache.org。
- php-5.1.5.tar.gz。下载地址为http://www.php.net/downloads.php。
- mysql-5.0.51a-Linux-i686.tar.gz。下载地址为http://www.mysql.com。
- libxml2-2.6.26.tar.gz。可在网络上直接搜索该版本进行下载。

附1.2 Apache服务器的安装和配置

附1.2.1 在Windows下安装Apache服务器

Apache服务器是全球范围内使用范围最广的Web服务软件，超过50%的网站都在使用Apache服务器。它以高效、稳定、安全、免费（最重要的一点）的优势成为最受欢迎的服务器软件。

本节主要介绍如何在Windows操作系统中安装和配置Apache服务器。安装Apache服务器前，应到官方网站http://www.apache.org下载Apache的安装程序Apache_1.2.8-win32-x86-no_ssl.msi。

在Windows下安装和配置Apache服务器的操作步骤如下。

（1）双击Apache_1.2.8-win32-x86-no_ssl.msi文件，弹出欢迎页面。单击Next按钮，进入许可协议页面。

（2）在许可协议页面，用户需要同意页面中的条款才能继续安装。选中I accept the terms in the license agreement单选按钮，页面如附图1.1所示。单击Next按钮，进入下一页面。

（3）本页面是对该程序的一个描述和说明。在了解相关的信息后，单击Next按钮，进入Server Information页面。

（4）Server Information页面需要用户填写域名、服务器名称和管理员Email。Server Information页面的填写效果如附图1.2所示。该页面还有两个单选按钮。如果选中默认的第一个单选按钮，说明该服务器对所有人开放，并且服务器的端口号为80，这是推荐选项。第二个单选按钮是指该服务器仅对当前用户开放，并且服务器端口为8080。这里选中第一个单选按钮。然后单击Next按钮，进入下一个页面。

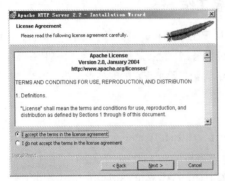

附图1.1　许可协议页面

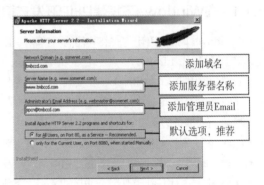

附图1.2　Server Information页面

如果用户的机器安装了"Internet信息服务（IIS）管理器"，那么必须将此项服务停止，因为IIS服务器的默认端口号为80，和Apache服务器默认端口号相同。如果IIS服务不停止，就会和Apache服务器的端口号产生冲突，Apache服务器将不能成功安装。

（5）如附图1.3所示，页面用于选择安装类型。安装类型分为典型安装和自定义安装，通常保持默认选项即可。单击Next按钮，进入路径选取页面。

（6）在路径选取页面中，单击Change按钮可以选择安装路径。这里将路径设为"D:\Apache2.2\"，如附图1.4所示。

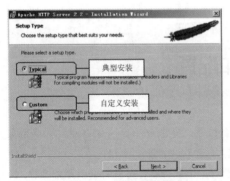

附图1.3　选择安装类型

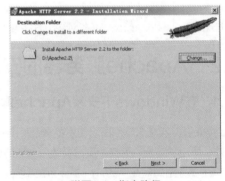

附图1.4　指定路径

（7）单击Next按钮，进入文件安装页面。这是Apache安装的最后一步，程序开始安装文件。安装结束后，单击Finish按钮结束安装程序。

（8）安装完成后，Apache服务器会自动开启。系统托盘区域将出现一个图标。当前Apache服务启动时，图标样式为 ▶；服务器未启动时，图标样式为 ■。

单击Apache服务器的启动小图标，将会看到服务器的开启与关闭功能；也可以用鼠标右键单击小图标，在弹出的快捷菜单中选择Open Apache Monitor命令，打开Apache监控程序，其操作效果如附图1.5所示。

（9）服务器开启后，最后需要测试一下服务器。打开IE浏览器页面，在地址栏中输入"http://127.

0.0.1/"或"http://localhost/",按Enter键后,系统会显示如附图1.6所示的页面,此时说明Apache服务器正式安装成功。

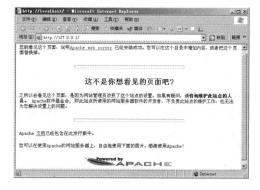

附图1.5　Apache控制菜单　　　　　　　　　　附图1.6　Apache服务器运行页面

（10）Apache服务器安装成功后,接下来需要对Apache服务器进行配置,以便Apache服务器能够识别PHP文件。配置Apache服务器主要是在Apache安装目录下的conf子目录中的httpd.conf文件中进行的,找到该文件并用记事本等文本编辑器打开该文件。

（11）定位到LoadModule配置块,在LoadModule的最后添加如下信息。

LoadModule php5_module d:\php5\php5Apache2_2.dll

添加后的文件结果如附图1.7所示。

（12）修改DocumentRoot参数,可以修改Apache服务器主文档的根目录。原根目录的位置是Apache2.2\htdocs,用户可以任意指定位置,如

DocumentRoot "D:/Webpage"

在DocumentRoot的下面间隔约28行的位置,有一行为<Directory "D:/Apache2.2/htdocs">,修改为<Directory "D:/Webpage">。

DocumentRoot和这里的参数值要保持一致。

（13）添加Apache服务器能够识别的PHP扩展名。PHP的扩展名有.php3、.php4、.php、.phtml等。这里只推荐使用标准的扩展名.php。添加如下代码。

AddType application/x-httpd-php .php

添加位置如附图1.8所示。

附图1.7　加载dll文件

附图1.8　添加PHP扩展识别

（14）默认显示页。Apache的默认显示页为index.html。也就是说，在服务器未指名文件时，首先查找index.html，如果找到index.html，那么服务器就将加载该文件，否则显示目录内的文件列表。在这里添加一个PHP默认页：index.php。更改后的代码如下。

DirectoryIndex index.html index.php

（15）修改Apache端口号。Apache的端口号为80。修改Listen选项的值，即可修改端口号。如改为82，则更改后的代码如下。

Listen 82

以上配置完成后，重启Apache服务器即可。

如果用户的计算机上还有IIS服务器，那么可能会因为端口冲突而导致Apache无法正常开启。解决的办法是改变其中的一个端口号，或者停止IIS服务器。

附1.2.2　在Linux下安装Apache服务器

在Linux下安装Apache，需要到官方网站http://www.apache.org下载Linux下httpd1.2.8.tar.gz压缩包。

首先需要打开Linux终端（Linux下几乎所有的软件都需要在终端下安装）。在RedHat 9的界面中选择"主菜单"/"系统工具"命令，在弹出的菜单中选择"终端"命令。

在Linux下安装和配置Apache服务器的操作步骤如下。

（1）进入Apache安装文件的目录下，如/usr/local/work。

cd /usr/local/work/

（2）解压安装包。完成后进入httpd1.2.8目录。

tar xfz httpd1.2.8.tar.gz

cd httd1.2.8

（3）建立makefile，将Apache服务器安装到user/local/Apache2下。

./configure –prefix=/usr/local/Apache2 –enable-module=so

（4）编译文件。

make

（5）开始安装。

make install

（6）安装完成后，将Apache服务器添加到系统启动项中，重启服务器。

/usr/local/Apache2/bin/Apachectl start >> /etc/rc.d/rc.local

/usr/local/Apache2/bin/Apachectl restart

（7）打开Mozilla浏览器，在地址栏中输入"http://localhost/"，按Enter键后，如果看到如附图1.9所示的页面，说明Apache服务器已安装成功。

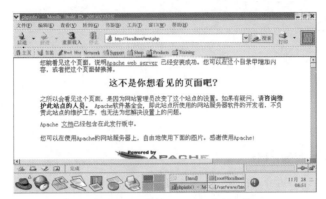

附图1.9　Linux下的Apache服务器安装页面

附1.3　PHP的安装和配置

附1.3.1　在Windows下安装PHP

架设基于PHP的Web服务器，必须安装PHP。由于PHP的代码公开，所以其升级速度较快。安装PHP之前应从其官方网站http://www.php.net/下载最新版本的PHP安装程序php-5.2.5-Win32.zip。

Apache服务器顺利启动后，接下来安装PHP 5。在Windows下安装和配置PHP的操作步骤如下。

（1）将PHP 5的安装文件php-5.2.5-Win32.zip解压到相应目录，如C:\php、D:\php5等。这里将其放到D:\php5目录下。目录结构如附图1.10所示。

附图1.10　PHP 5的目录结构

（2）将该目录下的所有dll文件复制到系统盘Windows\system32目录下（Windows 2000是在winnt\system32目录下）。

（3）将php.ini-dist文件复制到系统盘\Windows目录下，并重新命名为php.ini。

（4）打开php.ini文件并找到"extension_dir = "./""这一行，修改为"extension_dir = "d:/php5/ext""。

（5）找到";extension=php_mysql.dll"这一行，将前面的分号";"去掉。这样，PHP即可支持MySQL数据库。

（6）PHP配置完成以后，重新启动Apache服务器。

（7）编写一个PHP脚本文件，命名为phpinfo.php，保存在Apache服务器的虚拟目录D:/htdocs下。PHP脚本文件的代码如下。

```
<?php
    phpinfo();                          //获取PHP的配置信息
?>
```

最后在浏览器的地址栏中输入"http://localhost/phpinfo.php"，如果显示PHP的版本相关信息，则说明PHP配置成功。

附1.3.2　在Linux下安装PHP

安装PHP 5之前，需要首先查看libxml的版本号。如果libxml版本号小于1.5.10，则需要先安装libxml高版本。安装libxml和php 5的步骤如下（如果不需要安装libxml，则直接跳到php 5的安装步骤即可）。

（1）将libxml和php 5复制到/usr/local/work/目录下，并进入该目录。

```
mv php-5.1.5.tar.gz libxml2-2.6.26.tar.gz /usr/local/work
cd /usr/local/work
```

（2）分别将libxml2和php解压。

```
tar xfz libxml2-2.6.62.tar.gz
tar xfz PHP-5.1.5.tar.gz
```

（3）进入libxml目录，建立makfile，将libxml安装到/usr/local/libxml2下。

```
cd libxml2-2.6.62
./configure -prefix=/usr/local/libxml2
```

（4）编译文件。

```
makefile
```

（5）开始安装。

```
make install
```

（6）libxml2安装完毕，开始安装php 5。进入php-5.2.5目录。

```
cd ../php-5.2.5
```

（7）建立makefile。

```
./configure -with-apxs2=/usr/local/Apache2/bin/apxs
--with-mysql=/usr/local/mysql
--with-libxml-dir=/usr/local/libxml2
```

（8）开始编译。

```
make
```

（9）开始安装。

```
make install
```

（10）复制php.ini-dist或php.ini-recommended到/usr/local/lib目录，并命名为php.ini。

```
cp php.ini-dist /usr/local/lib/php.ini
```

（11）更改httpd.conf文件相关设置，该文件位于/usr/local/Apache2/conf中。找到该文件中的如下指令行。

```
AddType application/x-gzip .gz .tgz
```

在该指令后加入如下指令。

AddType application/x-httpd-php .php

重新启动Apache，并在Apache主目录下建立文件phpinfo.php。

<?php

phpinfo();

?>

在Mozilla浏览器的地址栏中输入"http://localhost/phpinfo.php"，如果出现如附图1.11所示的页面，说明PHP安装成功。

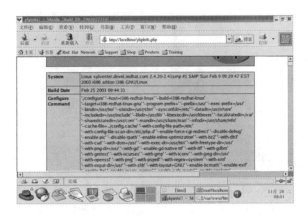

附图1.11　phpinfo信息

附1.4　MySQL服务器的安装和配置

附1.4.1　在Windows下安装MySQL服务器

MySQL是一款广受欢迎的数据库，由于开源，所以市场占有率高，备受PHP开发者的青睐，一直被认为是PHP的最佳搭档。这是因为MySQL不仅是完全网络化的跨平台关系型数据库系统，也是具有客户机/服务器体系结构的分布式数据库管理系统。它具有功能性强、使用简捷、管理方便、运行速度快、版本升级快、安全性高等优点，而且MySQL数据库完全免费，从官方网站http://www.mysql.com即可免费下载到最新版本的MySQL安装包mysql-essential-5.0.51-win32.msi。

说明 在学习MySQL数据库之前，读者几乎不会接触数据库知识，也用不到MySQL数据库，因此读者可以暂时不用安装MySQL而专心学习PHP知识，以免在开始学习MySQL数据库时，由于时间间隔过长而忘记当初安装时设置的用户名和密码。

在Windows下安装和配置MySQL服务器的操作步骤如下。

（1）双击MySQL安装文件mysql-essential-5.0.51-win32.msi，进入欢迎页面。单击Next按钮，进入Setup Type页面。

（2）Setup Type页面中包含3个安装选项，第一项是典型安装，第二项是全部安装。这两个安装的路径不能改变，默认是E:\Program Files\MySQL\MySQL Server 5.0\（E盘为系统盘）。第三项是自定义安装，允许用户自定义选择安装组件和安装路径。这里选中Custom单选按钮。Setup Type页面的设置如附图1.12所示。

（3）单击Next按钮，进入Custom Setup页面。选择需要安装的组件，并单击Change按钮，选择要安装的目录。Custom Setup页面的设置如附图1.13所示。选择完毕后单击Next按钮，进入准备安装页面。

（4）准备安装页面中显示了用户所选择的安装类型（type）、路径等信息。如果发现前面的选项设置有误，可以单击Back按钮返回上一个页面重新选择；如果正确，则单击Install按钮开始安装文件。

（5）文件安装完成后，会出现一些关于MySQL的功能和版本的介绍。连续单击Next按钮，将会进入MySQL服务器配置页面，如附图1.14所示。

（6）该页面有两个选项：详细配置（默认）和标准配置。这里保持默认设置。单击Next按钮，进入服务器运行模式页面，如附图1.15所示。

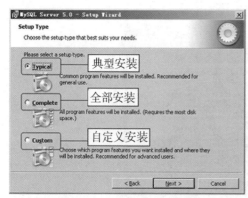

附图1.12　Setup Type页面

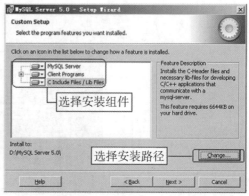

附图1.13　Custom Setup页面

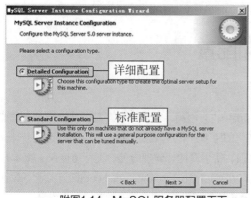

附图1.14　MySQL服务器配置页面

附图1.15　选择服务器运行模式

（7）该页面中有3个选项，这里选择第一个默认项（开发模式，MySQL服务器占用最小的内存空间，作为本地测试使用完全足够）即可。选择完毕后，单击Next按钮，进入选择数据库类型页面。

（8）本页面有两种数据库类型的选项，第一项是支持MyISAM、InnoDB等多种类型库的数据系统，第二项是只支持其中一种类型库。这里选择默认的第一项：Multifunctional Database，支持多种类型库。单击Next按钮，如附图1.16所示。

（9）进入为InnoDB数据文件选择路径页面，这里选择D盘下的MySQL Datafiles目录。选取分区时要注意所选择分区的剩余空间大小。选择后的页面如附图1.17所示。单击Next按钮。

（10）进入选择同时连接服务器的最大值的页面，这里可以选择默认的第一项，或者选择第三项自定义连接。第二项的最大连接数为500。选择后的页面如附图1.18所示。单击Next按钮。

（11）进入MySQL服务器的端口设置页面，默认3306即可。选取完毕后单击Next按钮。

（12）进入选择MySQL的默认字符集页面。这里选择GB2312编码类型。单击Next按钮。

（13）进入选择MySQL服务器是否自动运行页面。如果要在Windows环境变量path中加入MySQL执行路径，那么需要选中Include Bin Directory in Windows PATH复选框。页面设置如附图1.19所示。单击Next按钮，进入权限设置页面。

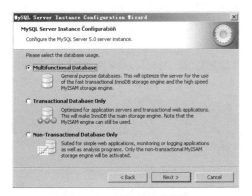

附图1.16　选择数据库类型

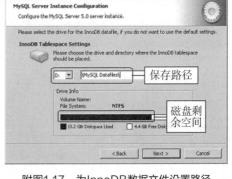

附图1.17　为InnoDB数据文件设置路径

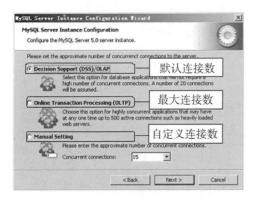

附图1.18　选择同时连接服务器的最大值

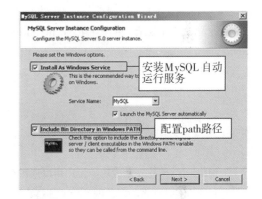

附图1.19　选择MySQL服务器的启动方式

（14）在该页面中可以设置用户登录密码（本书中所有涉及数据库的实例的密码都为root，所以这里建议也设置为root，以方便所有MySQL数据库实例的运行），在设置密码的下面有一行文本，询问是否允许root用户远程登录数据库。如果选中最下面的复选框，则创建一个允许任何人访问数据库的账号。这里不建议选中。页面设置如附图1.20所示。

（15）单击Next按钮，进入准备执行页面。如果配置没有问题，单击Execute按钮开始执行操作，如附图1.21所示。

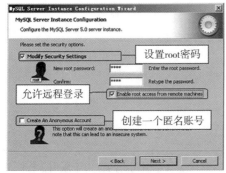

附图1.20　权限设置页面

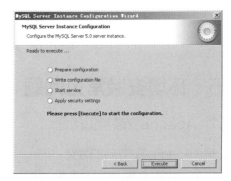

附图1.21　准备执行页面

（16）安装完成后，单击Finish按钮，完成MySQL服务器的安装。

附1.4.2 在Linux下安装MySQL服务器

在Linux系统下安装MySQL服务器，需要到官方网站http://www.mysql.com下载Linux下MySQL的安装包mysql-5.0.51a-Linux-i686.tar.gz。

在Linux下安装和配置MySQL服务器的操作步骤如下。

（1）将下载的mysql-5.0.51a-Linux-i686.tar.gz文件复制到/usr/local/work目录下，创建MySQL账号，并加入组群。

```
groupadd mysql
useradd -g mysql mysql
```

（2）进入MySQL的安装目录，将其解压（如目录为/usr/local/mysql）。

```
cd /usr/local/mysql
tar xfz /usr/local/work/mysql-5.0.51a-Linux-i686.tar.gz
```

（3）考虑到MySQL数据库升级的需要，通常以链接的方式建立/usr/local/mysql目录。

```
ln -s mysql-5.0.51a-Linux-i686.tar.gz mysql
```

（4）进入MySQL目录，在/usr/local/mysql/data中建立MySQL数据库。

```
cd mysql
scripts/mysql_install_db - user=mysql
```

（5）修改文件权限。

```
chown -R root
chown -R mysql data
chgrp -R mysql
```

（6）到此，MySQL安装成功。用户可以通过在终端中输入命令启动MySQL服务器。

```
/usr/local/mysql/bin/mysqld_safe -user=mysql &
```

启动后输入命令，进入MySQL。

```
/user/local/mysql/bin/mysql -uroot
```

如果终端页面显示如附图1.22所示的提示信息，则说明MySQL服务器安装成功。

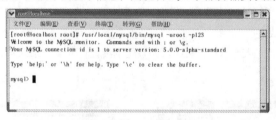

附图1.22　测试MySQL是否安装成功

附1.5　环境安装常见问题

附1.5.1　Apache安装常见问题

1. 解决Apache服务器端口冲突

IIS服务器、迅雷的默认端口号为80，和Apache服务器默认端口号相同。两者由于采用了相同的端口号

80，因此，在运行网页时就会发生冲突。

如果用户安装了IIS服务器，就需要修改IIS的默认端口，否则将导致Apache服务器无法正常工作。更改IIS的默认侦听端口80，可以在IIS的管理器中进行设置，也可以停止IIS的服务。

如果用户安装并开启了迅雷软件，就需要关闭该软件，否则端口冲突将会导致运行PHP网页程序时出错。

用户也可以在安装Apache服务器时将默认的端口号进行更改，从而解决两个服务器或与其他软件共用一个端口号而产生冲突的问题。

2. 更改Apache服务器默认存储的文件路径

Apache服务器的核心配置文件是httpd.conf，存放路径为"Apache的安装路径\conf\"。用记事本程序打开该文件，定位到DocumentRoot，语句如下。

```
DocumentRoot " D:/Webpage"
```

这个语句用于指定网站路径，也就是主页放置的目录。可以使用默认路径，也可以任意指定。需要注意的是，语句的末尾不要加"/"。

同时还要定位到"<Directory " ">"一行，在双引号中添加服务器的虚拟路径。这里要与"DocumentRoot"一行中设置相同。

```
<Directory " D:/Webpage ">
```

路径的分隔符在Apache服务器里写成"/"。

附1.5.2 PHP安装常见问题

1. PHP的安装路径

安装文件的路径也要遵循一定的客观原则。为了避免在Windows和Linux间移植程序时带来的不便，选择D:\usr\local\php的目录时要和在Linux下的安装目录相匹配。建议最好不要选择中间有空格的目录，如E:\program Files\PHP，否则会导致发生一些未知错误甚至崩溃。

2. 控制上传文件的大小

在网站开发的过程中，为了确保能够充分利用服务器的空间，禁止上传一些垃圾文件，给网站的维护带来不必要的麻烦，最好对上传文件的大小进行限制，将它控制在有效上传文件大小的范围之内。如果要在PHP中实现小文件的上传（2 MB以下），那么无须对php.ini配置文件进行修改，使用默认参数即可。但如果想实现完美的上传功能，则一定要对php.ini进行一些修改。

Resource Limits（资源限制）包含3个参数。该区块不仅是针对上传下载的，还是对全部的文件进行设置。各个参数含义及参数值说明如附表1.1所示。

附表1.1　Resource Limits块的参数说明

参　数	说　明
max_execution_time	每个脚本页面完成执行操作的最大时间，单位是秒。如果设为-1，说明没有限制
max_input_time	每个脚本页面处理请求数据的最大时间，单位是秒，也可以设为-1
memory_limit	一个脚本页能够消耗的最大内存

post_max_size参数指PHP通过表单POST所能接收的最大值，包括表单中所有的项。

File Uploads块是专为文件上传设置的，包含3个参数，参数含义及参数值说明如附表1.2所示。

附表1.2　File Uploads块的参数说明

参　　数	说　　明
file_uploads	是否允许HTTP上传，默认为On，即为开启，无须修改
upload_tmp_dir	文件上传时的临时存储目录。如果没指定，就会用系统默认的临时文件夹
upload_max_filesize	允许上传的文件的最大值

如果想要上传更大的文件，就必须对上述3个区块的参数值进行更改，更改后重新启动Apache服务器即可。

如果上传文件超过php.ini文件中设置的值，文件将上传失败。

附1.5.3　MySQL安装常见问题

在网站运作的过程中，各类错误均不可避免。当数据库连接失败时，除开启MySQL服务检测是否正常运行外，读者还可以检查php.ini文件是否配置正确，以支持MySQL服务。

打开C:\Windows\目录下的php.ini文件，定位到如附图1.23所示的代码位置。

附图1.23　修改php.ini文件以支持MySQL数据库

将代码前面的分号删除，然后保存php.ini文件，最后重新启动Apache服务器，即可让PHP支持MySQL数据库。

读者可以运行"http://127.0.0.1/phpinfo.php"或"http://localhost/phpinfo.php"网址，如果检索到MySQL服务，如附图1.24所示，则说明MySQL服务正常运行。

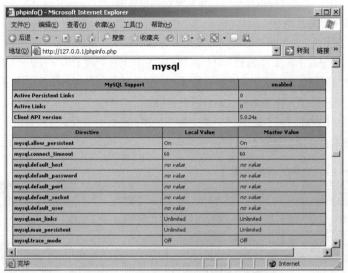

附图1.24　测试MySQL服务是否正常运行